ADDISON-WESLEY

写给Web开发人员看的HTML5教程

HTML5 Guidelines for Web Developers

[德] Klaus Förster Bernd Öggl 著

姜雪荃 林星 孙亮 译

人民邮电出版社

北京

图书在版编目（CIP）数据

写给Web开发人员看的HTML5教程 / (德) 福斯特，(德) 厄齐尔著 ; 姜雪荃，林星，孙亮译. -- 北京 : 人民邮电出版社，2012.3
ISBN 978-7-115-27305-5

Ⅰ. ①写… Ⅱ. ①福… ②厄… ③姜… ④林… ⑤孙… Ⅲ. ①超文本标记语言，HTML 5－程序设计－教材
Ⅳ. ①TP312

中国版本图书馆CIP数据核字(2011)第270827号

版权声明

写给 Web 开发人员看的 HTML5 教程

◆ 著　[德] Klaus Förster　Bernd Öggl
译　姜雪荃　林　星　孙　亮
责任编辑　傅道坤
◆ 人民邮电出版社出版发行　北京市崇文区夕照寺街 14 号
邮编　100061　电子邮件　315@ptpress.com.cn
网址　http://www.ptpress.com.cn
北京鑫正大印刷有限公司印刷
◆ 开本：800×1000　1/16
印张：16.5
字数：312 千字　2012 年 3 月第 1 版
印数：1 – 3 500 册　2012 年 3 月北京第 1 次印刷

著作权合同登记号　图字：01-2011-4648 号
ISBN 978-7-115-27305-5

定价：45.00 元

读者服务热线：(010)67132705　印装质量热线：(010)67129223
反盗版热线：(010)67171154

内 容 提 要

本书通过结合大量实际案例和源代码对 HTML5 的重要特性进行了详细讲解，内容全面丰富，易于理解。

全书共分为 12 章，从 HTML5 的历史故事讲起，涉及了文档结构和语义、智能表单、视频与音频、画布、SVG 与 MathML、地理定位、Web 存储与离线 Web 应用程序、WebSockets 套接字、Web Worker 多线程、微数据以及以拖曳为代表的一些全局属性，涵盖了 HTML5 所有的重要特性。此外，本书还提供了大量的案例源代码，供读者在学习过程中参考，帮助读者提升 HTML5 的实际应用技能。

本书适合具有一定的 HTML 和 JavaScript 基础的 Web 开发人员阅读。

关 于 作 者

本书作者拥有丰富的知识，他们和新 Web 标准一样都多才多艺。并不是所有人都敢于为正在开发中的产品撰写书籍，他们的精神值得我们钦佩。

Klaus Förster 开源的热心支持者，工作于奥地利因斯布鲁克大学地理学院。作为演讲者、评论者以及工作组代表参加过多届 SVG Open 会议，并将 SVG 模块应用至免费软件 PostGIS、GRASS GIS 以及 SpatiaLite 中。

Bernd Öggl 因斯布鲁克大学讲师和系统管理员，曾与他人合著过一本关于 PHP 及 MySQL 的书，具有多年 Web 应用程序编写经验。

前言

2010 年，HTML5 在互联网开发界流行起来，包括 Google、苹果及微软在内的大型企业都开始使用这种新技术。而苹果和 Adobe 之间关于这是否意味着 Flash 的终结的争论，更为 HTML5 的普及提供了不少支持。

本书将让读者充分了解 HTML5 的各种新特性，除了介绍诸如视频、音频、画布（canvas）、智能表单、离线 Web 应用、微数据（microdata）（仅举几例）这些内置特性外，还包括 HTML5 新增的 API——例如地理定位（geolocation），增强的本地存储（Web storage），Web 套接字（WebSockets）通信以及多线程（Web Worker）。

本书通过许多直观清晰而有实际意义的例子来向读者说明 HTML5 的众多新元素及技术。无论你是打算创建一个网络日志，制作自己的视频及音频播放器，使用浏览器作为图形工具，查阅地理数据，测试你的浏览器极限，还是使用拖曳等方法来完成一个猜谜游戏，甚至是用 WebSockets 来玩战列舰游戏，都可以在本书中找到帮助。同样你也可以从本书中学到许多 JavaScript 及 DOM 的技巧和窍门。

可以预料的是，为了保持市场竞争力，所有浏览器迟早都会支持 HTML5，因此在本书的绝大部分案例中，我们不会列入非 HTML5 的变通方案及兼容库。本书介绍的是纯粹的 HTML5，在大部分案例中都拥有数个浏览器支持，其他情况下也至少有一个浏览器适用。鉴于 HTML5 的各种元素仍在不断更新，我们将在相关段落列出相应互联网资料链接，请通过链接查阅最新变动。

如何阅读本书

本书的阅读方式完全由读者自己决定，因为书中每一个章节都是相对独立的，内容也被设计得轻松易读，读者即使跳跃章节来阅读也不会影响理解。因此你既可以选择传统阅读方式，从第一章读起，也可以用颠倒的方式从最后一章读起，随兴就行。

本书面向的对象

很明显，本书面向的是已具备一些基本 HTML、JavaScript 和 CSS 知识，愿意在不同的浏览器下工作，并渴望获取新知识的读者。请尽情尝试各种新创意，例如本书里提供的范例，或者合作网站上用彩色标示的案例。自己决定要做什么，最重要的是，享受这个过程！

本书配套网站地址：http://html5.komplett.cc/welcome。

目录

第 1 章 Web 标准概述 …… 1
1.1 HTML5 诞生始末 …… 1
1.2 重大历史事件回顾 …… 6
1.3 拣重要的说 …… 8
1.3.1 有什么新特色？ …… 8
1.3.2 去掉了什么？ …… 11
1.3.3 XHTML 呢？ …… 14
1.4 现在我可以开始使用 HTML5 了吗？ …… 15
小结 …… 16
第 2 章 文档结构和语义 …… 17
2.1 页眉的 header 和 hgroup 标签 …… 18
2.2 正文（article）内容 …… 20
2.3 由 footer 和 nav 组成的页脚 …… 21
2.4 由 aside 及 section 组成的工具栏 …… 23
2.5 大纲算法 …… 24
2.6 图形中的 figure 及 figcaption …… 25
2.7 文档级别语义——更多新的标签 …… 26
2.7.1 元素 ruby、rt 及 rp …… 26
2.7.2 time 元素 …… 27
2.7.3 mark 元素 …… 28
2.7.4 wbr 元素 …… 28
2.7.5 略微改变的元素 …… 29
小结 …… 30
第 3 章 智能表单 …… 31
3.1 新的输入类型（input type） …… 31
3.1.1 输入类型 tel 及 search …… 32
3.1.2 输入类型 url 及 email …… 33

3.1.3 用 datetime，date，month，week，time 以及 datetime-local 表示日期和时间 …… 33
3.1.4 输入类型 number 及 range …… 34
3.1.5 输入类型 color …… 34
3.1.6 新输入类型的实际应用 …… 34
3.2 有用的表单属性 …… 36
3.2.1 使用 autofocus 操作焦点 …… 36
3.2.2 为文本使用 placeholder 占位符 …… 37
3.2.3 使用 required 定义必填项 …… 37
3.2.4 input 元素中的更多属性 …… 37
3.3 新的元素 …… 39
3.3.1 使用 meter 显示度量 …… 40
3.3.2 用 progress 显示任务进程 …… 42
3.3.3 datalist 选项列表 …… 43
3.3.4 使用 keygen 处理密钥 …… 44
3.3.5 用 output 进行计算 …… 46
3.4 客户端表单验证 …… 48
3.4.1 invalid 事件 …… 50
3.4.2 checkValidity 函数 …… 50
3.4.3 使用 setCustomValidity()进行错误处理 …… 52
3.4.4 有效性验证总结 …… 53
3.4.5 不做有效性验证也许更好？“formnovalidate” …… 53
3.5 案例：一张维修表单 …… 53
小结 …… 57
第 4 章 视频与音频 …… 59
4.1 第一个案例 …… 60
4.2 video 元素及其属性 …… 60
4.3 视频编解码器 …… 62
4.3.1 Ogg：Theora 与 Vorbis …… 63
4.3.2 MPEG-4：H.264 与 AAC …… 64
4.3.3 WebM：VP8 与 Vorbis …… 64
4.4 视频转换工具 …… 65
4.4.1 FFmpeg …… 65
4.4.2 VLC …… 66

4.4.3 Firefogg······67
4.4.4 Miro Video Converter······68
4.5 各种浏览器支持些什么格式······70
4.6 旧浏览器的过渡解决方案······70
4.6.1 mwEmbed······70
4.6.2 html5media······72
4.7 视频与脚本——简单的视频播放器······73
4.7.1 视频整合······74
4.7.2 播放和暂停视频······75
4.7.3 显示及设定播放位置······76
4.7.4 快进和后退······77
4.7.5 选择电影场景······79
4.7.6 音量调节及静音······79
4.7.8 HTMLMediaElement 接口中其他的属性及方法······80
4.7.9 媒体事件列表······83
4.8 关于音频······84
小结······89
第 5 章 画布······91
5.1 案例一······92
5.2 矩形······94
5.3 颜色及阴影······96
5.4 渐变······97
5.5 路径绘图······100
5.5.1 线条······101
5.5.2 Bézier 曲线······102
5.5.3 弧线······103
5.5.4 矩形······107
5.5.5 轮廓、填充及剪切遮罩······108
5.6 文本······111
5.6.1 字体······111
5.6.2 水平锚点······113
5.6.3 垂直锚点······114
5.6.4 绘制及测量文本······115
5.7 内嵌图像······116

5.8 像素处理 …… 120
5.8.1 使用 ImageData 对象 …… 120
5.8.2 使用 getImageData()、createImageData()及 putImageData()进行颜色处理 …… 123
5.9 混合（Compositing） …… 127
5.10 图案（Pattern） …… 130
5.11 变换（Transformations） …… 133
5.12 用 canvas.toDataURL()进行 Base64 编码 …… 140
5.13 save()与 restore() …… 141
5.14 动画 …… 142
5.14.1 彩色球体动画 …… 142
5.14.2 用 drawImage()播放视频 …… 145
5.15 还有遗漏吗？ …… 148
5.15.1 isPointInPath(x, y) …… 148
5.15.2 Canvas 的可访问性？ …… 149
5.15.3 安全方面 …… 150
5.15.4 浏览器支持 …… 151
5.15.5 更多链接 …… 151
小结 …… 152
第 6 章 SVG 与 MathML …… 153
6.1 MathML …… 154
6.2 SVG …… 156
小结 …… 157
第 7 章 地理定位 …… 159
7.1 地理定位介绍 …… 159
7.1.1 地理数据 …… 159
7.1.2 在线地图服务 …… 160
7.2 初体验：在浏览器中使用地理定位 …… 163
7.3 定位的技术背景 …… 166
7.4 OpenStreetMap 上显示当前位置 …… 167
7.5 使用 GoogleMaps 追踪位置 …… 169
7.6 案例：Geonotes …… 170
7.6.1 操作 …… 170
7.6.2 重要的代码片断 …… 171

7.7 浏览器支持 ……175

小结……175

第 8 章 Web 存储及离线 Web 应用程序 ……177

8.1 存储……177

8.1.1 Storage 接口 ……178

8.1.2 会话存储（sessionStorage）……179

8.1.3 本地存储（localStorage）……180

8.1.4 storage 事件 ……181

8.1.5 调试 ……181

8.2 离线 Web 应用程序 ……183

8.2.1 缓存清单文件 ……183

8.2.2 离线状态及事件 ……184

8.2.3 调试 ……187

8.3 浏览器支持 ……189

8.4 案例: *Click to tick!*……189

8.4.1 用户界面 ……190

8.4.2 管理界面 ……191

8.4.3 重要代码片段 ……192

8.4.4 扩展选项 ……197

小结……198

第 9 章 网页套接字 ……199

9.1 WebSocket 服务器 ……201

9.2 案例：广播服务器 ……202

9.2.1 广播客户端 ……202

9.2.2 广播服务器……204

9.3 案例：Battleships!（战列舰） ……206

小结……213

第 10 章 多线程……215

10.1 Web Worker 介绍 ……215

10.2 查找闰年 ……217

10.3 配合 Canvans 计算海拔档案 ……219

10.3.1 重要代码清单 ……220

小结……224

第 11 章 微数据……225

11.1 微数据语法 ······226
11.1.1 属性 itemscope 及 itemprop ······227
11.1.2 itemtype 属性 ······229
11.1.3 itemid 属性 ······231
11.1.4 itemref 属性 ······231
11.2 微数据 DOM API ······232
小结 ······233
第 12 章 写在最后：一些全局属性 ······235
12.1 class 属性的变化 ······236
12.2 用“data-*”定义自定义属性 ······236
12.3 hidden 属性 ······237
12.4 classList 接口 ······238
12.5 通过 draggable 属性实现拖曳 ······240
12.5.1 拖曳与 FileAPI 相结合 ······245
12.6 属性 contenteditable 与 spellcheck ······248
小结 ······250
后记 ······251

第 1 章 Web 标准概述

作为 Web 标准的一种，HTML5 发源于 World Wide Web Consortium（以下简称 W3C），或者更恰当地说，它是在 2004 年 8 月 W3C 关于 Web 应用程序（Web Applications）以及复合文档（Compound Documents）的研讨会上诞生的。不同寻常的是，HTML5 的发展并没有 W3C 的参与，因为 W3C 最开始并不是十分赞同 HTML5。那么到底发生了什么呢？

1.1 HTML5 诞生始末

在一份基于共同立场的意见书中，Mozilla 和 Opera 要求 W3C 保证 HTML、DOM 和 CSS 作为 Web 应用程序的基础在未来获得可持续性发展。但事实上，W3C 作为推崇 XHTML、XForms、SVG 以及 SMIL 的机构，此前曾排斥 HTML4 达 6 年之久，因此不难想象 Mozilla 和 Opera 的要求被拒绝了。有关这个意见书的投票数据相当接近，8 票赞成，11 票反对。尽管如此，这个结果还是造成了深远的影响。在接下来的数年中，HTML5 一直处于 W3C 的竞争立场上进行发展。

Ian Hickson、Opera 的第二号人物 Håkon Wium Lie，以及 Mozilla 的 David Baron 在当时都是意见书的支持者。Ian Hickson 在他的博客中回顾了当时的情形并作出如下结论：

> 经过多次讨论与站队，大家都阐明了自己的立场。现在是沉下气来做事的时候了。

鉴于最近的一系列事件，他用下面这句话作为结束语：

> 会有什么样的工作组站出来发展 HTML 呢……

他所指的工作组是 Web 超文本应用技术工作组（Web Hypertext Applications Technology Working Group，WHATWG），该组织成立于 2004 年 6 月 4 日，即讨论会结束两天后成立。WHATWG 声明其为一个松散的、非官方的开放式协会，主要由 Safari、Opera 以及 Mozilla 等浏览器厂商组成，同时也欢迎其他感兴趣的企业加入。该协会目的是发展 HTML 并促进其标准化。

WHATWG 的创始人包括 Anne van Kesteren、Brendan Eich、David Baron、David Hyatt、Dean Edwards、Håkon Wium Lie、Ian Hickson、Johnny Stenbäck 以及 Maciej Stachowiak。这些来自于浏览器厂商以及 HTML 社区的人们，加上活跃的 WHATWG 社区，共同决定了 HTML5 未来的命运。

协会核心人物——主编 Ian Hickson 在日程表中提出了 3 个计划：Web Forms 2.0，作为 HTML 的进阶形式；Web Apps 1.0，聚焦于 HTML 应用程序开发；Web Controls 1.0，着眼于交互插件。最后一个计划很快被搁置，而 Web Forms 以及 Web Apps 则在后来被合并。WHATWG 始终坚持以社区的身份开展工作，这一点可以从它们的主页（见图 1-1）中清晰看出。

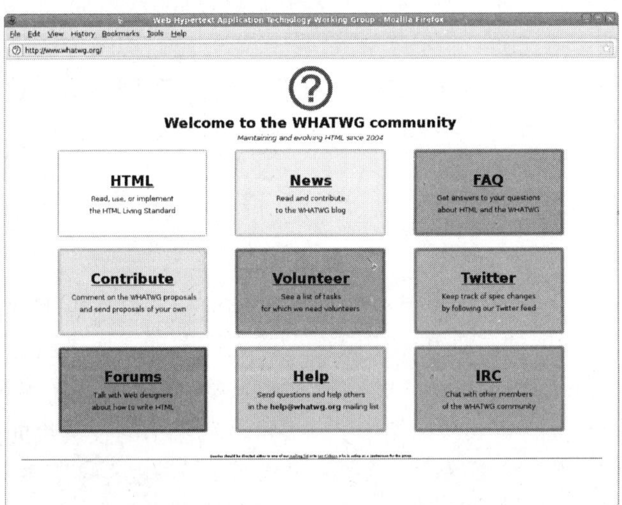

图 1-1 WHATWG 主页 http://www.whatwg.org

任何需要帮助的 HTML5 使用者或学习者都可以在 WHATWG 主页的 FAQ、Help 和论坛上得到帮助。Volunteer 按钮下的 Wiki 百科目前来说并不是很实用，因为它更多关注于 HTML5 的发展状况，关于语言本身的资料却很少。News 按钮下的博客在 2010 年时不太受关注，大致因为其主要作者——Google 的 Mark Pilgrim 一直忙于写他自己的在线日志（http://diveintohtml5.org）。幸运的是，这个博客在 2011 年藉 Anne van Kesteren 之手起死回生，更新了不少关于新语言的进展报告。对于关注最新进展的人来说，这是宝贵的资源。

最为活跃的交流是在 irc://irc.freenode.org/whatwg 展开的，通过 IRC 按钮可以进入。在那里，WHATWG 社团与浏览器开发者聚集在一起，共同起草规范。这里充满了关于 HTML5 的激烈讨论和各种针锋相对的立场见解。访问 IRC 的公开地址 http://krijnhoetmer.nl/irc-logs 就能够浏览到这些事件的存档记录。而一个虚拟人物 Mr.LastWeek，则通过博客 http://lastweekinhtml5.blogspot.com 对其撰写了大量的评论。所幸博客并不是只读的，因此人们不仅可以阅读他的文章，还可以参与发表评论。当你发现一个令你觉得认同、激动人心或是很重要的主题时，都可以点页面底部的黄色按钮进行收藏。如果需要查阅最新主题，收藏功能能够起到很好的作用。

Contribute 按钮下公开了 3 个邮箱，作为协会与公众交流的主要渠道——一个邮箱解答咨询，一个邮箱接收关于规范的投稿，一个邮箱面向所有致力于达成规范的工作者。如果你不愿意订阅邮件，也可以通过网址进入公共平台，搜索及下载新闻文档。

- help@whatwg.org
  http://lists.whatwg.org/listinfo.cgi/help-whatwg.org
- whatwg@whatwg.org
  http://lists.whatwg.org/listinfo.cgi/whatwg-whatwg.org
- implementors@whatwg.org
  http://lists.whatwg.org/listinfo.cgi/implementors-whatwg.org

规范在公开、透明地发展着——但其实也没有它号称的那么公开化。事实上，目前规范并非是唯一的，而是同时存在着好几个版本。但我们还是先看一看 HTML5 的发展历史。

在 WHATWG 致力于更新 HTML 的同时，W3C 的 XHTML2 工作组则试图建立一个崭新的 Web。与 WHATWG 希望实现向前兼容的做法不同，由 Steven Pemberton 带领的 XHTML2 工作组期望能通过不同的方式来实现 HTML 的进一步发展。

在 XHTML2 的设计中，XFORMS 将取代 FORMS，XFRAMES 将取代 FRAMES，

而新的 XML Events 将取代 DOM Events。所有元素都将同时具备 src 以及 href 的属性，作为标题的 h1、h2、h3、h4、h5、h6 将被弃用，取而代之将用 h 作为新的区块元素。人工采用的 br 换行符将被 l 元素取代；hr 将作为分隔符；新的 nl 元素将允许导航链接；作为语义的扩展，还可以为每个元素指定一个主要关键字，用于预定义或是命名空间扩展。

因为缺乏浏览器厂商的支持，XHTML2 工程最终尝到苦果并宣告死亡。他们想要做出的改变过于激进，根本没有考虑到既有网络环境的现实。很快，W3C 也意识到他们想做的事情并不能够走多远。2006 年 10 月，W3C 总裁、万维网的创始人 Tim Berners-Lee 承认错误，并在博客中写下如下段落：

耗费数年，我终于得到了后知之明——继续推动 HTML 的发展是有必要的。将世界切换到 XML，这在目前是无法实现的。

在承认了 XHTML2 无法成为新的 Web 语言这一点之后，他宣布成立一个新的 HTML 工作组——在一个更广泛的范围内。工作组包括浏览器厂商，致力于稳打稳扎地发展 HTML 及 XHTML。在他博客首页的最后一段，他强调并深信这是正确的道路：

这将成为一个非常重要的机构，非常重要的规范，属于 Web 技术的皇冠上一颗璀璨夺目的宝石。虽然现阶段只涉及几百人，但将来会有数百万、数亿人群使用我们发展的技术。也许并不会得到应有的感谢，但我们会始终坚持着一些重要的东西，并创造一些更为重要的东西。

2007 年 3 月，W3C 宣布新的 HTML 工作组成立，这是一个重要的时刻。之后不久，所有 WHATWG 的成员都被邀请加入新的 HTML 工作组——而他们很乐意地接受了这个邀请。

数月后，又一个投票发起了，内容是 WHATWG 起草的规范是否应该成为新的基础规范，并融入 HTML5。相比 2004 年研讨会上的那个投票，这个投票结果截然不同——43 票赞成，5 票反对，4 人弃权，1 票强烈反对。在迟到了 3 年之后，最初关于继续推动 HTML 发展的理念终于得以繁衍开来。

但这一切仅仅是个开始，WHATWG 和 W3C 的理念决定了他们只能在有限程度内保持一致，因此他们必须找出新的合作之道，而要做到这一点并不容易。事实上，这两个机构并非永远意见相合。这一点不仅可以在 W3C 的讨论区存档以及 public-html 邮件列表（http:// lists.w3.org/Archives/Public/public-html）中看到，同样还在 HTML5 项目发展史中有迹可寻。

尽管 W3C 在其章程中计划在 2010 年的第三季度推出 HTML5，但 WHATWG 的 Ian

Hickson 却认为这么快是不可能的。Ian Hickson 数次提到 2022 年，但这么晚的时间实在无法为舆论所接受。不过，倘若考虑到 HTML5 想要代替目前 3 种标准语言——HTML4、DOM2 HTML 以及 XHTML1 并加以扩展的雄心壮志，以及还需要为此付诸的数千次测试，同时还要为实现规范制定两套无可挑剔的执行计划，就会发现 Ian Hickson 的时间也许更为现实。

看看这两个 HTML 工作组决策流程的条款，就能侧面了解到他们合作的复杂之处（http://dev.w3.org/html5/decision-policy/decision-policy.html）。自 2009 年下半年 XHTML2 工作组被解散后，针对此决策流程条款的批评显著增加。

在这种情况下，W3C 的 HTML 工作组建立了一个页面以追踪数量越来越多的问题（ISSUES）。在协会主席 Sam Ruby、Paul Cotton 和 Maciej Stachowiak 宣布工作进入最后聆讯之前，这些问题应当被解决。另一方面，WHATWG 的 Ian Hickson 度过了一个比较平静的时期，并将他清单上的问题（http://www.whatwg.org/issues/data.html）数量减少至零，这使他能够在 2009 年 10 月宣布 HTML5 进入最后聆讯。

另一个可以看出双方协作的复杂性的地方就是这份规范本身。WHATWG 制订的主要规范是一个简明的文档。但在 2011 年以前，作为 HTML5 包的一部分，W3C 的规范一共有 8 章，其中两章直接使用 WHATWG 版本，以星号标注；其余章节是 WHATWG 版本中所没有的，作为补充存在。

WHATWG 起草的规范如下。

- **HTML–现存标准**：http://whatwg.org/html

W3C HTML 工作组起草的规范如下。

- **HTML5–词汇表及 HTML 与 XHTML 相关 API***：http://www.w3.org/TR/html5
- **HTML5 与 HTML4 的不同之处**：http://www.w3.org/TR/html5-diff
- **HTML：标记语言参考**：http://www.w3.org/TR/html-markup
- **HTML+RDFa1.1**：http://www.w3.org/TR/rdfa-in-html
- **HTML 微数据**：http://www.w3.org/TR/microdata
- **HTML2D 图形绘制***：http://www.w3.org/TR/2dcontext
- **HTML5：撰写 ALT 文本注释的技巧**：http://www.w3.org/TR/html-alt-techniques
- **多语言标记：兼容 HTML 的 XHTML 文档**：http://www.w3.org/TR/html-polyglot

WHATWG还将所有的草案整合到一起，并加入了Web Workers、Web Storage以及Web Sockets API特性，形成了一篇新的名为Web Applications 1.0-Living Standard的草案。它包含了超过5MB的源代码以及JavaScript，用于展示每个特性的执行效果，并针对特别的地方添加了注释，非常适合用来测试浏览器对HTML5的支持程度。它将会兼容所有浏览器：

http://www.whatwg.org/specs/web-apps/current-work/complete.html

TIP

如果你的浏览器比较吃力的话，你可以通过 http://www.whatwg.org/C 或者添加?slow-browser 后缀访问它的分页版本。这样的话，你可以跳过动态元素，直接高速载入静态页面。

如需追踪规范更新，可以选择几种方式。首先，WHATWG 提供一个现阶段规范的版本库（Subversion Repository），你可以将其下载到本机保存。

- http://svn.whatwg.org/webapps

同样你还可以通过Twitter、邮件订阅或者被称为web-apps-tracker的Web接口来接收消息更新。

- http://twitter.com/WHATWG
- http://lists.whatwg.org/listinfo.cgi/commit-watchers-whatwg.org
- http://html5.org/tools/web-apps-tracker

鉴于WHATWG的规范经常有版本更新，W3C需根据“心跳规则（Heartbeat requirement）”来起草草案，这也意味着W3C的规范必须每隔3～4个月就发布一次新的工作草案。当本书出版时，新的心跳草案应当已经面世了，甚至有可能会是W3C公布的最终工作草案。

如需了解更多关于HTML5的历史，可以在1.2节中找到一些关于里程碑和具有历史意义事件的链接。有一篇叫做《网络历史：Apple为何在HTML5上下注》（Why Apple is betting on HTML 5: a web history）的文章很好地诠释了整个HTML的历史，可以通过短链接http://bit.ly/2qvA7s在AppleInsider中查阅。

1.2　重大历史事件回顾

- **W3C工作组的Web应用程序以及复合文件（2004年6月）：**
  http://www.w3.org/2004/04/webapps-cdf-ws/index

- **Opera 以及 Mozilla 就应当持续发展 HTML 的联合意见书：**
  http://www.w3.org/2004/04/webapps-cdf-ws/papers/opera.html
- **IanHickson 评价研讨会的 3 篇博文：**
  http://ln.hixie.ch/?start=1086387609&order=1&count=3
- **WHATWG 在研讨会结束后两天宣布成立：**
  http://www.whatwg.org/news/start
- **Tim Berners-Lee 的博文〈HTML 的变革〉（2006 年 10 月）：**
  http://dig.csail.mit.edu/breadcrumbs/node/166
- **W3C HTML 工作组重新启动（2007 年 3 月）：**
  http://www.w3.org/2007/03/html-pressrelease
- **IanHickso 宣布 WHATWG 社区重组：**
  http://lists.whatwg.org/htdig.cgi/whatwg-whatwg.org/2007-March/009887.html
- **让 WHATWG 加入 HTML 工作组的官方邀请：**
  http://lists.whatwg.org/htdig.cgi/whatwg-whatwg.org/2007-March/009908.html
- **Ian Hickson 代表 WHATWG 祝贺 W3C：**
  http://lists.whatwg.org/htdig.cgi/whatwg-whatwg.org/2007- March/009909.html
- **HTML 的设计原则是 HTML5 的基础（2007 年 11 月）：**
  http://www.w3.org/TR/html-design-principles/
- **W3C 官方第一版 HTML5 工作草案（2008 年 1 月）：**
  http://www.w3.org/2008/02/html5-pressrelease
- **关于 XHTML2 工作组将被解散的声明（2009 年 6 月）：**
  http://www.w3.org/News/2009#entry-6601
- **WHATWG 宣布 HTML5 工作接近尾声（2009 年 10 月）：**
  http://blog.whatwg.org/html5-at-last-call
- **W3C 发布了 8 份工作草案，包括两份是全新的（2010 年 6 月）：**
  http://www.w3.org/News/2010#entry-8843
- **W3C 公布收尾工作时间表，希望能在 2011 年 5 月达成（2010 年 9 月）：**
  http://lists.w3.org/Archives/Public/public-html/2010Sep/0074.html

- **W3C 推出一个 HTML5 LOGO（2011 年 1 月），此举引起争议：**
  http://www.w3.org/News/2011#entry-8992
- **Ian Hickson 宣布 WHATWG HTML 规范从此取替原有的 HTML，并应成为现行标准（2011 年 1 月）：**
  http://blog.whatwg.org/html-is-the-new-html5

1.3 拣重要的说

在简单地了解了 HTML 的历史之后，让我们来看一下 HTML5 的元素及属性本身。举一个经典例子 Hello World!来说，这是它在 HTML5 里被写成的方式：

```
<!DOCTYPE html>
<html>
  <head>
    <meta charset="UTF-8">
    <title>Hello world! in HTML5</title>
  </head>
  <body>
    <p>Hello world!</p>
  </body>
</html>
```

每一段 HTML5 代码都以一句<!DOCTYPE html>作为开端，大小写皆可。第二点与以往不同的是，你会发现一些代码说明被简化了，譬如说<meta charset="UTF-8">。但其他部分，譬如说 html、head、title 或者 body 看上去都和 HTML4 没有很大区别，这让我们不禁开始思索：HTML5 到底新在哪里？

1.3.1 有什么新特色？

W3C 提供了一篇文章介绍 HTML5 和 HTML4 的不同之处，这项工作主要由 Anne van Kesteren 负责。这篇介绍除了列出增加或弃用的元素及属性外，还包括了一些 API 的改变，以及 HTML5 规范的变更记录。变更记录按时间顺序记录了一些特性是何时，以及如何成为规范的一部分或被舍弃的。链接如下：http://www.w3.org/TR/html5-diff/。

这篇介绍包含了许多细节，但并没有从整体上对 HTML5 作出一个清晰的概述，因此我们将采用 4 个词图来指引读者阅读这一章。这 4 个词图都根据 Jonathan Feinberg 的词图程序（wordle applet）制作，大家可以在 http://www.wordle.net 上免费获取。词图中字体大小表明相关新元素及新属性的使用频率，以其在 HTML5 规范中出现的次数作为参考。弃用的元素及属性单词字体大小表明其在线上的使用频率，数据来自 Opera 的

MAMA 项目“网络是用什么构成的？”（What is the Web made of？）（http://dev.opera.com/articles/view/mama）

让我们先看看词图（见图 1-2）里的新元素。比较醒目的元素无疑有视频（video）、音频（audio），以及画布（canvas）——这个特性可以通过 JavaScript 在网页上绘图。许多新元素都和网页结构有关，例如 article、section、header、hgroup、footer、nav 以及 aside。你可以使用 figure 元素为图形添加描述，用 summary 添加或隐藏额外的信息。你还可以使用 progress、meter 或 time 与 date 来分别描述进度、刻度及时间。

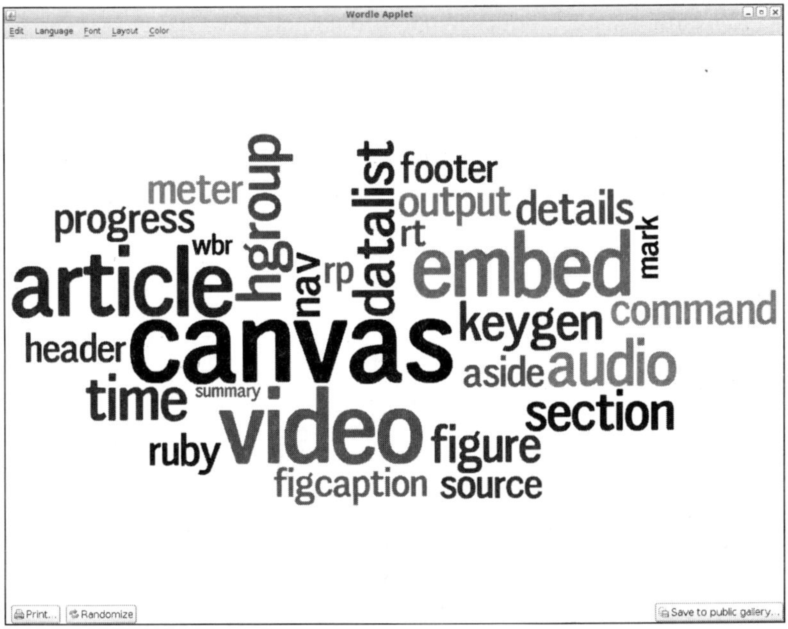

图 1-2 HTML5 的新元素

在英语国家中使用 ruby、rt 或 rp 的频率并不是很高：它们主要应用于中文或日文国家，用于显示特定语言的注音或字符注释。对于英语国家来说 mark 和 wbr 更有用，mark 用作突出段落，而 wbr 作为换行符。

还有一些元素与网络应用程序相关，举例来说，keygen 成对生成密钥用于数字签名，command 用作命令执行，output 用作输出表单或文档特定部分的计算结果。datalist 用作选项容器，为表单提供隐含的选项列表。source 用于嵌入视频或音频元素，而浏览器会从这些选项中选择第一种可选格式来播放文件。最后的这个元素也很重要——embed，它是由 Netscape 提供的兼容方案，同样用于视频或音频嵌入播放。

input 元素同样有了许多改进。这里对新增的类型（types）做一个简单列举：现在可以用日期-时间（date-time）、日期（date）、月份（month）、星期（week）、时间（time）、本地时间（datetime-local）这些类型来指定 input 的格式。类似的还有用 search 对应搜索，用 url 对应链接地址，用 email 来对应电子邮件地址，tel 对应电话号码，number 对应数字，range 对应指定范围的数字，或是用 color 来对应 RGB 颜色。如图 1-3 所示，许多新属性都与表单有关。感谢这些新的表单属性，我们终于可以把表单定义成梦寐以求的样式。min、max、step、required、pattern、multiple 以及 autocomplete 这一类属性提供了输入内容的条件或限制，还可以进而使用 formnovalidate 和 novalidate 来检查数据的有效性，而 placeholder 或 autofocus 则可以辅助进行表单填写。无论表单如何提交，都还可以用 input 元素自带的 formmethod、formenctype、formtarget、formaction 属性覆盖表单自身的 method、enctype、target、action 属性。list 属性则可以配合 datelis 标签为 input 元素生成下拉菜单。

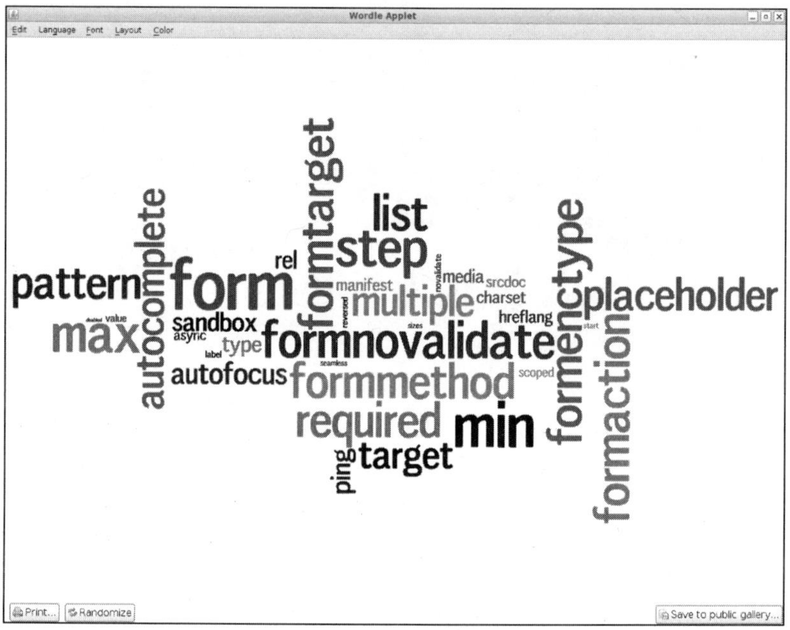

图 1-3 新的 HTML 属性

sandbox、srcdoc 以及 seamless 为 iframes 提供安全功能，它们可以将嵌入的内容与父页面隔离开来。如需异步加载脚本，你可以使用 async。ping 属性可以指定一个 URL 列表，当用户单击一个相应的链接时，ping 会自动以后台方式向指定 URL 列表发送通知。

HTML 元素的 manifest 属性看上去并不引人注意，但它有着重要的作用：依靠配置文件指定出页面在离线时还可以正常工作的部分，它能为离线 Web 应用程序提供支持。为 style 元素新增的 scoped 属性也很有用，它能够将 style 样式的作用范围限制在 style 元素的 DOM 父元素及其子元素之内。对于 menu 元素，type 可以定义定菜单类型（例如 context 或者 toolbar），label 则为其定义一个可见的标注。

还有一些细小的改良，包括：用 charset 属性在 meta 标签中简单的指定页面编码，用 value 属性为 li 元素精确指定值的个数，用 start 属性为 ol 指定开始序数，用 reversed 属性将有序列表设置为倒序。

值得注意的是，一些全局通用属性发生了微小变化。class、dir、id、lang、style、tabindex 以及 title 这类属性与 HTML4 中依旧一样，发生变化的主要是那些新增的属性。如今你可以通过 contenteditable 直接编辑元素，contextmenu 让你能够用 menu 定义制定菜单，draggable 将相关元素标记成备选拖曳元素，spellcheck 能够检查出拼写错误。

不相关的内容可以被隐藏；role 或者 aria-*元素可以用来帮助提供额外的技术援助——譬如帮助那些使用屏幕阅读器的用户；data-*前缀让你能够按自己意愿定义自用的特殊属性。

新的 API 编程是 HTML5 的另一个重要组成部分，例如画布 API、视频音频播放 API、离线应用界面。此外，还有许多诸如主题拖曳、文档编辑、浏览器历史管理的 API。HTML5 规范里甚至还包括一些很特别的 API——它们让你能够注册和申请自己的通信协议和 MIME 类型。

需要注意的是，HTML5 中所有的事件句柄都属于全局属性，用于操作 HTMLDocument 和 HTMLElement 对象。你可以使用 getElementsByClassName()找出特定 class 属性的所有元素，也可以用 classList API 操作 class 属性，还可以在 XML 文档中使用 innerHTML 方法。你可以使用 activeElement 以及 hasFocus——这两者都是 HTMLDocument 对象属性——来确定文档中的当前焦点，这类似于使用 getSelection()方法来返回当前选定的对象。

1.3.2 去掉了什么？

在关注 HTML5 新特色的同时，我们也应当注意到那些被去掉的元素。W3C 规范中经常使用“废弃”（deprecated）这个术语，但它对于 HTML5 其实是不那么合适的。因为 HTML5 仍然向后兼容，旧的元素依然会在浏览器里正常显示。因此，现在用术语“停用”（absent）代替了“废弃”。关于新规范与 HTML4 的不同之处，已经提供了一份列表，列出了那些（有可能）不再使用的元素及属性。

在图 1-4 中，font 及 center 很已被最新的 CSS 解决方案所代替，而 u、big、strike、basefont 以及 tt 这一系列元素也遭受到同样命运。现在人们用 iframes 代替 frame、frameset 以及 noframes；用 abbr 代替 acronym，ul 代替 dir；为了让表格达到更佳的形式，isindex 也被停用。你可能会问为什么上面提到的一些元素并没有出现在词图中，这是因为尽管它们的使用频率曾经非常高，但早已完全被 HTML5 放弃了。

图 1-4　HTML5 不再使用的元素

图 1-5 中，有关停用属性的词图也十分简明，主要涉及 width、height、alignment（align、valign）、spacing（cellpadding、cellspacing）以及 coloration（bgcolor）。这些属性主要在 table、td 或 body 中体现，如今已如同许多停用元素一样，被 CSS 所代替。

但我们要如何详细确认哪种元素或哪种属性已被弃用呢？毕竟反复搜索 HTML5 到底做了哪些改动是一件相当费时费力的事情。比较方便的办法是使用 http://html5.validator.nu 所提供的 HTML5 验证器，它能够识别什么是对的、什么是错误的。让我们来尝试一下：我们选择文本域输入模式，在预设的 HTML 基本框架中将 <p></p>换成以下错误标记：

```
<center>
  <acronym>WHATWG</acronym>
</center>
```

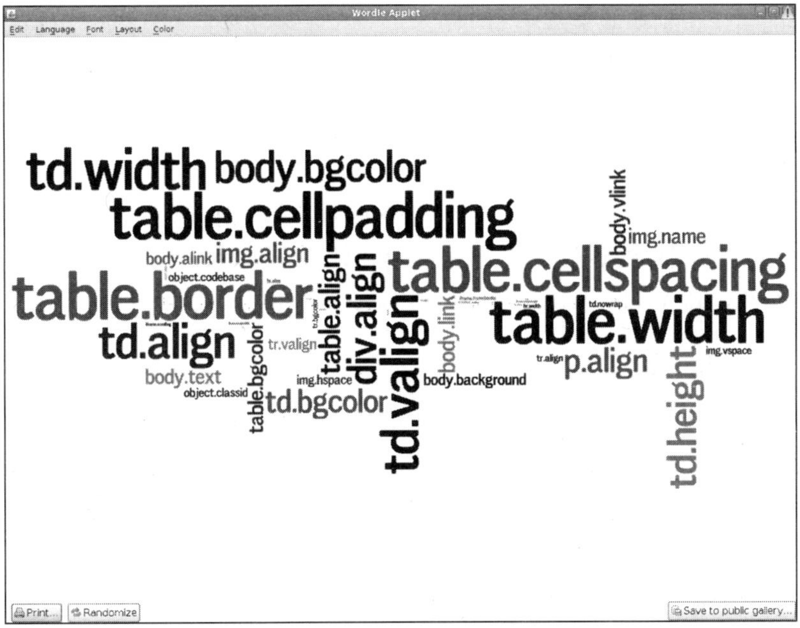

图 1-5 HTML5 不再使用的属性

然后我们会收到错误信息如下——至少在写这段话时收到的错误信息如下：

1. Error: The center element is obsolete. Use CSS instead.（错误：center 元素是旧式的写法，请用 CSS 代替）

2. Error: The acronym element is obsolete. Use the abbr element instead.（错误：acronym 元素是旧式的写法，请用 abbr 元素代替）

“Use CSS instead”这一行字附带的链接会将我们带到 WHATWG Wiki 的“表示性元素及属性（Presentational elements and attributes）”页面上，我们可以在那里找到更多的使用细节。验证器还会提示语法错误，让我们用以下代码作来试验：

```
<!DOCTYPE html><title>
```

我们将会得到另一个错误提示——缺少文本或结束标签。

1. Error: End of file seen when expecting text or an end tag.（错误：缺少文本或结束标签）

如果我们在源代码尾部加上一个结束标签</title>，错误信息就消失了。于是我们创造了一个可能是最短的 HTML5 语句：

```
<!DOCTYPE html><title></title>
```

验证器的错误识别功能是基于 HTML5 的一个重要功能——HTML 分析程序。与以往的所有规范都不同，这份长达九十页规范涵盖了最微小的细节，读起来如同一本厚厚的电话黄页。但从技术角度来看，它已经算是很简洁的了，毕竟定义如何解析 HTML5 标记以及根据 DOM 树构建文档不是一件轻松的事。

我们此前的小例子事实上构建了一个完整的 HTML5 DOM 树，包括了 html、head 以及 body 元素。你可以通过另一个工具——the HTML5 Live DOM Viewer 验证这一点，请访问：http://livedom.validator.nu。

1.3.3 XHTML 呢？

总体来说，HTML5 规范定义了一种抽象语言，用描述网页文档和 API 形式的 Web 交互应用程序，以内存型的（in-memory）DOM 树作为表现形式。用什么语法来创建 DOM 树并不重要——HTML 或者 XHTML 都可以，重要的是它能够被解析为一个有效的 DOM-HTML 树。

因此，编写时使用 HTML 或者 XHTML 全凭用户个人喜好。HTML 被更广泛使用，更容易编写，对于细微语法错误有更好的兼容度，需要以 MIME 类型的 text/html 作为输出。XHTML 则需要严格遵守 XML 语法约束（关键字：规范化——well-formedness），必须用 XML MIME 类型，例如 ext/xml 或 application/xhtml+xml，这与此前 XHTML 1.1 的情况有所不同。

这个用 XHTML5 编写的“Hello World!”范例中没有采用 DOCTYPE，但作为代替，它需要一个有效的 XML 声明。此声明可以隐藏在代码中，当然，必须是规范化的。

```
<?xml version="1.0" encoding="UTF-8"?>
<html xmlns="http://www.w3.org/1999/xhtml">
  <head>
    <title>Hello world! in HTML5</title>
  </head>
  <body>
    <p>Hello world!</p>
  </body>
</html>
```

你也许并没看出这个例子和此前的 HTML 例子有什么不同，那是因为在这个例子中我们并没有像上一个例子那样良好地利用 HTML 的代码简化功能。在懒人喜爱的 HTML5 中，以下几行代码就足够了：

```
<!DOCTYPE html>
<meta charset=utf-8>
<title>Hello World! in HTML5</title>
<P>Hello world!
```

对于不包含空格或"、'、>、/、=等符号的属性值，我们不需要为其加上引号。标签不需要区分大小写，甚至有时还可以被省略，如上面那个例子中一样。如果你无法确定，验证器也可以在这方面帮忙。Mozzila 已经率先支持了新的 HTML5 分析器。作为 http://validator.nu 的基础，Henri Sivonen 制作的分析器已经包含在 Firefox 4 里了。

1.4　现在我可以开始使用 HTML5 了吗？

可以，但是也不完全可以。HTML5 目前尚未真正完成，但与惯例不同的是，HTML5 的发展是在其推广过程中逐步实现的。之前谁会相信 IE9 将支持 SVG 和 Canvas，Google 会在 YouTube 上放 HTML5 视频呢？HTML5 的新特色目前还需要特定的浏览器支持。因此，要提前把 HTML5 付诸实用，不妨选择在公司内部网站，或者在你的仅好友可见的私人空间中。

Firefox、Chrome、Opera 以及 Safari 这 4 个浏览器巨头已经为 HTML5 提供了广泛的支持，而微软经过了长时间是否支持新网络标准的犹豫后，也在 2011 年选择让 IE9 支持 HTML5。浏览器制造商及其开发者如今都积极参与着新标准的建设。他们首先通过测试版本作为概念证明来推广新规范，然后将他们的反馈及建议提供给 WHATWG 或 W3C 以促进其发展。他们所做的一切使他们在发展循环中担任起重要的角色。任何他们认为不可行的东西都将从规范中除去，而其他有效部分则被采用，最终得到肯定。

HTML5 的早期使用者都被建议先熟悉他们所用浏览器的发行说明，以便了解接下来的趋势：

- https://developer.mozilla.org/en/HTML/HTML5
- http://www.opera.com/docs/changelogs
- http://webkit.org/blog
- http://googlechromereleases.blogspot.com
- http://ie.microsoft.com/testdrive/info/ReleaseNotes

随着浏览器不断发布重要更新，可以看出 HTML5 相关规范的发布间隔有越来越短的趋势，HTML5 就要来了（见图 1-6）。

看着 HTML5 实现标准化越来越近是一件令人兴奋的事情，你可以通过以下 URL 来查阅时间表的最新版本：http://html5.komplett.cc/code/chap_intro/timeline.html?lang=en。

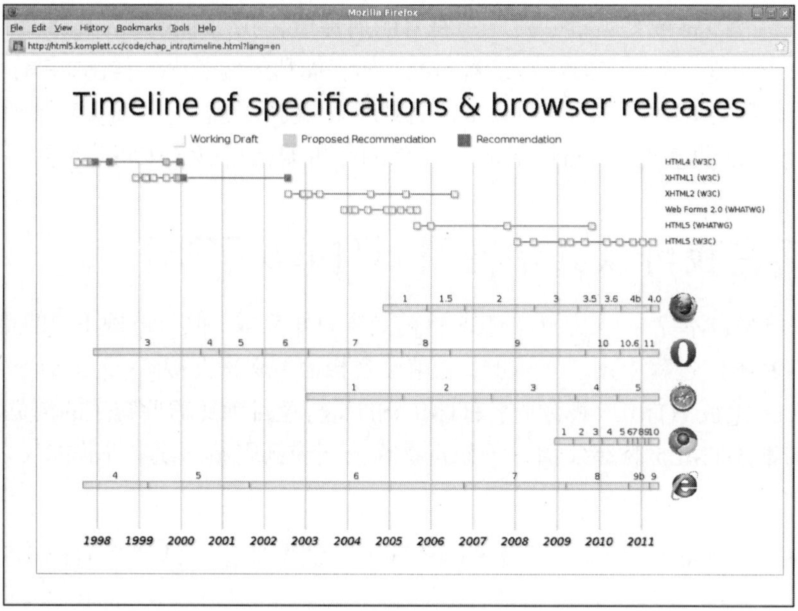

图 1-6 HTML5 规范与浏览器发布时间表

小结

在本章中我们了解到了一些HTML5的历史知识，并针对其规范在发展过程中给Web开发带来的改变作出了高度概括。除了关注规范的发展之外，我们还主要关注了一长串新元素、属性及 API。两个简明的“Hello World!”范例展示了使用 HTML5 和 XHTML5 进行网页编写的基本代码框架。而相当多的读者会提出以下疑问：我现在可以使用 HTML5 了吗？答案是肯定的，虽然并没有很多人打算马上使用。无论如何，我们将继续了解 HTML5 的实际应用。让我们再跨进一大步：先去了解更多的文档结构以及语义！

第2章 文档结构和语义

此前提到过的 Opera 及 Google，在 2005 年公布的关于 *MAMA* 引擎的网页制作统计研究（http://code.google.com/webstats）都表明，常规网页制作方法都是利用 class 或 id 属性来命名网站的页面结构。常用的值包括 footer（页脚）、content（内容）、menu（菜单）、title（标题）、header（页眉）、top（顶栏）、main（主体）、nav（导航）。在这种情况下，HTML5 使用了新的元素来定义页面结构。

使用 HTML5 提供的新的结构元素——例如 header、hgroup、article、section、aside、footer 和 nav——来定义网页，将使网页结构将更简洁、更严谨，而不必迂回通过 class 或 id 来为结构命名。为了加深读者对此的理解，我们随便虚构一个 2022 年的 HTML5 博客来说明这一点（见图 2-1），请大家主要关注其结构而非内容。

在详细分析 HTML5 博客源代码之前，这里有几个重要的链接供参考。例如关于 HTML 标记规范的 HTML 标记语言参考：http://www.w3.org/TR/html-markup。

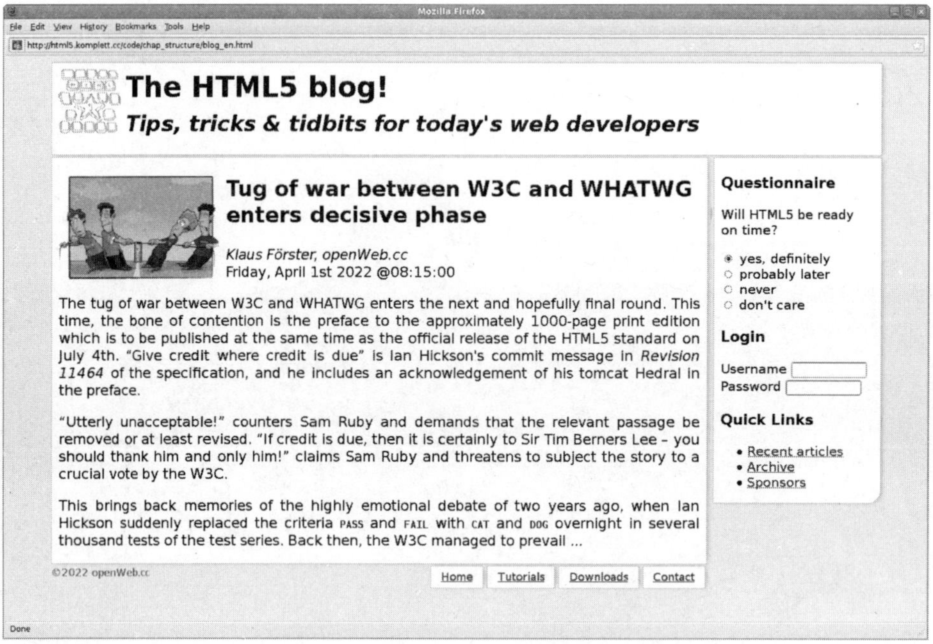

图 2-1 虚构的 HTML5 博客页面

W3C 的 HTML 工作组的 Mike Smith 为我们列出了每种语言的定义、限制、合法属性、DOM 接口以及相应的 CSS 语法规范，这些对我们都是非常有用的。另外在以下链接中，我们还将找到 HTML5 的规范中包含的新的结构元素：http://www.whatwg.org/specs/web-apps/current-work/multipage/sections.html。

此 HTML5 博客中使用到的.html 以及.css 文件同样可以在以下链接中找到：

- http://html5.komplett.cc/code/chap_structure/blog_en.html
- http://html5.komplett.cc/code/chap_structure/blog.css

图 2-1 给读者的第一印象就是和以往的博客有 4 处不同——页眉（header）、正文（article）、页脚（footer）以及侧边栏（sidebar），而这 4 处不同正是新的结构元素造成的。通过与样式表中的简短定义的结合，决定了页面的结构与外观。

2.1 页眉的 header 和 hgroup 标签

我们首先来分析一下两个页眉中的新元素：header 及 hgroup。图 2-2 展示了 header 标签及其显示效果。

```
<header>
  <img>
  <hgroup>
    <h1>
    <h2>
  </hgroup>
</header>
```

图 2-2　HTML5 博客 header 的基本结构

header 标签在语法规范中包含标题、标题介绍或标题导航。header 并不仅仅只能出现在页面顶部作为的页眉使用，也可以出现在文档的其他位置。但是 header 不允许嵌套，也不允许出现在地址或者 footer 元素内。

在我们的范例中，这个 HTML5 博客的 header 由一个作为 logo 的 img 元素，以及包含在 hgroup 元素中的两行标题（h1 和 h2）——主标题和副标题——组成。

以往的常规做法，是直接书写 h1 和 h2 标签，并通过位置的先后来决定主标题和副标题；不过在 HTML5 里不再允许这种写法了，我们现在使用 hgroup 标签来组织这些元素。hgroup 的总体起始位置取决于首个标题出现的位置。虽然 hgoup 中可以出现其他元素，不过按照规范，通常只应该使用 h1～h6 这些标签。

一个关于 W3C 规范的重要细节是：header 元素应当在 CSS 中被定义成 display: block（以区块方式显示）格式，其他结构性元素也应当如此。这样可以保证不兼容新标签的浏览器也能够正确地显示这些元素。一小段编码就可以在 IE8 上实现这一点，例如：

```
<!--[if lt IE 9]>
  <script>
    document.createElement("<header");
  </script>
  <style>
    header { display: block; }
  </style>
<![endif]-->
```

有关于 header 及其他 HTML5 新元素的编码都已经有通过 JavaScript 库的实现方案。Remy Sharp 将其做成了 IE 页面：http://code.google.com/p/html5shim/。

在 IT 技术领域，shim 这个术语指某个兼容性解决方案的代码包。但它经常被人们错误地写成 shiv。John Resig（jQuery 的创始人）在一篇博文中使用了 shiv 这个词（http://ejohn. org/blog/html5-shiv），但我们认为他所指的很可能就是 shim。

从 CSS 角度来看，这个 header 并没有什么特别之处。Logo 定义为 float: left，h1 和 h2 之间的垂直距离被轻微缩短，副标题采用斜体。

2.2 正文（article）内容

article 元素对应 Web 页面中的一个独立区域，该区域可包含新闻、博客文章之类的内容。范例中的博客内容就是由 article 元素组成，该 article 元素包含了一个点缀页面的 img 元素、作为标题的 h2 元素、标记创建日期和版权的 time 和 address 元素，以及 3 个用 q 以及 cite 元素标记的文档核心段落。

出于某些原因，页面右上方列出的 Google 及 Opera 的统计代码没有书写成 HTML5，因此也没有使用 content 元素。这个博客内嵌了一个环绕式的 div（见图 2-3），因此只能包含一个 article：

```
<div>
  <article>
    <img>
    <h2>
    <address>
    <time>
 </article>
</div>
```

根据定义，address 元素包含联系信息，然而它常常被人们错误地认为，仅对应邮件地址。实际上联系信息不仅包括邮件地址，还应包括名字、公司、地址等相关信息。如需单独表达地址，规范推荐人们用 p 来代替。address 元素作用于与其最近的 article 元素；若不存在 article 元素，则作用于整个文档。time 元素根据其 pubdate 以及 datetime 属性，共同形成文档的时间戳。有关 time 元素，你可以在 2.7.2 节中找到更多详细信息。

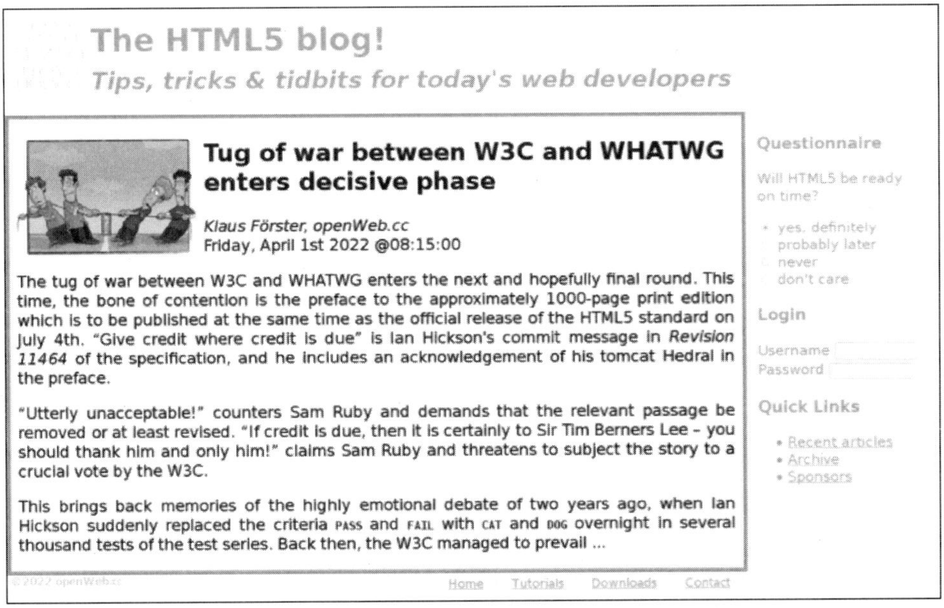

图 2-3 HTML5 博客目录的基本结构

如果 article 元素是相互嵌套的，原则上来说，内嵌 article 应与外部 article 有着相同的主题样式。在这里，这种嵌套体现为在博客中加入相关博文评论的子文章。

考虑到 CSS 样式，article 需要用到 display: block，这样内容宽度就会被缩减到环绕 div 的 79%，同时 div 通过 clear: left 以抵消 logo 的 float: left。address 中的作者信息默认被显示为斜体格式，这并非由 em 造成。图片被 float: left 固定在左方，文档由 align: justify 调整结构，引用部分加入了 q 元素。一个有意思的细节是，尽管引号标记并非标记语言的一部分，但配合 CSS 伪元素:before 和:after，浏览器仍然能为 q 元素生成合适的样式。CSS 符号语法再一次反映了标记规范：

```
/* Style rule for the q-element: */
q { display: inline; }
q:before { content: '"'; }
q:after { content: '"'; }
```

2.3 由 footer 和 nav 组成的页脚

这个 HTML 博客的页脚中存在两个新的结构性元素：footer 以及 nav（见图 2-4）。前者形成框架，后者则提供导航。footer 包含了更多相关信息，诸如作者（同 address 元素）、其他相关页面、注意事项（版权、免责声明）等。

人体一定是头上脚下，但 footer 并非必须在页面底部出现，它也可以是 article 元素的一部分。但无论如何，footer 不能互相嵌套，也不应当嵌在元素 header 或 address 里。

如果你需要创建一个导航区块、以及一系列包含跳转链接的导航标签，可以使用 nav。和 footer 一样，nav 也可以出现在页面的其他位置。如 2.4 节所述，nav 唯一不可能出现的位置是 address 元素内：

```
<footer>
  <p>
  <nav>
    <h3>
    <div>
      <a>
    </div>
  </nav>
</footer>
```

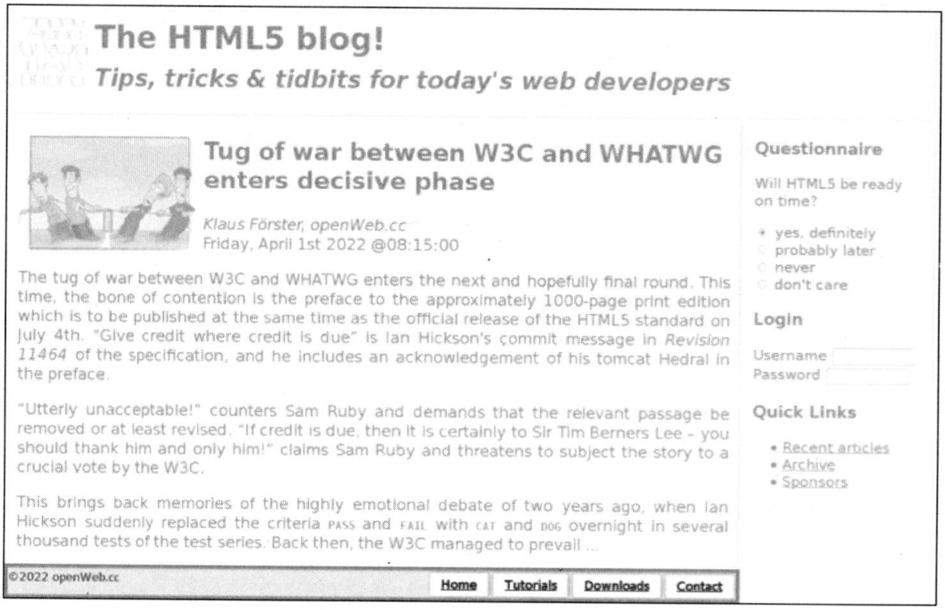

图 2-4 HTML 博客页脚的基本结构

从 CSS 角度来看，我们的 HTML5 博客页脚有几点特别之处。举例来说，整个页脚背景都是浅灰色，只有链接底色使用了 background-color: white。第一个 p 的版权声明使用了 float: left，导航使用了 text-align: right，而导航中的 h3 heading 则被定义为 display: none 隐藏起来。至于这里为什么会出现一个 h3 元素，2.5 节中将作出清楚的解释。链接被包含在 div 标签里，以便显得更加突出。另外 header 和 nav 上显然使用了 display: block，同时 footer 元素的宽度也被缩减至 79%。

2.4 由 aside 及 section 组成的工具栏

aside 元素作用于页面上一些与主题联系不大而相对独立的区域。在示例里，我们在页面右边创建了一个典型的侧边栏，它包括 3 个部分：问卷调查、登录和快速链接。快速链接列表使用了 nav 元素，另外两个区块则嵌入到一个叫 section 的新元素里。

section 元素作用于同一主题下不同的文档部分，例如论文各章节或是表单页面中的独立表格。若 section 出现在页脚，它通常作用于附录、目录、许可协议等。一般来说，在有内容的表格中使用 section 也是可以的。在这里，如图 2-5 所示，问卷调查以及登录都由 section 标注，而链接部分则如前所述，用 nav 标注。

```
<aside>
  <h2>
  <section>
    <h3><p><input>
  </section>
  <section>
    <h3><label><input>
  </section>
  <nav>
    <h3><ul><li><a>
  </nav>
</aside>
```

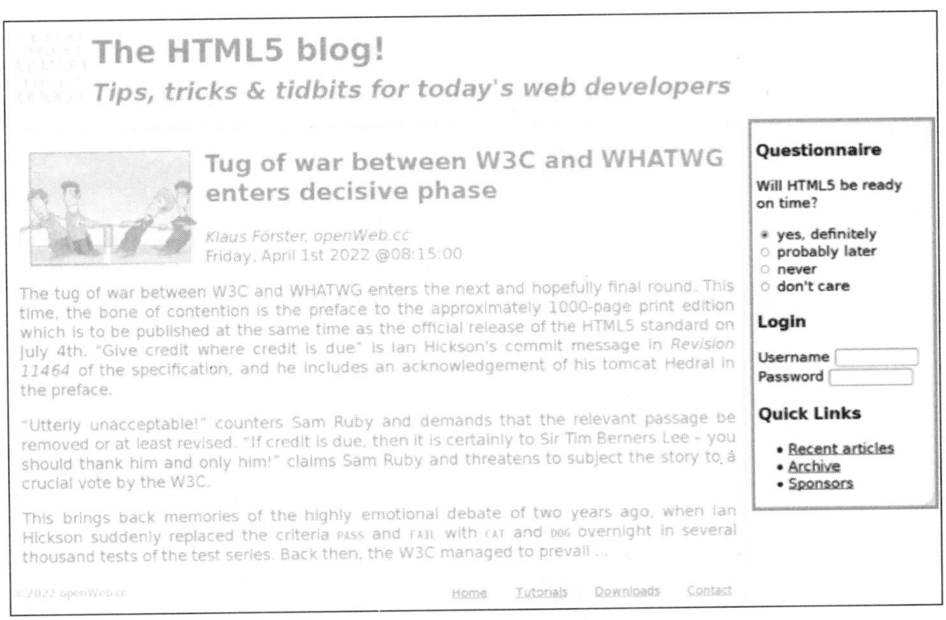

图 2-5 HTML5 博客侧边栏的基本结构

跟前面提到的页脚中的 nav 一样，侧栏的问卷调查部分上面也有一个 h2 元素，通过 CSS 的 display: none 隐藏。侧边栏格式为 float: right，宽度 width: 20%，字体 font-size: 0.9em。圆形右下角是侧边栏的一个显著特点，它意味着这个 HTML5 博客使用了 CSS3：圆角是这里用到的两个特性之一。经典的圆形右下角 CSS 语法如下：

```
.rounded-bottom-right {
  -moz-border-radius: 0px 0px 20px 0px;
  -webkit-border-radius: 0px 0px 20px 0px;
  border-radius: 0px 0px 20px 0px;
}
```

另一个特性是 4 个区域的细微阴影，它们在 CSS 文档中定义如下：

```
.shadow {
  -moz-box-shadow: 4px 0px 10px -3px silver;
  -webkit-box-shadow: 4px 0px 10px -3px silver;
  box-shadow: 4px 0px 10px -3px silver;
}
```

鉴于 CSS3 还没有进入候选推荐（candidate recommendation）阶段，CSS 语句还需要使用-moz-和-webkit-前缀，来对不同的浏览器提供兼容支持。可以肯定的是，在 CSS3 进入标准化流程后，边框半径（border-radius）以及盒阴影（box-shadow）也是不会有所变化的。不过在那之前，还是得暂时容忍这些前缀以及在不同浏览器下表现出的些微差别。

如需了解更多关于 CSS3 标准中的这两种候选特性，可以查阅以下链接：

- http://www.w3.org/TR/css3-background/#the-border-radius
- http://www.w3.org/TR/css3-background/#box-shadow

2.5 大纲算法

依据规范为文档细细规划大纲是一件令人头疼的事。尽管如此，我们还是可以走捷径，直接依据基础的文档结构规划出可被自动识别的大纲。此文档结构由一组我们叫做章节内容（sectioning content）以及标题内容（heading content）的内容组成。Sectioning content 包括 body、article、aside、nav 以及 section，而 heading content 包括 h1 到 h6 以及 hgroup，它们组成了大纲条目。

如果我们使用 Geoffrey Sneddon 编写的在线 HTML5 大纲分析器（地址为 http://gsnedders.html5.org/outliner）分析这个 HTML5 博客，就能看到这样的条目

结构：

```
1. The HLML5 blog!
   1. Link Block
      1. Questionnaire
      2. Login
      3. Quick Links
   2. Tug of war between W3C and WHATWG enters ...
   3. Navigation
```

根据斜体条目 Link Block 以及 Navigation，我们能够清楚获知有两个用 display: none 隐藏起来的标题。如果忽略这两个标题，则原位置就会显示以下文字：Untitled Section（无标题的章节）。合理地使用标题，既可以保持结构的完整性，也可以使大纲清晰易读。

关于标题 h1～h6 的选用，有以下注意事项：原则上来说，任何内容都可以放进 h1 标签里并作为开头，但这并非必须的。在上面的案例中，标题排序反映了大纲中的层次：h1 对应博客页眉；h2 对应文章标题、连接信息块以及页脚导航；h3 对应其他的页眉。若将所有标签都换成 h1，仍能得到相同的大纲，但可能会对布局产生少许负面影响，需要通过 CSS 来手动调整排序。

需要注意的是，在使用 hgroup 的时候，大纲仅包含 hgroup 的最高级别。这也就是为什么你无法在大纲中找到 tips、tricks 以及 tidbits for today's web developers 这些副标题的原因。

到目前为止，所有浏览器都还无法以任何形式直接执行大纲算法，但这并不意味着大纲将来不会变得至关重要。在未来，也许会出现自动生成的导航条或是简洁的网页摘要，搜索引擎爬虫的内容抓取机制也可能发生重大改进。虽然时候未到，但至少规划大纲并不会损害文档结构。既然检查结构是一件很容易的事情，我们为什么不尝试一下呢？

2.6　图形中的 figure 及 figcaption

元素 figure 及 figcaption 实际上不能算作结构性元素，但在组织独立图片、图像、图表及编码列表时仍旧很受欢迎。每一个 figure 元素中只能包括一个 figcaption 元素。至于这个元素是出现在图像之前或之后，完全由作者决定。下面例子简单说明了这些标记及其浏览器端表现（见图 2-6）。

```
<figure>
<img src="images/tarot_0980.jpg" alt="XXI: The World">
<img src="images/tarot_0963.jpg" alt="VI: The Choice">
```

```
<img src="images/tarot_0996.jpg" alt="XVIII: The Moon">
<figcaption> Three magical sculptures in Niki de Saint
 Phalles <em>Giardino dei Tarocchi</em> near Capalbio in the
 Tuscany region of Italy. The tarot cards from left to right:
 The World (XXI), The Choice (VI), and The Moon (XVIII)</figcaption>
</figure>
```

图 2-6 带有 figcaption 的 figure 范例

2.7 文档级别语义——更多新的标签

除了简化结构，HTML5 规范还着重于语义学，并试图为每个元素加入一个特定的文档级别定义。同样，HTML5 规范规定了在什么样的环境中可以使用相关标签，在什么样的环境中不可以。它使用了一些新元素，完全摈弃了一些旧元素（比如说 font、center 以及 big），而其余元素的定义也被或多或少地改变，下面将介绍新的以及被改变的元素。根据表 2-2，你将看到在本章中出现的所有元素组成的经典应用程序。首先让我们从最奇妙的新元素——ruby 开始。

2.7.1 元素 ruby、rt 及 rp

ruby 可视为一种排版注释系统（typographic annotation system），意思是“位于横排基础文本上方的简短文字，主要是针对东亚语言作出简短的读音注释”（www.w3.org/TR/ruby）。ruby 注释可以为中文或日文显示读音，图 2-7 的左侧为其示范。

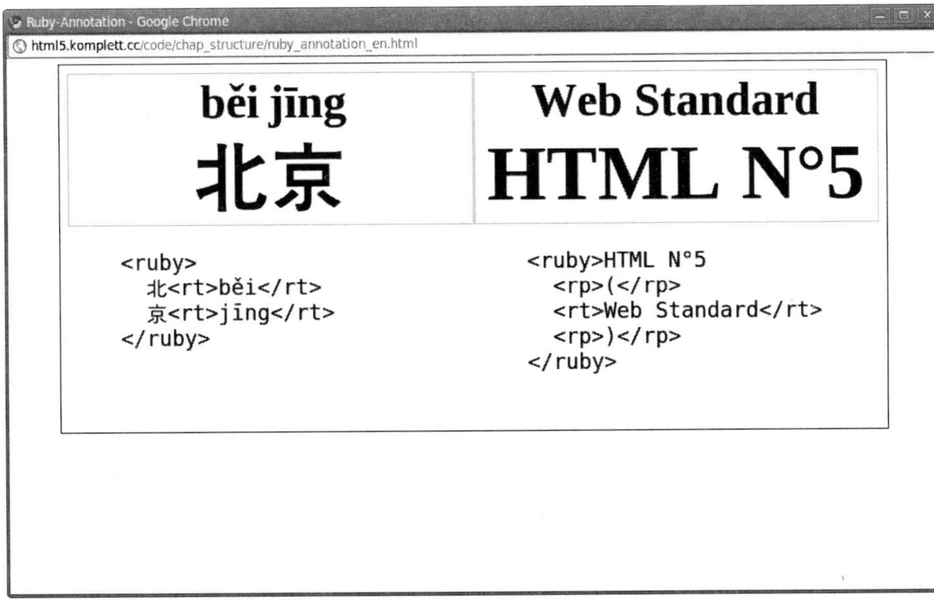

图 2-7 ruby 注释的两个示范

ruby 注释涉及的标记包括元素 ruby、rt 及 rp。首先，我们在 ruby 元素中指定一个具体的表达式，然后通过后面的 rt 元素提供说明。在支持 ruby 的浏览器下，这个 rt 元素的内容将被放置在表达式上方，正如上面的“北京”例子所示。

不支持 ruby 的浏览器（例如 Firefox 及 Opera）无法正确排版这段代码，而会将各个部分连起来显示，这会导致文字难以阅读。为了清晰体现后一个单词对应头一个单词的注释关系，需要对这两个区块进行视觉上的隔离——这就是 rp 元素的作用：它仅会在浏览器不支持 ruby 时显示额外的分割符。如图 2-7 所示，Google Chrome 能够解析 ruby 并将在视觉上将其分离。而不支持 ruby 的浏览器则会将例子显示为北 *běi* 京 *jing* 及 *HTML N°5* （Web 标准）。

2.7.2 time 元素

time 元素提供了一个可选时间和时区组件，支持 24 小时制或是其他的公历时间格式。目的是在 HTML5 文档中，将现在常用的日期和时间语句用规范的、利于机器识别的格式进行表述。模糊的时间描述，例如“2011 年春天”或者“千禧年前的 5 分钟”是非法的。

为了确保机器能够正确识别，我们可以使用 datetime 属性，其属性值可被定义为时间、日期，或这两者的复合体。规范清晰地定义时间标记的语法，见表 2-1。

表 2-1 time 元素下 datetime 属性的时间戳语法规则

组　成	语　法	范　例
日期	YYYY-MM-DD	2011-07-13
小时	hh:mm	18:28
秒	hh:mm:ss	18:28:05
毫秒	hh:mm:ss.f	18:28:05.2318
日期及时间	用 T 连接日期及时间	2011-07-13T18:28
GMT 时间	以 Z 结尾	2011-07-13T18:28:05Z
偏移时区时间	+mm:hh / -mm:hh	2011-07-13T18:28:05+02:00

pubdate 是一个布尔型属性，用于为相邻的 article 标签——如果存在的话——或是整个网页指定发布时间。在使用 pubdate 时还需要用到一个 datetime 元素，否则，在 time 元素的开始标签及结束标签之间应存在着一个有效日期。

NOTE

在 HTML5 中使用布尔型属性要格外小心：true 或者 false 并非有效的属性值！当解释器发现存在布尔型的属性时，它将直接解释为 true。因此要将一个布尔型属性设为 true，共有 3 种有效语法：

```
<time pubdate>
<time pubdate="">
<time pubdate="pubdate"> （当然你也可以去掉引号）
```

若要将其设为 false，你只有一个选择：将整个属性去掉！

2.7.3 mark 元素

mark 元素用于高亮标记一段文字。例如，你可以用 mark 元素来标记出网页里被搜索的关键词或是用于高亮显示一段解释性的代码。

2.7.4 wbr 元素

很明显，wbr 元素用于让浏览器为长单词增加可选择的破折号，以便自动折行。举例来说，在一个相当长的单词——例如 supercalifragilisticexpialidocious 中插入一对 wbr 元素，可以让浏览器根据排版需要决定是否将单词换行显示。

```
supercali<wbr>fragilistic<wbr>expialidocious
```

破折号是否出现，以及出现在哪里完全由排版决定。wbr 只是允许自动折行，但并非强制折行。wbr 的用途还包括长的 URL 及代码列表。与 br 相似，wbr 也被称为空间元素，这表示它没有结束标签——除了它之外，在 HTML5 还有其他 14 个元素也具有此特点，它们是：

area	base	br	col	command	embed
hr	img	input	keygen	link	meta
param	source				

当然，void 元素可以在其开始标签中包含一个反斜杠用于闭合（例如：
），这对于兼容 XHTML5 十分有用。

2.7.5 略微改变的元素

在略微发生改变的元素中，我们首先要提到的是 b 及 i——这两个标签已经不再适合 HTML5 的理念，这也因为它们的名字：b 代表粗体（bold）而 i 代表斜体（italic）——单纯的冷冰冰的代码符号在 HTML5 中已不再流行，现在更讲究的是语义上的关联性，所以我们将改用 strong 及 em 来强调一段重要的文本。不幸的是，b 和 i 仍旧是使用最为广泛的标签，不可能完全避免它们。折衷的解决方案是继续允许它们存在，但改变它们的定义：b 现在代表着将文档印刷为粗体，而 i 代表将文档印刷为斜体。在需要写出纯正 HTML5 时，还是应当避免使用 b 及 i，而将它们替代为 strong 及 em。

其他细微变化的元素还包括：cite 用来为对参考文献的引用进行定义，比如书籍或杂志的标题；small 现在不仅仅指的是小字体，它还同样为法律声明增添不具有重要性的旁注或小字；hr 现在表达的是主题性的间断，而不再仅仅是分隔版面的一条水平线。

规范为每个标签作出了简炼的概述，在本章节中可以找到相关示例。为了节约翻书的时间，现在我们就在表 2-2 中将它列出来。

表 2-2 文本元素语义

元 素	作 用	示 例
a	超连接	Visit my <a href="drinks.html">drinks</a> page
em	强调	I must say I <em>adore</em> lemonade
strong	重要	This tea is <strong>very hot</strong>
small	旁注	These grapes are made into wine.<small>Alcohol is addictive.</small>
s	错误的文本	Price: <s>£4.50</s> £2.00!
cite	作品标题	The case <cite>Hugo v. Danielle</cite> is relevant here

续表

元　素	作　　用	示　　例
q	引用	The judge said <q>You can drink water from the fish tank</q> but advised against it
dfn	举例	The term <dfn>organic food</dfn> refers to food produced without synthetic chemicals
abbr	缩写	Organic food in Ireland is certified by the <abbr title="Irish Organic Farmers and Growers Association">IOFGA</abbr>
code	计算机代码	The <code>fruitdb</code> program can be used for tracking fruit production
var	变量	If there are <var>n</var> fruit in the bowl, at least <var>n</var>÷2 will be ripe
samp	计算机输出	The computer said <samp>Unknown error -3</samp>
kbd	用户输入	Hit <kbd>F1</kbd> to continue
sub	下标	Water is H₂O
sup	上标	The hydrogen in heavy water is usually ²H
i	备选项	Lemonade consists primarily of <i>Citrus limon</i>
b	关键词	Take a <b>lemon</b> and squeeze it with a <b>juicer</b>
mark	高亮	Elderflower cordial, with one <mark>part</mark> cordial to ten <mark> part </mark>s water, stands a<mark>part</mark> from the rest
ruby,rt,rp	Ruby 注释	<ruby> OJ <rp>(<rt>Orange Juice<rp>)</ruby>
bdi	文本方向隔离	The recommended restaurant is <bdilang=""> My Juice Café (At The Beach)</bdi>
bdo	文本方向格式	The proposal is to write English but in reverse order. “Juice” would become “<bdodir=rtl>Juice</bdo>
span	其他	In French we call it <span lang="fr">sirop de sureau</span>
br	换行	Simply Orange Juice Company Apopka, FL32703 U.S.A
wbr	可选折行	www.simply<wbr>orange<wbr>juice.com

小结

HTML5 提供了许多新的结构性元素，比如说 header、hgroup、article、section、aside、footer 以及 nav。本章开头以一个虚拟博客为例，演示了这些元素运用起来是多么地简单和直观。为了取代只有与 class 属性结合使用才有含义的匿名 div 元素，我们现在使用会说话的元素——例如利用 figure 及 figcaption 有效将图形及图像结合。表 2-2 列出了 HTML5 中大量语义文本元素列表及它们如何作用的范例，并简明地介绍了最有趣的一些新元素，例如 ruby、rt 及为 ruby 注释的 rp；标注时间的 time；标记文档段落的 mark；以及提供可选择性换行符的 wbr。

第3章 智能表单

在预订航班、使用在线银行或者使用 Google 搜索时，我们都会用到表单。互动性表单的大部分元素自 1995 年的 HTML2.0 以来就没有改变过，一方面这表明 Tim Berners-Lee 的设计具有卓越的预见性；另一方面来说，现在也是该革新的时候了。HTML5 规范中关于表单的内容占了很大一部分，它们将给 Web 设计者的工作带来巨大变化。

截至撰写本书时，HTML5 还未获得浏览器的普遍性支持（目前来说，只有 Opera 及 Google Chrome 的开发者版本提供 HTML5），但其强大的向后兼容性让新的表单元素在现在就能投入使用。

3.1 新的输入类型（input type）

HTML5 强化了 input 元素，增加了许多新的 type 属性，包括 date、color、range 在内的这些新的类型不但让用户的输入过程变得更加友好，也更便于浏览器理解所输入的内容。如果浏览器无法识别 input 元素的类型，它会默认为 type=text 并显示为文本，这在任何情况下都有效，即便那些过时的浏览器也可以。因此，我们可以现在就开始使用新的输入类型，并不会有什么障碍。

date 及 time 类型应该是最常用的。目前，你可以在网上找到无数个用 JavaScript 写成的或好或差的日历程序。人们在预订航班、酒店以及进行会议登记时，经常需要手动输入日期，这可不是什么美好的体验。其实 jQuery 之类的 JavaScript 库可以提供现成的日历功能，但目前浏览器直接支持此功能。

在撰写此书时，只有一个桌面浏览器包含了可视化的日期输入元素，那就是 Opera。如图 3-1 所示，人们可以通过单击日历来输入日期。表 3-1 展示了相关的新类型，你可以在 Opera 中测试它的实际效果。

表 3-1 HTML5 中的新输入类型

类 型	描 述	举 例
tel	一行文本	+1 234 567 890
search	一行文本	search term
url	绝对 URL 地址	http://www.example.com
email	有效的 e-mail 地址	user@host.com
datetime	日期及时间（使用 UTC 时间）	2010-08-11T11:58Z
date	不带时区的日期	2010-08-11
month	不带时区的月份	2010-08
week	不带时区的年及周	2010-W32
time	不带时区的时间	11:58:00
datetime-local	时区的当地日期及时间	2010-08-11T11:58:22.5
number	数字	9999 或 99.2
range	一定范围内的数值	33 或 2.99792458E8
color	十六进制 RGB 值	#eeeeee

3.1.1 输入类型 tel 及 search

tel 及 search 类型与普通的文本没什么不同，两者皆可包括一行字符串——即便电话号码也不仅限于用数字表示，因为电话号码经常含有空格或其他符号。浏览器能够根据本地地址簿为 tel 输入提供备选项，这对于输入移动电话号码尤其有用。search 类型让浏览器上创建相应平台风格的搜索界面，例如说，Mac OS X 的用户所习惯的带圆角的搜索框。

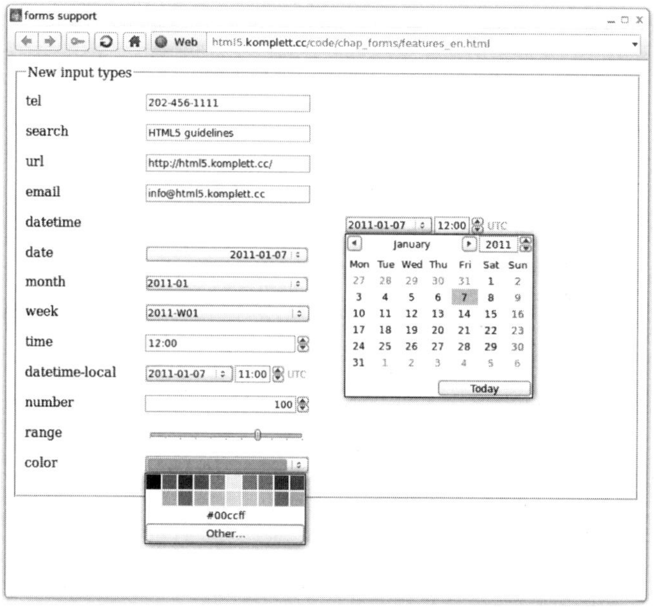

图 3-1 Opera 率先支持了新的表单输入类型

3.1.2 输入类型 url 及 email

除了提供备选建议，浏览器还能够检查输入的 url 及 email 格式。鉴于 e-mail 地址以及 Internet 网址都有特定格式，浏览器可以检查这些格式并反馈出输入中可能存在的错误（更多内容可以查阅 3.4 节）。

3.1.3 用 datetime，date，month，week，time 以及 datetime-local 表示日期和时间

让我们更深入地了解一下日期及时间格式。datetime 包括日期以及时间信息；时区设置始终为 UTC。规范允许用户通过浏览器选择不同时区，但 input 元素的值始终会被转换为 UTC 格式。2.7.2 节中我们曾讨论过 time 元素，datetime 属性的表达式规则在 time 元素中依旧适用——除了字符串必须以 Z 结束以表明它是 UTC 格式。

在 date 和 month 中，时间及时区则被忽略。根据规范定义，date 必须是所选月份中的一个有效日期，同时考虑到闰年。年、月、日必须用“-”号分开；年份至少为 4 位数，并大于 0，因此公元前的年份无法用 HTML5 表达。相比 ISO 8601 国际标准，这个取值范围相当狭窄。

week 类型代表年份当中的一个星期，并且强制其位于年份后面。年份和星期同样用“-”号隔开。为了确保星期与月份不被混淆，week 前面通常会加上一个字母 W。

datetime-local 与之前描述过的 datetime 作用基本相同，唯一不同之处是不需要标明时区。

Opera 提供一个用来选择日期的日历窗口，可以通过手动输入时间或单击箭头来改变（见图 3-1）。

3.1.4 输入类型 number 及 range

number 及 range 类型与包含数值的输入相关，并且支持浮点数表达式（举例来说，2.99792458E8）。range 类型可以指定一个数字范围，用户能够简单地用一个滑块来进行输入。Opera 及包含基于 WebKit 的浏览器——譬如 Safari 及 Google Chrome——都使用一个滑块来表达此类型（见图 3-1 和图 3-2）。

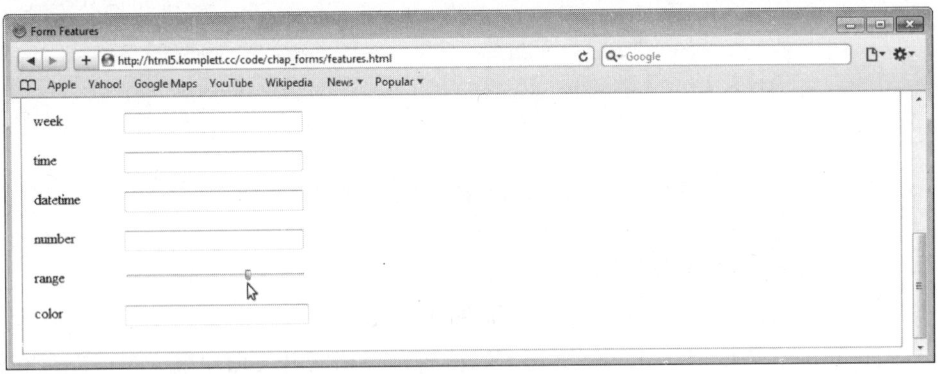

图 3-2 Safari 中的输入类型“range”

3.1.5 输入类型 color

作为第一个为色彩元素提供图形输入界面的浏览器，Opera 再次率先支持了 color 类型。如图 3-1 所示，Opera（第 11 版起）提供了一个包括一些常用颜色的矩形选择界面，你还可以创建出其他图像编辑器里的那种拾色器。可惜的是，这个输入元素目前还无法在其他浏览器上使用。

输入元素值必须为 8 位(8-bit)RGB 值，并在前面加上一个#符号。举例来说，蓝色应写为#0000ff。

3.1.6 新输入类型的实际应用

在了解了足够多的理论知识后，让我们看看第一个范例。在这个范例中，我们可以接触到一个个的新元素，并测试每个元素的功能。浏览器会将未知元素的类型定义为文本，因此我们可以在 JavaScript 中为这些元素赋值：

```
<script>
  window.onload = function() {
    inputs = document.getElementsByTagName("input");
    for (var i=0; i<inputs.length; i++) {
      if (inputs[i].type == "text") {
        inputs[i].value = "not available";
      }
    }
  }
 </script>
```

在网页完成加载同时，这段代码将会自动遍历检测所有输入元素的类型。若类型值为 text，则 input 元素的的值将被定义为 not available。新 input 元素的 HTML 代码如下：

```
<fieldset>
  <legend>New input types</legend>
    <p><label for=tel>tel</label>
 <input type=tel id=tel name=tel>
    <p><label for=search>search</label>
 <input type=search id=search name=search>
    <p><label for=url>url</label>
 <input type=url id=url name=url>
    <p><label for=email>email</label>
 ...
```

图 3-3 中为 Android 手机上的测试结果。系统中包含 WebKit 的浏览器（左图）理论上能够分辨类型 tel、search、url 以及 email，但通过键盘（中图）输入电话号码时它并没有起作用。而版本 10.1beta（右图）的 Opera Mobile 支持的类型包括 url、email、date 及 time。

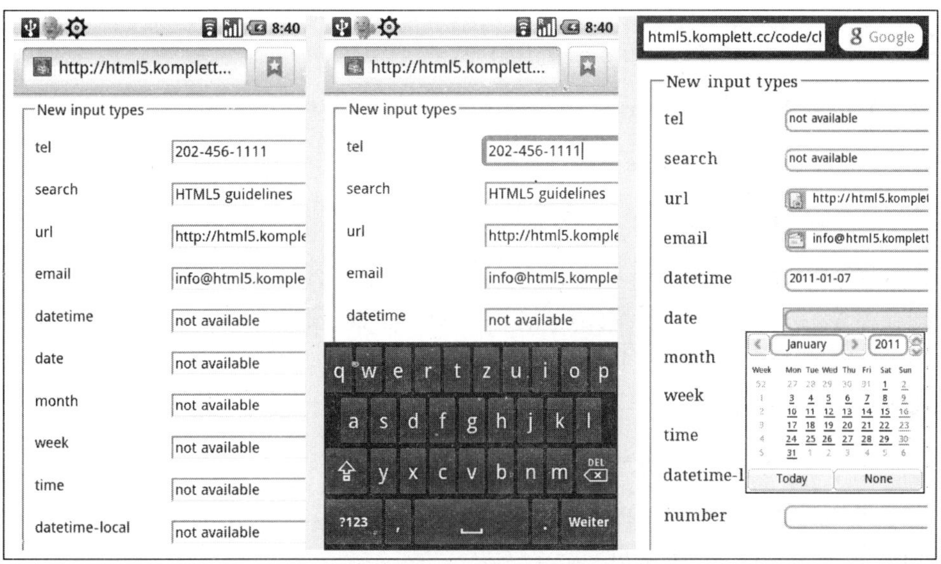

图 3-3　在 Android 2.1 手机上，包含 WebKit 的浏览器（左侧及中间）及 Opera（右侧）对新表单输入类型的支持情况

对于当下流行的 Android 浏览器来说，这个结果并不尽如人意。iPhone 上的结果稍微好一点——至少这款智能手机支持模拟键盘，会在需要输入手机号码时显示数字键盘，在需要输入 email 时加上一个@键。

而黑莓（BlackBerry）手机的测试结果则更好一些，它们的主流智能手机操作系统是由加拿大一家名为 Research in Motion（RIM）公司开发的。从图 3-4 可以看到，除了 date 类型外，黑莓系统还支持 tel 及 number，而支持 date 输入的图形响应速度也相当快。这一切的背后是 WebKit 在起作用——操作系统很好地扩展支持了这些功能。

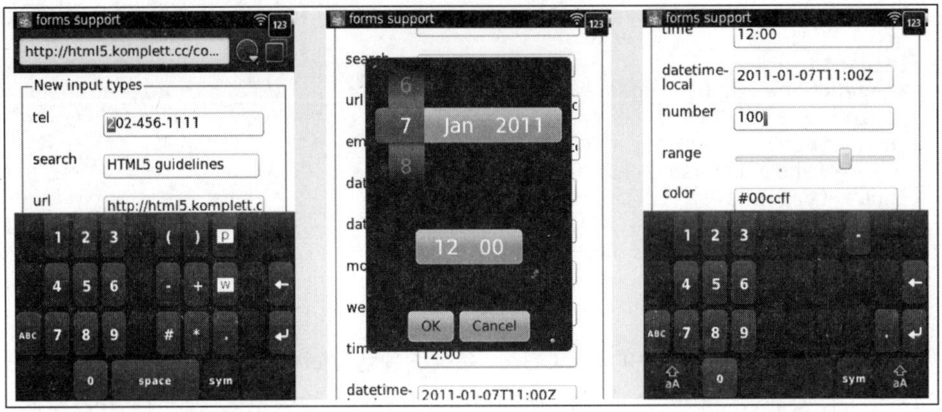

图 3-4 新输入类型在黑莓智能手机上的效果（BlackBerry 9800 模拟器）

3.2 有用的表单属性

除了新的元素，以及 input 输入元素中的一些新类型外，HTML5 还为表单元素提供了一些新属性。

3.2.1 使用 autofocus 操作焦点

数年前，Google 的一个小举动给许多用户带来了惊喜：当搜索页面打开后，光标自动出现在搜索栏中，用户不需要先单击搜索栏就可以直接输入搜索内容，这让搜索变得更方便。以前这一切是通过一小段 JavaScript 来完成的，而现在在 HTML5 中，可以用一个 autofocus 属性来实现它：

```
<input type=search name=query autofocus>
```

你可以像其他布尔型属性一样将它写为 autofocus="autofocus"（见 2.7.2 节）。根据规范声明，在一个页面中，只有一个元素能够包含 autofocus 属性。

autofocus 不适用于旧式浏览器，因为它们会直接忽略未知属性。因此，你只能通过新浏览器来尝试这个友好的用户体验。

3.2.2 为文本使用 placeholder 占位符

新的 placeholder 属性可以进一步提升 HTML 表单的友好度：

```
<p><label for=email>Your e-mail address:</label>
<input type=email name=email id=email
  placeholder="user@host.com">
<p><label for=birthday>Your date of birth</label>
<input type=date name=birthday id=birthday
  placeholder="1978-11-24">
```

占位符值可以给予用户一个快速提示，让他们了解该在输入字段中输入什么，它并不会取代标签元素。当需要用户输入某一特定格式的内容时，占位符显得尤其有用。浏览器会在输入字段显示提示文字。当该输入字段被聚焦（focus）激活，该提示文字则消失（见图 3-5）。

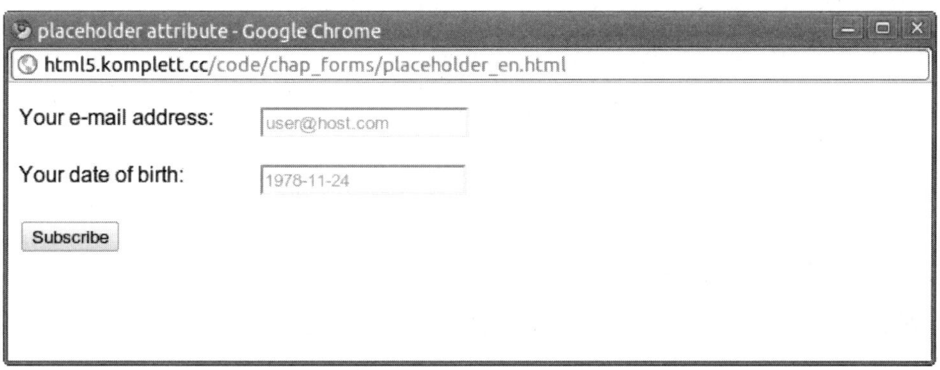

图 3-5 placeholder 属性在 Google Chrome 中的效果

3.2.3 使用 required 定义必填项

required 是一个布尔型属性，其名称已经直白地表达了它的功能：包含此属性的表单元素必须被填写。在发送表单时若指定栏目仍为空，浏览器就会给予相关响应。关于这方面更多信息可见 3.4 节。

3.2.4 input 元素中的更多属性

input 元素不仅被新类型所强化（见 3.1 节），同时也借由一些新属性而让表单变得更易于操作，见表 3-2。

表 3-2 input 元素中的新属性

类 型	描 述	属 性
字符串列表	datalist 元素的选项 ID（见 3.3.3 节）	list
数值/日期	数值栏及日期栏的最小值	min
数值/日期	数值栏及日期栏的最大值	max
数值	数值栏或日期栏的合法数字间隔	step
布尔值	多重（是非）选项	multiple
模式 (on/off/default)	自动为表单填充储存的数据	autocomplete
字符串	验证其值是否有效的正则表达式	pattern

我们还会在 3.3.3 节中谈到 list 属性，它为 datalist 元素提供可选项列表。

min、max 及 step 不仅适用于数字栏，还能用于输入日期及时间：

```
<p><label for=minMax>Decimal number between 0 and 1:</label>
<input type=number name=minMax id=minMax
  min=0 max=1 step=0.1>
<p><label for=minMaxDate>Date in week steps:</label>
<input type=date name=minMaxDate id=minMaxDate
  min=2010-08-01 max=2010-11-11 step=7>
<p><label for=minMaxTime>Time in hour steps:</label>
<input type=time name=minMaxTime id=minMaxTime
  min=14:30 max=19:30 step=3600>
```

在支持数字类型输入的浏览器中，以上这段代码的第一个输入元素（id=minMax）每次增加值为 0.1。这个增加是通过单击文本字段尾部的箭头或者按键盘上的方向键来实现的。ID 为 minMaxDate 的元素以 7 天为单位增减；在 Opera 的日历里，每星期只有相应的一天会显示为可选。Google Chrome 也根据输入类型为这些元素提供了相似的可视化操作导航支持：人们可以使用上下箭头将日期以 7 天为周期调前或调后。第三个输入元素的间隔值为 3600，因此我们可以以小时为单位来调整时间。尽管根据规范声明，时间输入元素通常以分钟作为单位，但 Opera 及 Google Chrome 都将此单位设为了秒。

相信大家都熟悉复制文件过程中的诸多操作选项，而现在浏览器也同样支持这些操作。如果需要一次上传多个文件，首先需要为每个文件创建一个输入字段。在使用 multiple 属性的情况下，人们可以在一个对话框中选取多个文件。Multiple 选项通常为 select 元素服务，在 email 类型的输入字段中使用它则算是个创举。不过到目前为止，任何常见桌面浏览器都还无法将此功能应用于 email 类型。

目前流行的浏览器都具有自动完成（记忆用户在曾访问网站上所输入的内容）功能。

自动完成功能相当有用，但在一些涉及安全或隐私信息的敏感的输入字段出现则会令人不安（规范中以核武器激活密码来举例）。autocomplete 属性让 Web 开发者可以妥善支配此功能。若一个元素内包含有 autocomplete="off"属性，这意味着涉及机密信息，不应被浏览器保存。若表单元素中并未定义 autocomplete，则默认设置为开启自动完成、显示输入提示。通过将 autocomplete 属性嵌入 form 元素，我们也能让其直接作用于整个表单。

新的 pattern 属性支持非常灵活的输入验证手段。你可以指定一个正则表达式(regular expression）来检查表单输入。正则表达式过滤字符串的能力十分强大，但不幸的是用起来并不容易。如果你在找一个以大写字母开头，中间为数字或小写字母，以.txt 结尾的字符串，使用 regexp（正则表达式的缩写）能轻易找到它：

```
[A-Z]{1}[a-z,0-9]+\.txt
```

介绍正则表达式已超出本章内容范围，所以在接下来的几章中我们只能假定你已经对正则表达式有了一些基本的了解。若需阅读关于正则表达式的简短在线介绍，Wikipedia 可以作为一个很好的开始。你可以访问 http://en.wikipedia.org/wiki/Regular_expression，或在网站 http://www.regexe.com 上尝试一下正则表达式。

结合 pattern 属性使用正则表达式时，需要记住其检索范围是输入字段内的整个文本。规范建议使用 title 属性来提示用户输入恰当的格式。使用 Opera 及 Google Chrome 的用户在鼠标滑过相关区域时，会看到一个包含此类信息的提示。看了这么多理论之后，让我们来看下这个简短的例子：

```
<p><label for=pattern>Your nickname:</label>
 <input type=text pattern="[a-z]{3,32}"
  placeholder=""johnsmith" name=pattern id=pattern
  title="Only lower case, please; min. 3, max. 32!">
```

属性 pattern 的规则指定输入字符串由只能 a 到 z 之间的字母构成（小写，[a-z]），字符串长度最小为 3，最大为 32。不允许特殊符号或注音，对于创建用户名来说这一点相当重要。如需加入一个指定的特殊字符，譬如说德语中的注音符号，你需要先将它们加入到 group: [a-zäöüß]中。在 3.4 节中展示了有效性验证失败的后果。

3.3 新的元素

除了此前提到的新的 input 类型及新属性之外，规范还提到了一些新的表单元素，我们将在下面介绍这些元素。meter 及 progress 元素可以创建一些此前只能通过复杂技巧完成的图形化对象，datalist 为文本输入提供可选项，output 为计算结果提供占位符。keygen

元素在万维网上已经流行了很久，但直到 HTML5 中才得以标准化。

3.3.1 使用 meter 显示度量

元素 meter 被作用于图形化表示已知范围内的测量标量。以你车子里的油表为例：指针从 0～100%显示油箱里的现有油量。此前，这类图形化表示方法通常依靠 div 元素实现，但这种用法其实非常别扭。一些免费网络服务，譬如说 Google Chart API 中的状态显示也可以通过图形来表现。你可以在接下来的案例中看到这些相关选项。

meter 元素的应用相当简单：通过 value 属性设定好数值，而其他属性都不是必需的。若未设置最大值和最小值，浏览器会将这些属性设为 0～1。现在，我们得到了一个半成品的 meter 元素：

```
<meter value=0.5></meter>
```

除了 value 外，与 low、high 以及 optimum 值相关的 min 及 max 属性也可以在浏览器上以图形的方式表现出来。举例来说，在 optimum 值溢出时，Google Chrome（在本书完成时，除了 Opera 外唯一能够显示 meter 元素的浏览器）会将正常情况下的绿色条变成黄色。

在接下来的案例中你会看到本年度已过去时间百分比的图像表达。网站采用 4 种不同方法显示结果：文字及百分比值、新的 meter 元素、内嵌 div 元素、Google 的 Chart API 在线服务提供的图像，如图 3-6 所示。

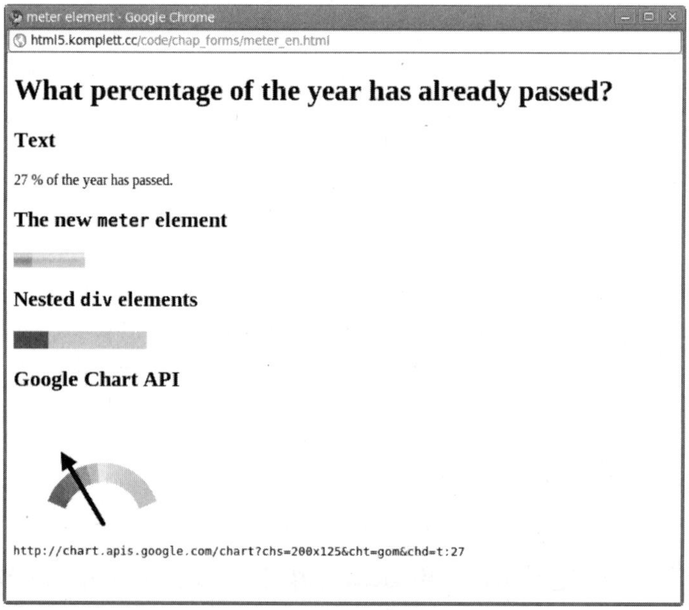

图 3-6 meter 元素及其他相似实现的结果展示

这个案例的 HTML 代码中，有些功能暂时还缺少相应元素来实现，因此暂时由 JavaScript 作为替代。

```
<h2>Text</h2>
<p><output id=op></output>
  % of the year has passed.</p>
<h2>The new <span class=tt>meter</span> element</h2>
<meter value=0 id=m></meter>
<h2>Nested <span class=tt>div</span> elements</h2>
<div id=outer style="background:lightgray;width:150px;" >
<div id=innerDIV> </div></div>
<h2>Google Chart API</h2>
<img id=google src="">
<p id=googleSrc class=tt></p>
```

在文本输出方面，我们用到了 3.3.5 节中的 output 元素。但首先要注意的是我们使用了 JavaScript 来生成当前日期，并初始化 meter 元素。

```
var today = new Date();
var m = document.getElementById("m");
m.min = new Date(today.getFullYear(), 0, 1);
m.max = new Date(today.getFullYear(), 11, 31);
// m.optimum = m.min-m.max/2;
m.value = today;
```

在这段 js 代码中，变量 today 包含一个 UNIX 时间戳（以 UNIX 纪元为开始的毫秒数，起始于 1970.1.1）。为保证 meter 元素度量正确，我们将最小值设为 2011 年 1 月 1 日，最大值设为 12 月 31 日。代码的最后一行是设置 meter 的值，之后的工作就交由图形界面完成了。若 optimum 所定义的最佳值被激活（在这个案例中指年中），显示结果将发生改变——取决于你是在上半年还是下半年调用的脚本。这个新元素用起来实在是很方便。

此外，我们需要将一年中已经过去的天数百分比显示到 ID 为 op 的 output 元素里。我们使用 Math.round()函数来四舍五入计算这个百分比——这样的精确度对于这种应用来说已经足够了。

```
var op = document.getElementById("op");
op.value =
  Math.round(100/(m.max-m.min)*(m.value-m.min));

var innerDIV = document.getElementById("innerDIV");
innerDIV.style.width=op.value+"%";
innerDIV.style.background = "green";
```

范例中的其余部分与 HTML5 技术无关，但为了这个范例的完整性，我们还是会讲解一下。div 元素同样可以按百分比显示图形，原理很简单：一个 div 设为固定宽度（在这里是 150px）；另一个内嵌的 div 宽度为要显示的百分比，填充以绿色背景——这是一个非常简单而有效的技巧。为了完成这个介绍，我们还要提一下 Google Chart API。在使用这个在线服务时，你需要注明图表规格（chs，在我们的案例中为 200 × 125px）、图表类型（cht，这里为 gom——*Google-O-Meter*）以及图表数据（chd，这里为百分比值 op.value）。

```
  var google = document.getElementById("google");
  google.src =
"http://chart.apis.google.com/chart?chs=200x125&cht=gom&chd=t:"+op.
value;
  var gSrc = document.getElementById("googleSrc");
  gSrc.innerHTML = google.src;
```

3.3.2 用 progress 显示任务进程

progress 元素的运作方式与我们此前讨论过的 meter 相似，但它被作用于展示一个任务的完成度，典型的例子是用户文件上传或下载。

为了便于演示，我们不会真的去上传文件或者下载一大堆数据，我们要做的只是设计一个任务并将它逐步完成到 100%。以下案例设计了 10 个 checkbox 类型的 input 元素，当它们全部激活时，进度条将显示到 100%。

```
<h1>Please activate all the checkboxes</h1>
<form method=get>
  <input type=checkbox onchange=updateProgress()>
  <input type=checkbox onchange=updateProgress()>
<!-- and 8 more -->
  <p>
  Progress: <progress value=0 max=10 id=pb></progress>
</form>
```

元素 progress 的初始值为 0，最大值为 10。当 input 元素被激活时，就会调用 updateProgress()函数，函数的内容如下：

```
function updateProgress() {
  var pb = document.getElementById("pb");
  var ip = document.getElementsByTagName("input");
  var cnt = 0;
  for(var i=0; i<ip.length; i++) {
    if (ip[i].checked == true) {
      cnt++;
    }
  }
  pb.value = cnt;
}
```

变量 ip 包括了一个包含所有输入元素的节点列表（NodeList）。for 循环测试每一个元素的当前状态，若其被激活（checked == true），计数器变量 cnt 将增加 1。同时，progress

元素值将被设成计数器值。

3.3.3 datalist 选项列表

一个令人期待已久的表单新功能是现在用户可以通过一个下拉菜单创建自己的条目。众所周知，select 元素受限于指定的 option 值，Web 开发者以往的做法是通过各种 JavaScript 技巧在文本字段中加入可扩充的选项列表。

现在 HTML5 规范很好地解决了这个问题。新的元素 datalist 和 option 元素本质上类似，都是实现容器的功能。但现在我们可以为 datalist 元素指派任意 input 元素，以显示所需要的选项。当然，不支持元素 datalist 的浏览器只能显示空白文本字段。

代码清单 3.1 展示了这个新元素的使用。input 元素被定义为 text 类型，list 属性引用了 element 元素的 id（这里是 homepages）。网页完成加载时，autofocus 属性将光标自动置于文本字段中（见 3.1 节）以便——至少是在 Opera 浏览器中——让选项列表出现（见图 3-7）。

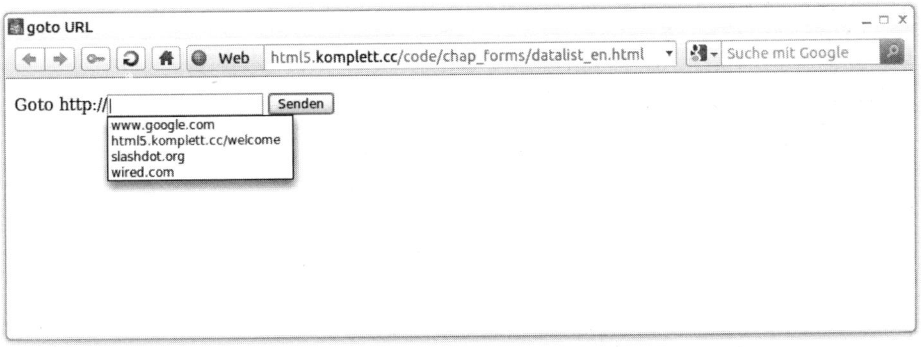

图 3-7 在 Opera 中演示 datalist 元素

datalist 中的 option 元素只需要填好 value 属性就可以了，别的属性和文本节点也是有用的，但并非必需。当用户单击“提交”按钮时，浏览器将会为文本字段中的内容自动补上 http://前缀，并跳转到生成的 URL（使用 window.location）：

代码清单 3.1 使用 datalist 元素填写 URL 地址

```
<form>
  <p>
  <label for=url>Goto</label>
  http://<input type=text id=url name=homepage
               list=hompages autofocus>
  <datalist id=hompages>
    <option value=www.google.com>
    <option value=html5.komplett.cc/welcome>
```

```
      <option value=slashdot.org>
      <option value=wired.com>
    </datalist>
    <input type=submit
      onclick="window.location =
      'http://'+document.getElementById('url').value;
      return false;" >
  </form>
```

若你想给旧式浏览器加入这样的选项列表，可以采用以下给出的小技巧。支持 datalist 元素的浏览器会忽略附带的 select 元素，仅显示 HTML5 里新的 select 元素；而旧浏览器会在文本字段中显示带有预设链接的选项列表，当选区改变时，相应选项的文本也会被显示在文本字段中。

在代码清单 3.2 中，我们需要给 option 元素加入文本节点，因为“旧的”select 元素仅显示包含的文本，而不会显示 value 值的内容。

代码清单 3.2 在旧式浏览器中模拟 datalist

```
<datalist id=hompages>
<select name=homepage
  onchange="document.getElementById('url').value =
    document.forms[0].homepage[1].value" >
  <option value=www.google.com>www.google.com
  <option
  value=html5.komplett.cc/welcome>html5.komplett.cc/welcome
  <option value=slashdot.org>slashdot.org
  <option value=wired.com>wired.com
</select>
</datalist>
```

依靠 select 元素中的 onChange 事件，可以把选取的文本插入到文本字段中(见图 3-8)。

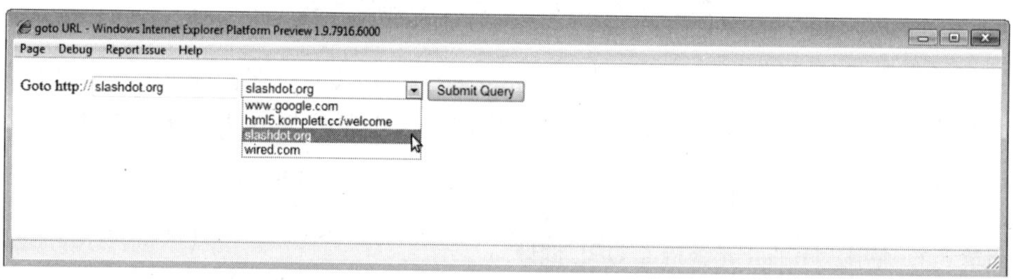

图 3-8 在旧式浏览器中用 input 及 select 元素实现相似效果（这里使用的是 IE8）

3.3.4 使用 keygen 处理密钥

keygen 元素已经在 Mozilla Firefox 浏览器中存在非常久了（始于 1.0 版），但微软仍为其在 HTML5 中的应用表示担忧。keygen 被用于生成加密密钥，看上去很复杂，不幸的是，实际上它也是这么复杂。

简单来说，这个元素理念是这样的：浏览器生成一对密钥，一个公钥一个私钥。公钥以其他数据形式被发送给服务器端应用程序，私钥被保存在浏览器中。此后经过密钥交换，服务器和浏览器可以在没有 SSL 认证的情况下进行加密沟通。这看上去是一个解决那些一直让浏览器感到头痛的讨厌的自签名证书的可行方法，但不幸的是此路不通，因为服务器只能通过受信任的颁发机构——Certificate Authority（CA）——签署的证书来进行身份验证。

这样的话，若 keygen 不能取代 SSL，这个新元素的意义何在呢？根据 Mozilla 文献所述，keygen 元素可以帮助服务器声明它可以签署证书（signed certificate）。为了保证过程中的安全性，它通常要求申请者亲自验证。鉴于颁发签名证书是专家的任务，我们在此只简单地介绍一下这个元素及其属性。

以下一小段 HTML 文档生成了一个 keygen 按钮：

```
<!DOCTYPE html>
  <meta charset="utf-8">
  <title>keygen Demo</title>
  <form method=post action=submit.html>
    <keygen id=kg challenge=hereismychallenge name=kg>
    <input type=submit>
  </form>
```

除了我们熟悉的属性诸如 autofocus、disabled、name 及 form 以外，元素 keygen 有两个特殊的属性：keytype 和 challenge。keytype 是非常有趣的，因为浏览器依据这一属性决定其是否支持此元素的功能。目前来说，只有一个有效的 keytype——RSA，它是 1977 年由麻省理工学院（MIT）开发的加密算法。若没有为 keytype 指定类型（在此前的例子中便是如此），则默认为 RSA。规范同时声明浏览器并不需要支持任何 keytype，这一声明很可能因为微软对于此元素的否定。可选属性 challenge 为密钥交换过程增加安全性。如果需要了解更多信息，请参考位于本节结尾的注释中的链接。

若浏览器支持生成 RSA 密钥，它将给用户提供一个列表以选择密钥长度，从而决定密钥的安全程度（见图 3-9）。

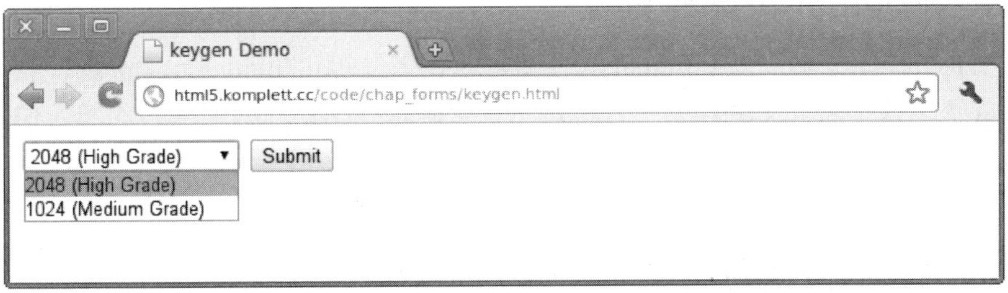

图 3-9 Google Chrome 中的密钥长度选择界面

图 3-10 显示了提交表单之后的结果：POST 变量 kg 包含了加密所需的公钥（这里使用了 Firefox 的一个非常有用的插件 Firebug 来显示这些信息）。

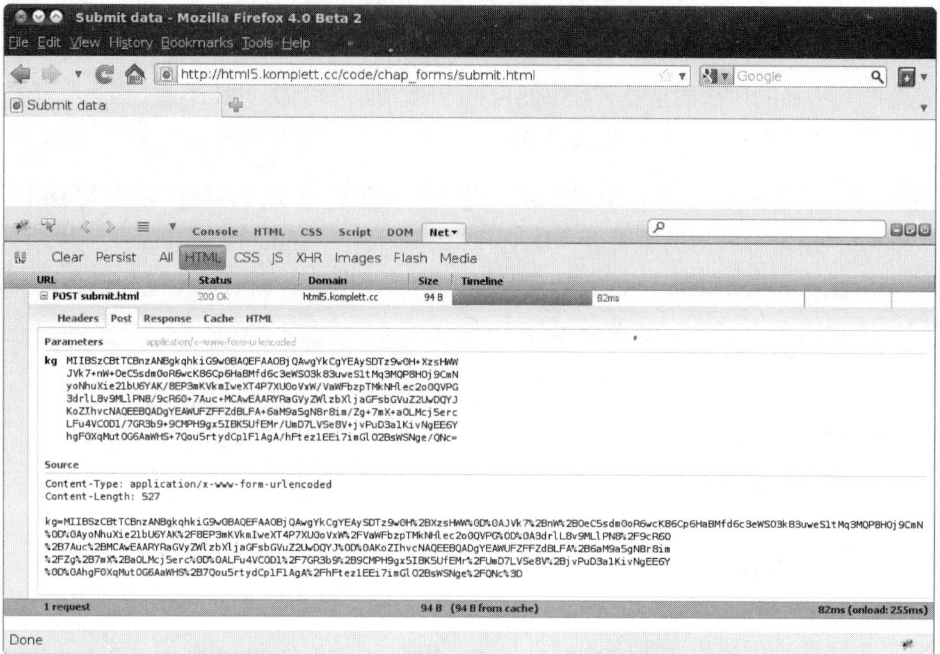

图 3-10 用 Firebug 查看由 keygen 元素生成的公钥

> **NOTE**
>
> **若你此前对于加密系统所知甚少，希望了解更多的话，Wikipedia 依旧是一个很好的起点，请访问：**
>
> http://en.wikipedia.org/wiki/Public_key_infrastructure
>
> **及** http://en.wikipedia.org/wiki/Challenge-response_authentication

3.3.5 用 output 进行计算

在 HTML5 规范中，关于 output 元素的解释相当简短："output 元素表现计算结果。"在大部分描述这个新元素的网站上，你都可以看到这句话。这看上去很简单，但到底涉及的是怎样的计算？我们为什么需要这个特别的元素？

通常情况下，它指的是从网页的一个输入字段中得到的计算结果。大部分人相当熟悉的一个例子是电子商务网站的购物车，人们可以在那里通过输入字段输入每件商品的数量。通过可选的 for 属性，你可以决定将哪些字段添加到计算中。执行运算需要提供一个或更多的相对应输入字段的 id。

为了测试元素 output，我们设计了一个含有 3 种不同商品的购物车。每件商品的数量都可以通过一个输入字段进行改变。同时，总商品数量及总价格将在购物车下方显示。图 3-11 展示了一个包含 5 件商品的购物车。

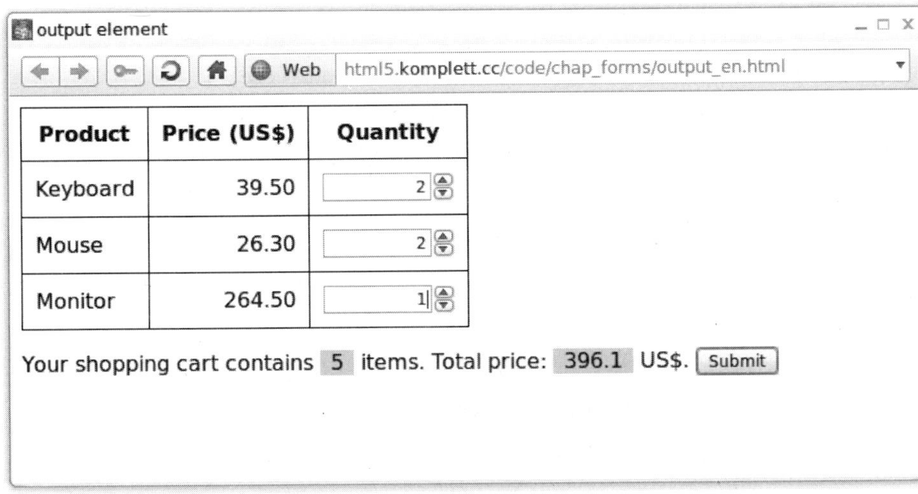

图 3-11 用两个 output 元素显示的总商品数量及总价格

这个例子的编码相当简单明快。为了在 output 元素中即时更新每次数量变化，我们使用了表单的 oninput 事件：

```
<form oninput="updateSum();">
  <table>
    <tr><th>Product<th>Price (US$)<th>Item number
    <tr><td>Keyboard<td class=num id=i1Price>39.50<td>
    <input name=i1 id=i1 type=number min=0 value=0 max=99>
    <tr><td>Mouse<td class=num id=i2Price>26.30<td>
```

output 元素在表格下方，相应输入字段中商品的 ID 被赋值给 for 属性。

```
<p>Your shopping cart contains <output name=sumProd for="i1 i2 i3"
  id=sumProd></output> items. Total price:
  <output name=sum for="i1 i2 i3" id=sum></output> US$.
```

在这段 JavaScript 代码中，会遍历计算所有的 input 元素，得出总数量与总价格。

```
function updateSum() {
  var ips = document.getElementsByTagName("input");
  var sum = 0;
  var prods = 0;
```

```
    for (var i=0; i<ips.length; i++) {
      var cnt=Number(ips[i].value);
      if (cnt > 0) {
        sum += cnt * Number(document.getElementById(
          ips[i].name+"Price").innerHTML);
        prods += cnt;
      }
    }
    document.getElementById("sumProd").value = prods;
    document.getElementById("sum").value = sum;
  }
```

我们运用 JavaScript 的 Number()函数将相关列的 innerHTML 值转换为数字，并根据它直接从表格中得到商品价格，input 字段也用这个方法取值(ips[i].value)。如果略过这个步骤的话，JavaScript 会直接将字符串加入计算，这样可能导致无法得到正确的结果，计算结果将被赋值给 output 元素的 value 属性。

3.4 客户端表单验证

新表单元素及属性的一大优点就是用户输入数据更加便捷（举例来说，直接在日历中选择日期），另一个伟大的进步是发送表单前，用户可以选择验证表单内容，并获得错误提示。你可能会说这种验证功能已经出现了很多年了，没什么新意。这个说法也是对的，但是至今这一功能都需要通过编写额外的 JavaScript 代码来实现，即使 jQuery 及类似的库让这个任务变得更轻松、代码也更容易管理，但你仍需要用到一个扩展库。

在 HTML5 中，这一情况从根本上得到了改变：只要使用 HTML 代码为输入字段定义好参数，浏览器就会自动检查这一字段是否被正确填写。这是一个相当大的进步，它省略了冗长的 JavaScript 代码。以这个小例子为证：

```
<form method=get action=required.html>
  <p><label>Your e-mail address:
  <input type=email name=email required></label>
  <p><input type=submit>
 </form>
```

图 3-12 展示了在你提交表单前没有输入一个 e-mail 地址的情况下将看到的结果。Opera 会显示这样的错误信息：This is arequired field。若你的 Opera 用户界面使用的是其他语言，这条错误信息也会以相关语言显示。当然，你也可以使用 JavaScript 来创建这些错误提示，关于这点我们会在 3.4.3 节中讨论。

还不止如此：因此输入字段被定义为 email 类型，因此当你输入一个无效 e-mail 地址时，Opera 同样会显示一个错误信息——例如 Please enter a valid email address（见图 3-13）。

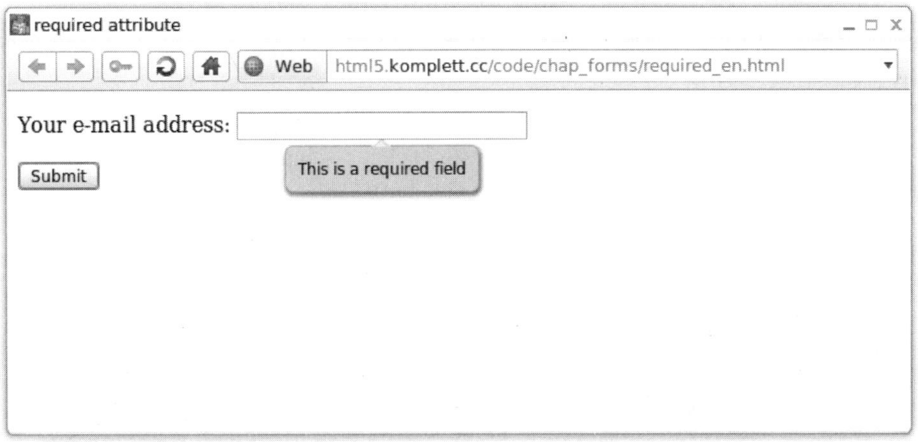

图 3-12　使用了 required 属性后，输入字段空白的错误提示

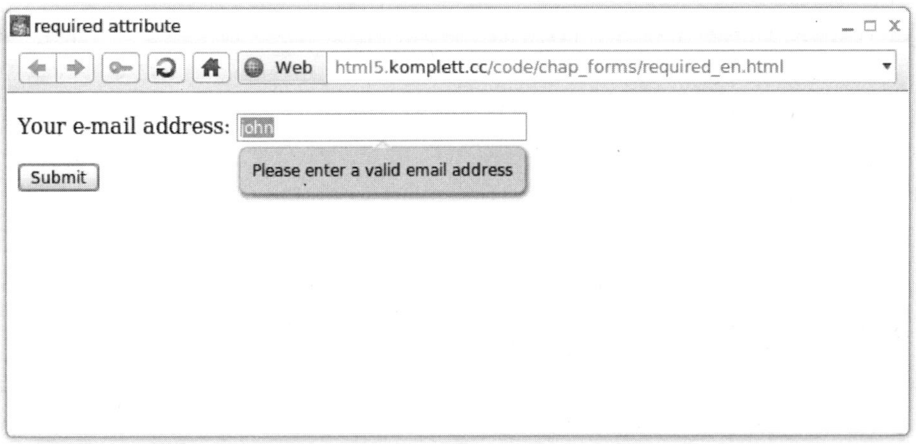

图 3-13　输入无效 e-mail 地址时 Opera 给出的错误信息

Google Chrome 及 Safari 等包含 WebKit 的浏览器目前能够支持这个功能中的有效性验证部分，但不会显示错误信息。它们会为无效输入字段添加一个框，并将光标置于输入框内，这样至少你能知道这里有些不对劲。

虽然客户端表单输入验证很让人欢欣鼓舞，但别忘了它并不能取代服务器端控制。一个潜在黑客可以依靠非常简单的技术手段绕开这些设置。

3.4.1 invalid 事件

在表单验证过程中，元素的内容无效将触发 invalid 事件。我们可以用此事件来对错误的值进行单独处理：

```
window.onload = function() {
  var inputs = document.getElementsByTagName("input");
  for (var i=0; i<inputs.length; i++) {
    inputs[i].addEventListener("invalid", function() {
      alert("Field "+this.labels[0].innerHTML
        +" is invalid");
      this.style.border = 'dotted 2px red';
    }, false);
  }
}
```

载入页面后，将生成一个包含所有 input 元素的列表（见 3.3.5 节中的例子）。每个元素中都添加了一个事件监听器，用来处理错误。在我们的例子中，它表现为打开一个警告窗，input 元素被红色虚线标记，警告窗中会显示 input 元素的 label 文本。

这一方法在拥有多个输入字段的表单中并不理想。用户必须单击每个错误信息的 OK 按钮，然后找到表单中的对应字段，重新进行输入。有时候对用户来说在错误输入的同时便得到错误提示更有用。我们将在下一节中尝试这个方法。

3.4.2 checkValidity 函数

要在输入元素时即时验证有效性，我们需要用到 checkValidity 函数。但你也可以按正常流程，在表单提交时“手动”确认：

```
<input type=email name=email
  onchange="this.checkValidity();">
```

当你输入了一个无效 e-mail 地址并从该输入字段离开时（用 Tab 键或单击了浏览器的其他位置），浏览器（目前来说至少包括 Opera）将马上反馈一个错误信息（见图 3-13）。若我们向所有输入元素的 onchange 事件添加一个检查输入的功能，错误处理机制将变得更好：

```
window.onload = function() {
  var inputs = document.getElementsByTagName("input");
  for (var i=0; i<inputs.length; i++) {
    if (!inputs[i].willValidate) {
      continue;
    }
    inputs[i].onchange = function() {
      if (!this.checkValidity()) {
        this.style.border = 'solid 2px red';
        this.style.background = '';
      } else {
```

```
        this.style.border = '';
        this.style.background = 'lightgreen';
      }
    }
  }
}
```

这是个常见的遍历循环：获取所有输入元素，首先检查第一个元素是否有效，若 willValidate 没有反馈一个 true 值，循环将继续跳至下一个元素。否则，onchange 事件将会绑定一个匿名函数，而这个匿名函数将会调用 checkValidity 函数。若元素被检查为无效，该元素将显示为红色边框；若有效，则其背景显示为浅绿色。记得在用户改正了错误输入后，重置 background 及 border 为空白字符串，这样浏览器才能将背景色及边框重置为默认值。在图 3-14 中你可以看到 checkValidity 功能是如何为一个错误的时间输入生成错误信息的。

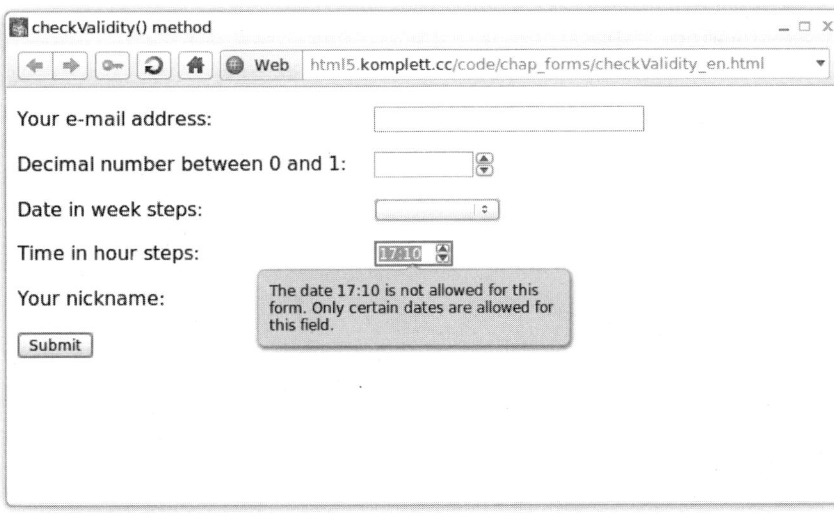

图 3-14 错误时间输入在 Opera 中导致的错误信息（在此例中违反了 step 属性）

若你想进一步提升错误处理流程的交互性，可以用 HTML5 的 oninput 事件取代 onchange 事件。onchange 事件仅在区域失去焦点时触发，而 oniput 则在每次字符改变后被激活。你可以通过 oninput 事件完成上节结束时我们的计划，尽管得为处理 keyup 和 keydown 键盘事件额外编写些代码。oninput 的另一个优势是：你只需要一次性地为整个表单添加事件监听器，而不需要添加到每一个元素中。所以在我们此前的例子中，你可以摈弃所有 JavaScript 代码，将表单定义改变为如下：

```
<form method=get oninput="this.checkValidity();"
  action=checkValidity.html >
```

这意味着你放弃了边框和背景色，但明显地精简了代码。每次按键输入都能得到直接反馈在某些情况下是非常有用的，但在一般情况下，等整个表单域被填完后再检查内容也足够了。

3.4.3 使用 setCustomValidity()进行错误处理

若你认为此前了解的错误处理方式都不够好，也可以设计自己的内容检查功能。在以下案例中，我们将一个输入字段的类型定义为 email，这确保了浏览器将自动检查其是否一个有效的 e-mail 地址。另外，我们要排除 3 种指定的 e-mail 域名地址：

```
var invalidMailDomains = [
  'hotmail.com', 'gmx.com', 'gmail.com' ];

function checkMailDomain(item) {
  for (var i=0; i<invalidMailDomains.length; i++) {
    if (item.value.match(invalidMailDomains[i]+'$')) {
      item.setCustomValidity('E-mail addresses from '
        +invalidMailDomains[i]+' are not accepted.');
    } else {
      item.setCustomValidity('');
    }
    item.checkValidity();
  }
}
```

在 invalidMailDomains 数组中的每个元素都将与输入元素值进行比较。JavaScript 函数 match()会执行正则运算，因此我们为域名加上一个$符号，用以标记字符串的结束。若字符串与 invalidMailDomains 数组中的元素匹配，就会调用 setCustomValidity 函数，并显示相应的错误信息。若域名与数组中的元素不符，setCustomValidity()则会传递一个空白字符串参数。input 元素绑定了一个叫 validationMessage 的内置变量，通过为它传值，就可以在 Opera 显示相应的错误信息（见图 3-15）。代码的最后一行会调用 checkValidity 函数触发有效性验证，并显示上述错误信息。

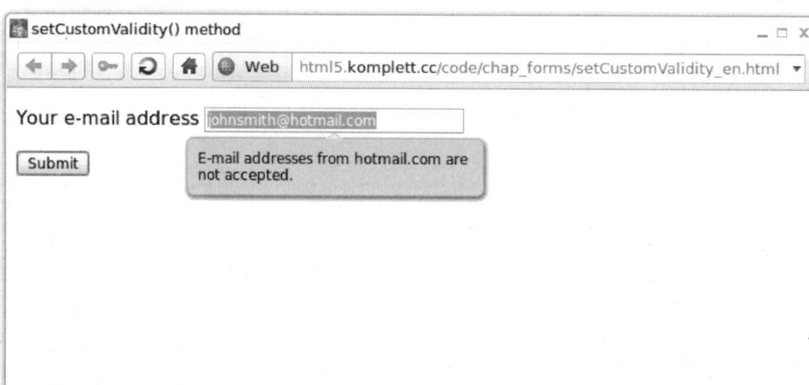

图 3-15 Opera 通过手动错误处理（检查 e-mail 域名）显示错误信息

3.4.4 有效性验证总结

表 3-3 展示了所有与有效性验证相关的输入属性和函数，以及它们对应的错误情况。

表 3-3 表单字段有效性验证中可能出现的错误

属性/功能	问　　题
required	没有输入值
type=email，url	输入值与需求类型不符
pattern	输入值与需求格式不符
maxlength	输入值过长
min，max	输入值过小或过大
step	输入值与需求数字间隔不符
setCustomValidity()	未满足额外的标准

3.4.5 不做有效性验证也许更好？“formnovalidate”

在错误处理上花了许多时间之后，我们要告诉你其实可以用属性 formnovalidate 来偷偷绕过所有规则。一开始你可能会觉得简单地无视掉所有辛辛苦苦定义好的规则、不通过有效性验证就提交表单是一件奇怪的事情。但规范对此给出的一个简单解释能解答你的疑惑——不通过有效性验证就提交表单的一个典型情况是：用户不想或者不能一次性填完表单。为提交按钮加入属性 formnovalidate，已输入的内容就可以保存至下次使用。

若你通过 formnovalidate 提交了一个表单，已填写的域将被发送至服务器，服务器端应用程序将为你暂时保存这些数据。

想象一下，如果你需要为你坏掉的数码相机填写一份维修表单。在花了大量时间填写相机的症状后，网站要求你输入相机型号，但相机并不在你手边，而你又不想丢失所有已填写的信息，你可以单击 Save 按钮然后淡定地去找你的相机。这个按钮被定义如下：

```
<p><input type=submit formnovalidate
  value="Save" name=save id=save>
```

下面这个案例将充分说明这个维修表单的理念。

3.5 案例：一张维修表单

在这个案例中，此前介绍过的新元素及属性将作用于表单。此类表单常常会出现在数码产品的网站上。

首先，客户被要求填写个人信息（在此案例中仅需要姓名、e-mail 地址、电话及传真号码）。然后表单将询问一些关于产品的技术数据及症状。位于网页底部的按钮区有一个进度条，用来鼓励用户完成表单（见图 3-16）。

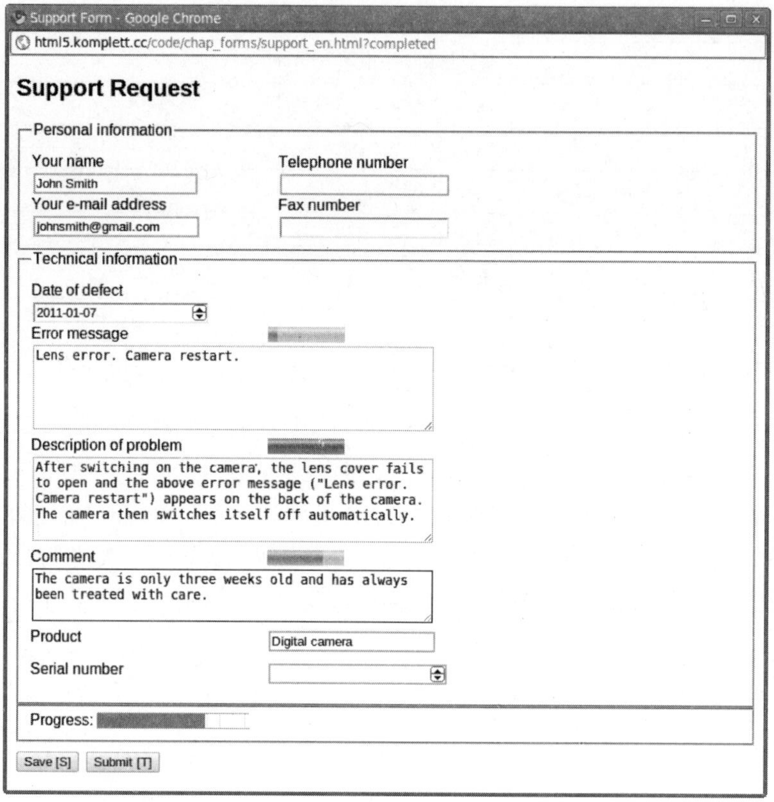

图 3-16 接近完成的维修表单

HTML 代码在表单起始部分加载了一个外部 JavaScript 文件并调用了 window.onload。

```
    <script src="support.js"></script>
    <script>
window.onload = function() {
  initEventListener();
}
    </script>
```

initEventListener 函数作用于所有 input 元素，并为 onchange 事件指定一个匿名函数，用来检查相关元素的有效性：

```
function initEventListener() {
  var inputs = document.getElementsByTagName("input");
  for (var i=0; i<inputs.length; i++) {
    if (!inputs[i].willValidate) {
      continue;
    }
    inputs[i].onchange = function() {
      this.checkValidity();
    }
  }
}
```

事件监听器仅在元素需要有效性验证时起作用。在我们的案例中，提交和保存按钮都没有检查有效性的选项，因此它们没有包括 onchange 事件。我们之前说过，在填写完成后分别检查单独输入字段比用 oniput 事件来检查整个表单更为方便。

为了增强表单的友好度，我们用 required 来着重标记一些元素，让用户能够立即知道哪些才是重要的字段。幸运的是，我们不需要为每个元素额外增加样式，CSS3 新的：required 选择器正是为这种情况而设。以下指令为所有 required 元素增加一个橙色边框：

```
:required { border-color: orange; border-style: solid; }
```

输入字段的类型定义并没有什么新意。e-mail 地址及电话号码有它们对应的类型，且被定义为 required；损坏日期类型为 date，可以通过一个日历窗口输入。网页上方的两列布局通过相邻的 div 元素实现。我们希望用户可以用 Tab 键从上至下地跳转到下个输入字段，而并非如 HTML 逻辑中所建议的那样，从左至右填写。我们可以通过 tabindex 属性来实现这一点，这意味着在一个输入字段中按下 Tab 键会将光标移至拥有次级 tabindex 值的字段中。

```
<div style="float:left">
<p><label>Your name
<input tabindex=1 type=text required autofocus
  placeholder="John Smith" name=name></label>
<p><label>Your e-mail address
<input tabindex=3 type=email name=email required></label>
</div>
<div style="float:left;margin-left:10px;">
<p><label>Telephone number
<input tabindex=2 type=tel name=tel required></label>
<p><label>Fax number
<input tabindex=4 type=tel name=fax></label>
</div>
```

现在我们进入到有趣的多行文本域的代码部分了，HTML5 在这一类型上并没有作出许多改动。如图 3-16 所示，每个多行文本域上方都显示着一个小的图示，用来提醒你还能输入多少字数。你很可能已经意识到了它是通过新元素 meter 实现的，这一点我们在

3.3.1 节中已经介绍过了：

```
<p><label>Error message
<textarea placeholder="Lens error. Camera restart."
  name=errmsg required rows=5 cols=50
  title="up to 200 characters">
</textarea></label><meter value=0 max=200
  tabindex=-1></meter>
```

meter 元素的最大值为 200，也是该多行文本域中 title 属性所提示的最大值。若用户在区域中输入的字数大于最大值，meter 元素将显示红色，提醒用户输入的文字太长了。鉴于我们其实并没有为多行文本域设置字数限制，浏览器仍会提交所有文字，因此与其说这是一个要求，不如说这是一个建议。用于即时更新 meter 元素的 JavaScript 函数是 updateTAMeters()，它作用于所有多行文本域。

```
function updateTAMeters() {
  var textfs = document.getElementsByTagName("textarea");
  for(var i=0; i<textfs.length; i++) {
    textfs[i].labels[0].nextSibling.value =
      textfs[i].textLength;
  }
}
```

遍历的好处是我们现在可以添加任意数量的多行文本域元素，只要它们有一个 meter 元素，就能实现自动更新。为了实现这一点，我们需要用到一个 DOM 技巧：编码表中的粗体编码用到了 DOM 的 nextSibling 功能，用于获取下一个元素。让我们回顾一下文本字段中的 HTML 代码及状态条，以便更清楚地了解这一点——textarea 元素被嵌套在 label 元素中，label 元素后面紧跟了一个 meter 元素。为了从 textarea 元素获取 meter 元素，我们使用了文本字段的 labels 属性。这样可以获取一个节点数组，而我们只对第一个元素感兴趣（index 为 0），因为下一个元素（the nextSibling）就是 meter 元素。

若你仔细读读这段代码，会发现流程并没有第一印象那么复杂，但里面仍然存在隐患。如果在 label 元素与 meter 元素之间存在着一个空格或换行符，那么我们的输入状态显示功能就会失效，nextSibling 将获取到一个文本元素，而我们也就无法获取到 meter 元素。

接下来让我们来设计表单底部的进度显示。你可能已经猜到它是一个 progress 元素，但最有意思的部分是我们要如何巧妙的通过 JavaScript 中更新这个元素。首先，这个元素的 HTML 代码如下：

```
<label>Progress:
  <progress id=formProgress value=0
    tabindex=-1></progress></label>
```

我们为元素 progress 赋予一个 id，value 的初始值为 0，tabindex 的初始值为-1——这意味中此元素将无法通过 Tab 键访问。我们使用 JavaScript 的 updateProgress()函数来更新 progress 元素：

```
function updateProgress() {
  var req = document.querySelectorAll(":required");
  count = 0;
  for(var i=0; i<req.length; i++) {
    if (req[i].value != '') {
      count++;
    }
  }
  var pb = document.getElementById("formProgress");
  pb.max = req.length;
  pb.value = count;
}
```

鉴于进度条只与明确设置为 required 的元素相关，我们使用 querySelectorAll()函数来获取所有含有:required 字符串的函数，以得到一个节点列表。所有元素会被循环遍历，若 value 属性不为空白字符串，count 变量则会+1。在代码末尾，progress 元素的最大值会被设为所有标记为 required 的输入字段的数量，而 value 的值则会赋为其中的非空元素中的个数。

提交表单可以通过两个按钮：Save 及 Submit。我们在 3.4.5 节中已经讨论过保存功能，在这个例子中新增的是 accesskey 属性。

```
<p><input accesskey=T type=submit formnovalidate
  value="Save [S]"  name=save id=save>
<input accesskey=T type=submit name=submit id=submit
  value="Submit [T]">
```

快捷键并非 HTML5 中的新功能，但它们一直很不常用。最大的问题是：不同平台上有不同的组合快捷键，你永远无法确定你所使用的组合快捷键到底会跟什么冲突。HTML5 提供了一个解决建议：accessKeyLabel 值可以返回一个字符串，告诉你在目前平台上的可用快捷键组合。你可以把这个值用到在 button 标签或 title 属性里。不幸的是，此书完成时，并没有任何浏览器能够反馈此字符串。

小结

在本章中，我们介绍了许多 HTML5 中关于表单的新扩展功能。Web 开发者的美好时代即将来临，因为在使用日期和时间之类的常规输入元素时，他们不再需要用到 JavaScript 库，尤其是对于手机输入来说。鉴于通常用手机输入比用计算机要难得多，新的表单功能将极大地改善这一点。浏览器的表单有效性验证让代码编写变得更清晰以及更易掌控。但别忘了客户端表单验证并不会让服务器应用程序更加安全，潜在黑客能够很容易地绕开这些验证。

如果在读完此章之后，你激发了将这些学到的知识用于你个人网站的想法，那就去做吧。新元素及属性的语法很特别，即便旧式浏览器也不会产生错误。这类浏览器的用户或许不能感受新输入元素带来的所有好处，但文本输入是永远可行的。

第 4 章 视频与音频

YouTube 标志着在线视频播放的巨大突破。在这个视频平台出现之前，通过互联网实现计算机到计算机之间的视频文件传输是非常困难的：视频文件通常因超过 e-mail 附件大小限制而无法发送；即便能够发送成功，接受方计算机也很可能无法播放。

此外，YouTube 为用户提供在线保存视频文件服务，同时它还提供格式转换，让不同格式的视频都能通过 Adobe Flash Player 播放。

Adobe 不但为许多操作系统提供了 Flash，还为所有常见浏览器提供了 Flash 插件。浏览器插件总体来说是个好东西，但是常与浏览器之间出现兼容性问题。另外，Adobe Flash Player 这类封闭源代码插件并不是很受浏览器开发者欢迎，因为当发生崩溃时，它们很难查到错误原因。

HTML5 试图改善这一点，并推出了相关的新元素 video，但这并不足以解决问题。

4.1　第一个案例

下面我们用一个简短的例子，来演示新的 HTML5 video 元素是如何作用的：

```
<!DOCTYPE html>
  <title>Simple Video</title>
   <video controls autoplay>
    <source src='videos/mvi_2170.webm' type='video/webm'>
    <source src='videos/mvi_2170.ogv' type='video/ogg'>
    Sorry, your browser is unable to play this video.
   </video>
```

用这段代码在浏览器播放视频相当简单，你可以看到 Mozilla Firefox 下的结果，如图 4-1 所示。HTML 语法一目了然，不过下一节里我们还会挖掘出更多细节。

图 4-1　Mozilla Firefox 下的一段 WebM 格式视频

4.2　video 元素及其属性

在上面的案例中，video 元素中包含了两个属性：controls 及 autoplay。属性 controls 让浏览器显示视频中的控制元素（见图 4-1），属性 autoplay 则让浏览器在准备就绪后自动播放视频。

和 canvas 元素（见第 5 章）一样，video 元素也属于嵌入式内容（embedded content），也就是说它其实并非直接与 HTML 关联。如果浏览器不支持 video 元素，你可以在嵌入式内容中提供的一些备用解决方案（例如后退功能）。若此情况发生在 4.1 节所举的范例中，你将会看到一段文字“Sorry，your browser is unable to play this video”，另外还可能看到视频中的一个静止画面。我们还是先来详细了解一下元素 video 中可能出现的属性，见表 4-1。

表 4-1 video 元素的属性

属 性	值	信 息
src	*url*	视频的 URL 地址。此属性为可选项，在我们的例子中，它可以被一个或更多的 source 元素代替
poster	*url*	加载视频时，浏览器显示的图片的 URL
preload	*none*	只有单击了 Play 按钮浏览器才会加载视频，这能够节省带宽
preload	*metadata*	仅加载视频元数据（例如，视频长度、作者、版权）
preload	*auto*	在用户单击 Play 按钮之前，浏览器自动载入视频
autoplay	*boolean*	一旦收到了足够的数据浏览器就自动开始播放视频
controls	*boolean*	显示视频中的简单控制元素。控制元素的外观由浏览器决定，与此属性无关。规范推荐了一些元素，譬如：播放、暂停、调节音量、跳播（若内容支持）、全屏显示，以及可能用到的字幕开关
loop	*boolean*	视频播完后让浏览器自动从头播放
width	*in CSS pixels*	视频显示宽度
height	*in CSS pixels*	视频显示高度
audio	*muted*	视频默认静音

如果元素 video 中不包含 src 属性，浏览器将生成一个或多个 source 元素。这个情况下可能用到的属性有 src、type 及 media（见表 4-2）。相反，若其包含一个及以上的 source 元素，则无法为视频设置 src 属性。

表 4-2 source 元素的属性

属 性	值	信 息
src	*url*	视频的 URL 地址
type	*mime-type*	视频的 MIME 类型。你可以为编解码器增加一个规范如：type='video/webm; codecs="vorbis,vp8"'. 若同时存在着多个 source 元素，浏览器将根据此属性（优先于其他）来决定播放哪一段视频
Media	*CSS Media Query*	为视频输出定义媒介类型

浏览器依据两个标准来决定播放哪段 source 元素：视频 MIME 类型，以及 media 属性——如果存在的话。media 属性可以通过 CSS 媒体查询（CSS media query）格式，为

视频添加额外的限制。

CSS3 中媒体查询指令有了进一步扩展，除了常见关键字诸如 print、screen、handheld 及 projection 之外，还出现了更多复合指令。例如：

```
media="screen and (min-width: 800px)"
```

这正是视频输出的有趣之处：视频显示尺寸可根据浏览器规格调整，也正是因为这一点，屏幕小、网速慢的移动设备现在也能很好地播放视频。以下案例说明了如何借助媒体查询播放缩减了尺寸的视频：

```
<!DOCTYPE html>
  <title>Simple Video</title>
   <video controls autoplay>
    <source src='videos/mvi_2170.webm' type='video/webm'
      media="screen and (min-width: 500px)" >
    <source src='videos/mvi_2170_qvga.webm'
      type='video/webm' media="screen" >
    Sorry, your browser is unable to play this video.
   </video>
```

宽度小于 500 像素的浏览器将自动播放较小尺寸的视频 mvi_2170_qvga.webm。

> NOTE
>
> **CSS3 媒体查询规范目前还处于起草阶段，尚有细节待调整。规范的当前进度可见 W3C 网站：http://dev.w3.org/csswg/css3-mediaqueries**

决定播放哪个视频的另一个参考标准是 MIME 类型。可选择性添加的编解码器让浏览器能够识别相应的视频，甚至在加载前就能知道该视频能否被解码。但这些编解码器到底是什么呢？以下章节将整理归纳这些复杂的编解码器。

4.3 视频编解码器

目前流行的视频格式会用容器文件将音频及视频内容分开独立保存，这一灵活的手法有着许多优势。举例来说，一个文件中可包含多个音轨，让用户得以在不同语言之间切换（就像播放视频 DVD 一样）。一个容器文件的结构，如图 4-2 所示。该文件中视频及音频的压缩处理就用到了我们所说的编解码器。

是否允许视频及音频编解码器存在是在 HTML5 规范形成过程中的一个重要争端。此争端源于两方面的冲突：一方面是拥有编码处理专利公司的商业利益，另一方面是对可行的高质量格式的追求。在争端中形成了两个阵营，一个阵营支持有专利保护的视频编解码器 H.264，另一个阵营（由 Mozilla 团队为首）支持开放源码的格式 *OggTheora*。随后 Ian

Hickson 意识到此争论可能危及到重要的 video 元素，因此决定将格式定义从规范中剔除。现在浏览器制造商可以自行决定他们将支持哪种格式，以及愿意为哪种格式支付专利费。

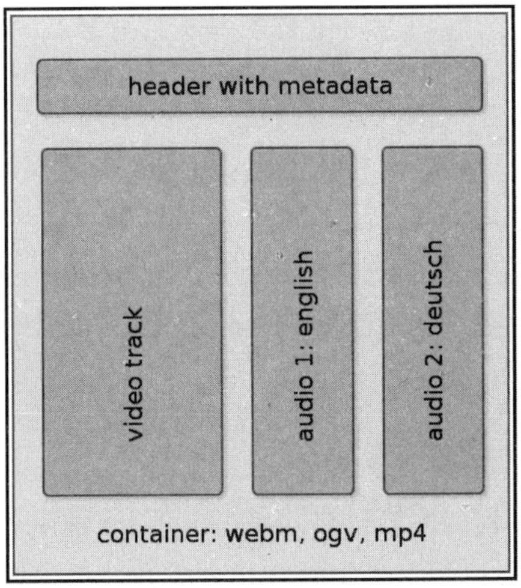

图 4-2 视频容器文件格式示范

之前，CompuServe 曾要求为使用 GIF 图像格式支付专利费，有了这个前车之鉴，Mozilla 为视频格式之争展开了激烈的战斗，尽管如此，H.264 仍在新的在线视频格式中获得了广泛支持。但 Google 并不打算默默接受可能成为专利侵权者的悲惨命运，他们决定主动出击。Google 收购了专业视频公司 On2 Technologies——后者已经开发出了许多重要的视频格式，进而将他们尚未发布的编解码器 VP8 收入囊中。在 Google 的开发者大会 Google-IO 2010 上，软件巨人终于揭开了新产品的面纱：一个名为 WebM 的全新项目，基于 VP8 视频编解码器，以及 Ogg Vorbis 音频格式。WebM 作为一个开源项目在 http://www.webmproject.org 上发布。很快，Firefox 与 Opera 也宣布支持 WebM。

2011 年初，Google 决定乘胜追击，宣布将从 Chrome 浏览器中移除对 H.264 编解码器的支持。此举令人惊讶，但 Google 有着它正当理由：它希望掀起一场开放革命，认为互联网的所有核心技术都应当基于开放的标准，但 H.264 却没有做到这一点。

看完这段浓缩的历史后，我们现在要对每个格式再进行一些简短的探讨。不过不用担心，我们并不打算用长篇巨幅来讨论图像压缩的技术细节，我们只是介绍一下互联网上的常见格式。

4.3.1 Ogg：Theora 与 Vorbis

20 世纪末，在 Fraunhofer 研究机构开始为流行的 MP3 格式索取专利费后，Xiph.Org

基金会开发了免费的音频编解码器 Vorbis。其后 Xiph 又基于 2002 年发布的视频编解码器 VP3.2（由之前提到的 On2 公司开发）开发了视频格式 Theora。视频及音频被结合在一个叫 Ogg 的容器格式中，该容器可以包含多个视频及音轨。Ogg 视频文件的 MIME 类型是 video/ogg，相应的文件扩展名是.ogv（也可以使用文件扩展名.ogg，但根据 Xiph.org 的意见，我们应该使用直观的文件扩展名——.ogv 代表 Ogg 视频，.oga 代表 Ogg 音频）。

不要把 Ogg Media 容器格式（文件扩展名是.ogm）与这里讨论的 Ogg 容器混为一谈。Ogg Media（OGM）扩展指令集（extension）所支持的视频编解码器要比 Ogg 多得多。听上去这很有用，但也存在一些问题：Xiph 坚持认为 Ogg 应当仅作用于免费格式，但 OGM 却涉及到了一些专利格式（译者注：Ogg 自始至终是个开源项目；而 OGM 是民间 hack，涉及侵权）。

4.3.2 MPEG-4：H.264 与 AAC

Apple 操作系统中常用到的多媒体格式 Quick-Time 源于 MPEG-4（MP4）容器。与 Ogg 容器相似，MP4 同样可以包含多个音频及视频轨，甚至更进一步，它还可以包含图像及文字。MP4 中最常见的编解码器是拥有专利的视频编解码器 H.264、以及音频编解码器 Advanced Audio Coding（AAC）。MP4 文件扩展名为.mp4，常见媒体类型为 video/mp4、audio/mp4 及 application/mp4。

iPod 及其他 Apple 设备上出现的扩展名为.m4a 的文件给人们带来了一些困扰。它们是 MP4 文件，但 Apple 希望通过新的文件扩展名来表明这是一个纯音频文件。其他 Apple 自创的文件扩展名还包括有声读物.m4b 及 iPhone 铃声.m4r。

Apple 的移动设备（iPod、iPhone、iPad）通过推广 MP4 文件格式获得了巨大的成功。而在运算能力较弱的处理设备（例如手机）上播放视频时，为了得到可以接受的效果，还使用了专门的芯片来处理需要密集运算的进程。这种硬件加速方式能节省内存，并延长电池寿命。

H.264 编解码器的专利问题不容小觑，其专利保护将持续到至少 2028 年，这无异于悬挂在诸多软件开发商头顶上的一把达摩克斯之剑，他们可能随时要为他们的解码过程支付费用。

4.3.3 WebM：VP8 与 Vorbis

正如此节开始时所讲到的，Google 的 WebM 项目为人们带来了鼓舞和希望。视频编解码器 VP8 获得了大范围的赞赏，而音频编解码器 Vorbis 更是早已取得了成功。Google

决定将已通过试用并获得好评的开源格式 Matroska 作为容器。尽管 Matroska 格式支持许多不同类型的编解码器，但 WebM 容器仅支持 VP8 及 Vorbis。

在 Google 宣布这一消息后，包括 MozillaFirefox、Opera、甚至是微软的 Internet Explorer 在内的浏览器制造商们马上声明他们将支持 WebM 格式。毫无疑问，Google 的浏览器 Chrome 肯定也会支持 WebM，因此剩下的只有一家浏览器会排斥新的编解码器——Apple 的 Safari。

4.4 视频转换工具

鉴于大部分人的数码相机都还无法录制 WebM 或 Ogg 格式的视频，我们将在这节中介绍一些不同的视频格式转换工具。除了 Miro Video Converter 之外，其余的都是开源产品，可以在 Window、Mac OS 及 Linux 下使用。

4.4.1 FFmpeg

FFmpeg 在视频转换领域常被形容为瑞士军刀，因为它不仅能够读写那些体积庞大的音频及视频格式，还能分离多媒体文件。举例来说，它可以将一部电影中的音轨剥离出来并转换格式。但若你想用它从 YouTube 的视频里抓取音轨加入你的 MP3 收藏，那么请做好心理准备，YouTube 上视频的音轨质量通常都很让人失望。

鉴于 FFmpeg 的开发者并没有在设计图形用户界面这类琐事上花费心思，他们的用户需要掌握使用命令行的技巧。若你没有更改过 FFmpeg 的默认设置，只需要通过以下函数就可将一部 Flash Video（FLV）转换为 WebM 格式：

```
$> ffmpeg -i myflashvideo.flv myflashvideo.webm
```

FFmpeg 在识别视频格式方面也非常专业：

```
$> ffmpeg -i myflashvideo.flv
 ...
 Input #0, flv, from '/tmp/myflashvideo.flv':
  Duration: 00:05:12.19, start: 24.8450, bitrate: 716 kb/s
    Stream #0.0: Video: h264, yuv420p, 480x360 [PAR 1:1
      DAR 4:3], 601 kb/s, 25 tbr, 1k tbn, 49.99 tbc
    Stream #0.1: Audio: aac, 44100 Hz, stereo, s16,
      115 kb/s
```

在这个例子里，我们需要处理一段放在 Flash 容器中的将近 5 分钟长的视频。视频轨是以 H.264 编码保存的，而音轨使用的是 AAC。

FFmpeg 从版本 0.6 开始支持 WebM 视频，但开发者们对 Google 提供的 libvpx 库并不满意，于是他们在现有的 FFmpeg 编码基础上实现了 VP8，希望能在视频转换上有更好的表现。

FFmepg 项目的一个重要部分是 libavcodec 库，那里保存着所支持的音频及视频格式，包括 vlc、mplayer 及 xine 在内的播放器都使用此库来播放视频或将视频重新编码。

表 4-3 列出了 FFmpeg 解码过程中用到的一些重要参数。

表 4-3 一些重要的 FFmpeg 参数

参　　数	作　　用
-h	所有参数的帮助（非常长的列表）
-formats	列出所有支持的格式
-codecs	列出所有支持的格式音频及视频编解码器
-i *file*	设置输入 *file*，可以是文件或流
-f *fmt*	设置输出格式 *fmt*（例如，webm、ogg 或 mp4）
-ss*start*	搜索输入介质的 *start* 点（以秒为单位）
-t *duration*	持续录制 *duration* 秒
-b *bitrate*	视频质量（采样率，默认值：200kbit/s）
-r *fps*	每秒帧数（默认值：25）
-s *widthxheight*	视频尺寸（单位为像素，以宽 × 长方式注明，或采用 vga 规范）
-ab*bitrate*	音频质量（采样率，默认值：64 kbit/s）

FFmpeg 的转换视频设置非常智能，可以不需要太多人工操作。

4.4.2 VLC

多年以来，VideoLan 项目组都致力于打造一个流行的媒体播放器 VLC，它拥有简洁的图形用户界面，兼容各种各样的操作系统（Windows、Mac OS、Linux 及其他 UNIX 的变种）。除了许多常用库外，VLC 还使用了 FFmpeg 开发的 libavcodec 库，这让它能够支持 WebM 格式。

VLC 不仅能播放多种不同格式和来源的视频，还可以通过菜单 Convert / Save 转换多媒体内容。如图 4-3 所示，你可以用配置文件事先定义好常用的转换格式——这是个非常有用的功能。

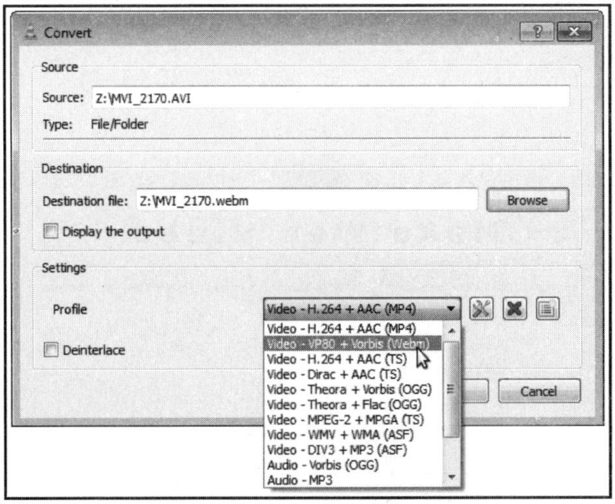

图 4-3 VLC 中的视频转换对话框

如果你需要改善视频的质量及大小，还可以通过 Tools 打开其他对话框。

随着了解的深入，你会发现 VLC 更多的有趣功能。举例来说，一个屏幕捕获（screencast）的选项让你能将手头上的工作或流媒体录制成视频，并通过不同协议上传至网上。当然 FFmpeg 也具备此功能，但它没有图形用户界面。你可以通过 http://www.videolan.org 下载所有常见平台通用的 VLC。

4.4.3 Firefogg

若你对使用命令行感觉很不爽，也不想装 VLC，你可以尝试一下 Firefox 的扩展插件 Firefogg。安装之后，你可以通过访问 http://firefogg.org/make 轻松地从计算机里挑选一个视频，并将其转换为 Ogg 或 WebM 格式。在这个过程中 Forefogg.org 仅提供图形按钮，转换还是在本地计算机上完成的。背后起作用的还是 FFmpeg，在 Firefogg 安装的同时会自动下载适当版本的 FFmpeg。

在菜单选项 Preset 中你可以找到 Ogg 或 WebM 视频的默认值，高质量低质量的都有（见图 4-4）。你还可以通过用户界面轻松地设定元数据，诸如标题、作者、制作日期及版权信息。

而 Forefogg 并非仅仅是替 FFmpeg 加了一个图形界面，它还扩展了一个 JavaScript 库，让网络开发者能够轻松为用户提供视频上传功能。比起先上传一个低压缩率的视频然后在服务器端完成转换，先在客户端转换再上传的优势更明显。因为从服务商角度来看，这样既节省带宽又节省服务器资源。Wikipedia 也很看好这一概念，因此我们希望 Firefogg 的开发能够持之以恒。

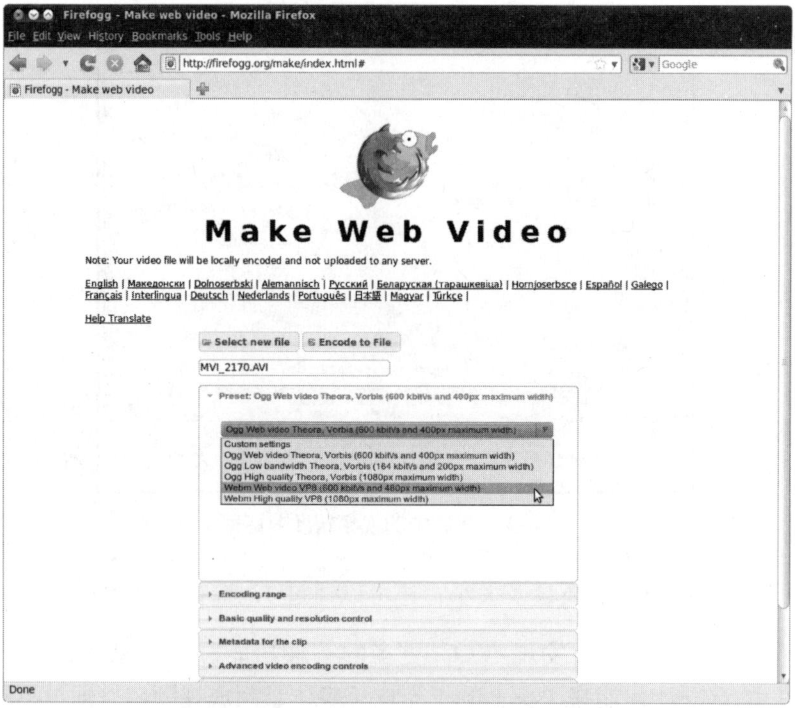

图 4-4 Firefogg 下的视频设置对话框

NOTE

网站 http://firefogg.org/dev/chunk_post_example.html 了展示了一些演示 Firefogg 的 JavaScript 库工作机制的源代码。Firefogg 将上传过程划分为以 1MB 为单位的区块，这意味着如果上传过程中网络连接中断，你也不需要重新上传整个视频。

4.4.4 Miro Video Converter

MiroVideoConverter 是作为 MiroMediaPlayer 的分支被开发的（http://www.getmiro.com）。MiroMediaPlayer 是一个创新性的开源视频音频播放器，适用于所有常见操作系统，而 MiroVideoConverter 只能在 Windows 及 MacOS 下运行。图 4-5 展示了简洁的用户界面，提供的选项不仅包括编解码器类型，还包括设备类型（iPad、iPhone、PlayStation 及 Android 手机）。

通过拖曳载入视频文件后，FFmpeg 开始转换工作。无论 FFmpeg 基于任何理由出现故障（极少发生），你都可以通过 FFmpeg Output 按钮获得帮助：除了显示 FFmpeg 命令行之外，弹出的文档还显示了转换过程中的所有状态信息（见图 4-6）。Google 一下相关错误信息通常都能解决问题。

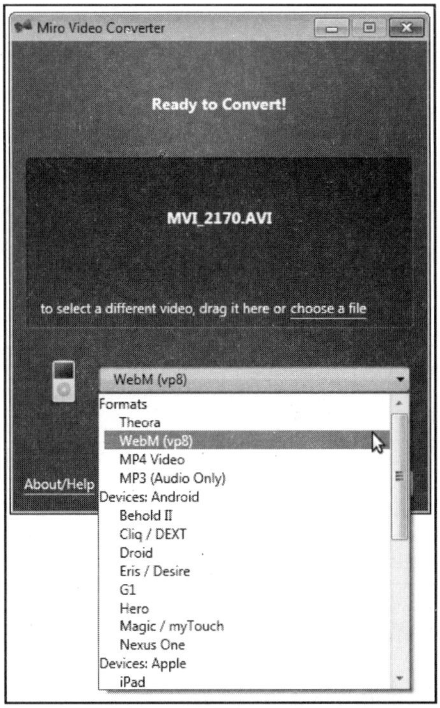

图 4-5 Miro Video Converter 的视频转换功能

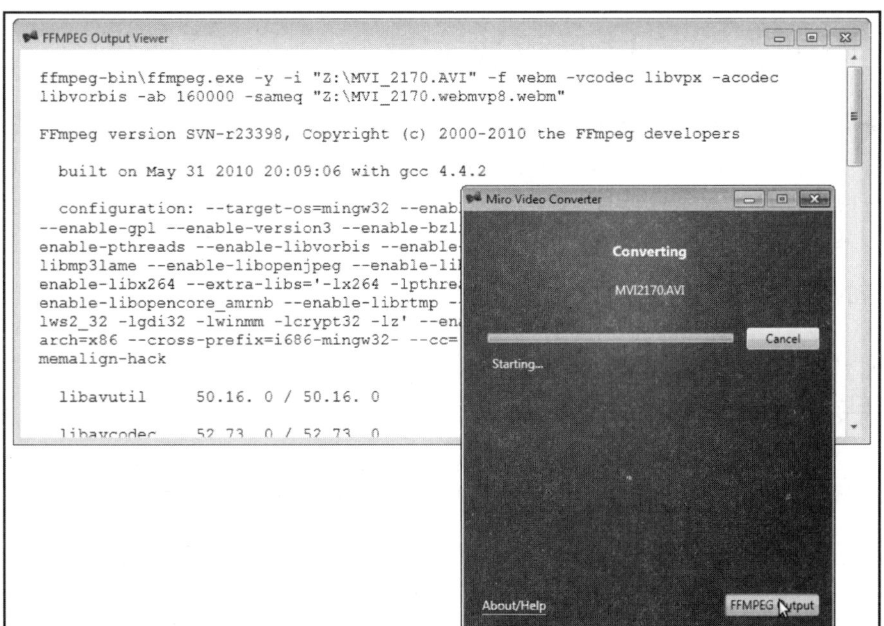

图 4-6 Miro 在转换过程中的故障排除

4.5 各种浏览器支持些什么格式

如果你想制作一个能在尽量多的浏览器上顺利播放的在线视频，目前来说只能通过元素 video 寻求解决方案。根据表 4-4，目前并没有一种视频格式能被所有通用浏览器播放。要了解各浏览器的开发进度及版本发布时间表，请参考介绍章结尾处或通过以下地址查看：http://html5.komplett.cc/code/chap_intro/timeline.html?lang=en。

表 4-4 目前浏览器支持的解码器

Codec	Firefox	Opera	Chrome	Safari	IE	iOS*	Android
OGG	3.5	10.50	3.0				
MP4			3.0			3.0	2.0
WebM	4.0	10.60	6.0	Plug-In	9**		
Flash	Plug-In	Plug-In	Plug-In		Plug-In		2.2

* IOS 是 Apple 的移动设备操作系统，用于 iPhone、iPad、iPod（原名为 iPhone OS，自 2010 年 6 月更名为 iOS）。

** 与其他浏览器不同，Microsoft 要求 WebM 编解码器安装在操作系统下（译者注：这等于说仍然得依赖浏览器插件形式）。

4.6 旧浏览器的过渡解决方案

幸运的是，开发者为兼容不同平台或浏览器所付诸的不懈努力并非一无所获，网络上已经有一些免费的库致力于解决这类问题。目前，Kaltura 的 JavaScript 库 mwEmbed 在开发上已经取得了突破性进展。Wikipedia 用这个库让视频及音频文件得以兼容大部分平台。这个库主要应用于 Ogg 格式。若你还需要用到 WebM 及 MP4，html5media 库是一个不错的选择。

4.6.1 mwEmbed

凭借与 Wikipedia 的结合，mwEmbed 库获得了广泛认同。Kaltura——Embed 所属的公司——不仅为 MediaWiki（百科全书的免费 wiki 套件）提供了集成服务，还打算为 Drupal 或 WordPress 这类常用 CMS 及博客软件开发插件。

为保证新 HTML5 语法在旧浏览器中被顺利识别，下面的案例中加入了 head 和 body 元素：

```
<!DOCTYPE html>
<html>
 <head>
  <title>mwEmbed fallback</title>
  <script type="text/javascript"
    src="http://html5.kaltura.org/js" > </script>
 </head>
 <body>
  <h1>mwEmbed fallback</h1>
   <video controls autoplay>
    <source src='videos/mvi_2170.mp4' type='video/mp4'>
    <source src='videos/mvi_2170.webm' type='video/webm'>
    <source src='videos/mvi_2170.ogv' type='video/ogg'>
    Sorry, your browser is unable to play this video.
   </video>
 </body>
</html>
```

JavaScript 库 mwEmbed 可以直接从该项目网站 http://html5.kaltura.org/js 上下载，它解决了视频如何播放的问题。任何情况下，视频底部都会出现一个小的控制条。图 4-7 显示了目前并不支持 HTML5 video 元素的 IE8 的运行结果：为了播放 Ogg 视频，它加载了 Java 小程序（applet）Cortado。

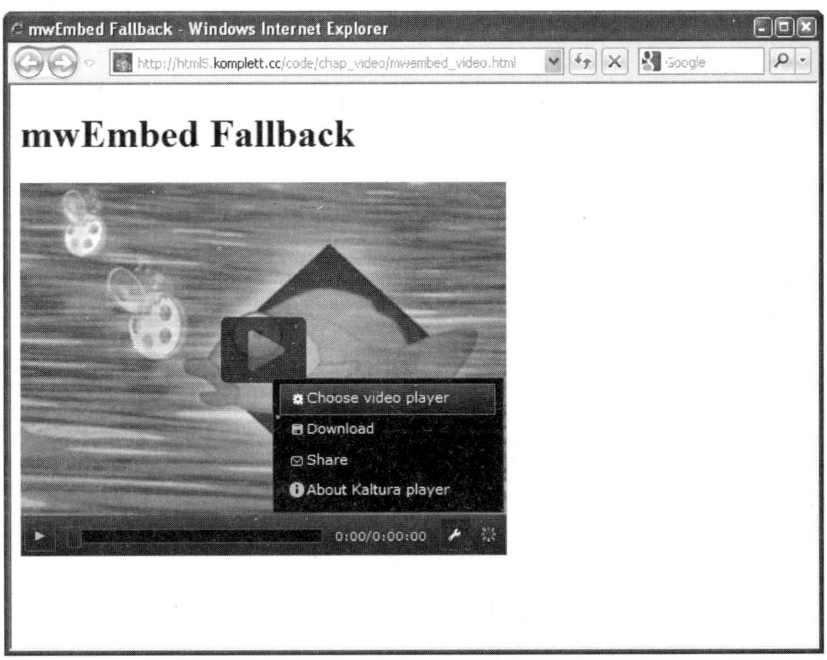

图 4-7　在 IE8 上运行 Kaltura 的 fallback 库 mwEmbed
（译者注：fallback，术语，意为退路，指非理想情况下的替代方案）

如果你不想用 Java 小程序代替浏览器原生的视频播放功能，可以改为使用 html5media 库。

4.6.2 html5media

JavaScript 库 html5media 的运行机制比 mwEmbed 要简单些，它仅在浏览器无法识别指定视频格式时起作用。html5media 会加载开源的 Flash 视频播放器 Flowplayer，用于处理 MP4（H.264）格式的视频。不幸的是，现有版本的 html5media 库中存在一个 bug：如果配置了多个 source 元素，老式浏览器将反馈一个 JavaScript 错误并不产生任何输出。

```
<!DOCTYPE html>
<html>
 <head>
  <title>html5media fallback</title>
  <script type="text/javascript"
    src="libs/html5media.min.js" > </script>
 </head>
 <body>
  <h1>html5media fallback</h1>
  <video src="videos/mvi_2170.mp4" width=640 height=480
    controls>
  </video>
 </body>
</html>
```

使用 Flowplayer 时，明确指定宽度及长度非常重要，否则显示出的视频将只有几像素高，如图 4-8 所示。

图 4-8 用免费的 Flowplayer 在 IE8 上播放视频 （Flash fallback）

4.7 视频与脚本——简单的视频播放器

除了用浏览器播放视频外，你还可以用 JavaScript 通过 HTMLMediaElement 接口直接对视频进行控制。这一节将告诉你如何实现这一切。我们将创建一个具有以下特征的简单的 JavaScript HTML5 视频播放器：

- 播放及暂停；
- 在控制条上显示并设定播放位置；
- 快进和后退；
- 在电影中选择场景；
- 音量增大、减小及静音。

首先我们为我们的播放器找一段合适的视频：大雄兔（Big Buck Bunny）——一段长约 10 分钟的电脑动画电影，它是一个免费电影项目的作品，http://bigbuckbunny.org 上有详细介绍。该项目由 Blender 基金会发起，在 2007 年 10 月到 2008 年 4 月的这半年内，7 位 3D 动画专家使用来自 Ubuntu 的 Blender、Gimp、Inkscap、Python 等免费软件完成了这部电影，并将其开放授权共享至网上。Wikipedia 上有关于它的评述，可以概括为“毛绒绒的喜剧”，其链接为 http://en.wikipedia.org/wiki/Big_Buck_Bunny。不过我们的主题还是视频播放器，图 4-9 展示了其外观。

图 4-9 JavaScript HTML5 视频播放器截图

此视频播放器的 HTML 页面，以及包含的 JavaScript 库与 CSS 样式表可在本书相关网站中找到：

- http://html5.komplett.cc/code/chap_video/js_videoPlayer_en.html
- http://html5.komplett.cc/code/chap_video/js_videoPlayer.js
- http://html5.komplett.cc/code/chap_video/js_videoPlayer.css

4.7.1 视频整合

或许你已经对视频整合相关的 HTML 代码相当熟悉了。除了两个重要的事件句柄属性 oncanplay 及 ontimeupdate 之外，其余代码并没有什么新意：

```
<video preload=metadata
       poster=videos/bbb_poster.jpg
       width=854 height=480
       oncanplay="initControls()"
       ontimeupdate="updateProgress()">
  <source src='videos/bbb_480p_stereo.ogv'
          type='video/ogg;codecs="theora, vorbis"'>
  <!-- further source elements as alternatives -->
  Sorry, your browser is unable to play this video.
</video>
```

根据 preload=metadata，我们首先加载电影时长信息，以及至少电影头一帧画面。在电影加载的过程中，我们先显示 poster 属性中指定的图片，然后是第一帧电影画面。但不幸的是，在我们选择的案例中，这个第一帧画面是黑屏。

为了方便演示，原视频的尺寸被反复缩放——先在下载完成后从 854×480 像素减到 428×240 像素，然后再重新拉伸到 854×480 像素。为什么要这样做呢？首先，原视频大小为 160MB，缩减后仅为 39MB，更便于用作测试。其次，明确定义 width 和 height 属性有助于我们讲解 HTMLVideoElement 接口 80%的内容。此接口包含 4 个与视频尺寸相关的属性；一个 poster（海报）框架的 URL；另外还有一个 audio 属性用于反馈音轨是否处于静音状态。

假设我们已经用一个名为 video 的变量指向了 video 元素，那么我们可以定义以下属性：

- video.width = 854 像素（指定宽度）
- video.height = 480 像素（指定高度）
- video.videoWidth = 428 像素（原始宽度）

- video.videoHeight = 240 像素（原始高度）
- video.poster = bbb_poster.jpg 的 URL 地址（poster 框架）

这几个属性显然不足以构成视频播放器，事实上它们只是 HTMLVideoElement 的附加元素。HTMLMediaElement 对象包含了所有必要的方法与属性，而在这里，HTMLVideoElement 就代表了 HTMLMediaElement（译者注：HTMLMediaElement 包括 audio 和 video）。若需了解更多，可参阅规范页面：

http://www.w3.org/TR/html5/video.html#htmlmediaelement

真正的播放工作是由 oncanplay 开始的，当浏览器可以播放视频时，它将立即指向并执行一个 JavaScript 函数。在这里这个函数是 initControls()，它将获取视频对象，并传递给之前已创建并储存的全局变量 video。为了实现这个视频播放器，我们还需要替 initControls()添加些内容，但目前我们需要用到的只是下面这段代码：

```
var video;
var initControls = function() {
  video = document.querySelector("VIDEO");
};
```

document.querySelector()方法属于 CSS 选择器 API 的一部分，用于将 video 变量指向文档中的 video 元素。这样，我们就可以访问 HTMLMediaElement 接口，并开始设计我们的第一个功能——播放及暂停。

4.7.2 播放和暂停视频

为了控制播放及暂停，我们需要在 HTML 文档中设计一个按钮以供用户单击：

```
<input type=button
       value="&#x25B6;"
       onclick="playPause(this);">
       id="playButton"
```

▶代表一个黑色向右三角形符号，我们用它作为 Play 按钮。播放及暂停函数包含在 playPause()中，作为响应每次点击的回调函数，并通过按键对象传递如下参数：

```
var playPause = function(ctrl) {
  if (video.paused) {
    video.play();
    ctrl.value = String.fromCharCode('0x25AE','0x25AE');
  }
  else {
    video.pause();
    ctrl.value = String.fromCharCode('0x25B6');
  }
};
```

属性 video.paused 告诉我们视频是否处于播放中。若视频播放暂停，其值为 true，反之则为 false。这让开始及停止播放变得十分简单。video.start()及 video.pause()能够根据情况轮流将 video.paused 值设为 false 或 true。

按键对象将参数传递给 ctrl.value，以便根据当前播放状态将按钮变成 Pause 或 Play 样式。但若我们直接将其赋值为▶，便无法得到预期效果，而只会看到字符串“▶”以文本形式显示在按钮位置。在 JavaScript 中应通过 String.fromCharCode()方法来获取正确的 Unicode 符号。使用 UTF16 十六进制代码▮（用单引号隔开）做参数传入，就可以将 Pause 按钮的标签文本显示为两条黑色垂直矩形图案。

我们稍后还会提到 playButton ID。

4.7.3 显示及设定播放位置

为显示当前播放位置，我们用到了第 3 章中提到过的新输入类型 range：

```
<input type="range"
       min=0 max=1 step=1 value=0
       onchange="updateProgress(this)"
       id="currentPosition">
```

属性 min 及 max 设定了值的允许范围，step 设定值的间隔——用户拖曳滑块的间隔单位。在这个示例中，min 定义影片开始，max 定义影片结束，这意味着我们必须将 max 的值设为电影总秒数。正确的方式是在 initControls()中定义这一切，相关的值应为 video.duration。综上所述，我们在 initControls()函数中添加如下几行：

```
curPos = document.getElementById("currentPosition");
curPos.max = video.duration;
```

我们得到 max 值为 596.468017578125，这意味着这段视频长约 10min。当滑块被拖曳或单击时，onchange 事件句柄控制将调用 updateProgress()函数并直接设定播放位置：

```
var updateProgress = function(ctrl) {
  video.currentTime = ctrl.value;
};
```

这段代码很简单：属性 video.currentTime 不仅反映着当前播放位置，它还能够被直接设定。我们通过滑块的属性值决定 video.currentTime 的值。为了将当前播放位置以“分:秒”（MM:SS）格式显示，我们还需要做以下几步：

1．在滑块中加入一个 span 元素：

```
<span id="timePlayed"> </span>
```

2．在 initControls()函数中引用这个 span 元素指向变量 curTime，并将其值初始化为 0:00：

```
curTime = document.getElementById("timePlayed");
curTime.innerHTML = '0:00';
```

3．在每次调用 updateProgress()时更新 curTime 的时间戳：

```
mm = Math.floor(video.currentTime / 60.0);
ss = parseInt(video.currentTime) % 60;
ss = (ss < 10) ? '0'+ss : ss;
curTime.innerHTML = mm+':'+ss;
```

快要完工了，不过我们还漏掉了一个滑块的重要特征：当视频被播放时，滑块必须与时间流逝保持同步。HTML5 代码通过集成的 video: ontimeupdate 来实现这一点。规范声明在媒体流播放时，时间更新事件的触发频率应介于 15ms～250ms 之间。由事件句柄属性 ontimeupdate 决定要调用哪个函数。在这里，updateProgress()是用作计时器的最佳选择。

这类似于控制滑块来设定播放位置，不过现在我们是要设定滑块的位置，并且显示 video.currentTime 的值。我们的 updateProgress()函数的最终版本如代码清单 4.1：

代码清单 4.1　改变及更新播放位置

```
var updateProgress = function(ctrl) {
  if (ctrl) {
    video.currentTime = ctrl.value;
  }
  else {
    curPos.value = video.currentTime;
  }
  // Setting the time in format MM:SS
  mm = Math.floor(video.currentTime / 60.0);
  ss = parseInt(video.currentTime) % 60;
  ss = (ss < 10) ? '0'+ss : ss;
  curTime.innerHTML = mm+’:’+ss;
};
```

If/else 区块用于判断 updateProgress()是否被滑块或 ontimeupdate 调用过。在前一种情况下，滑块对象作为参数 ctrl 传入，然后根据滑块的值设定播放位置；而在后一种情况下，我们则处理时间更新，利用变量 curPos 来将滑块设为当前播放时间。

现在我们终于解决了播放及控制播放时间的问题，可以坐下来放松一下了。请享受用自制的播放器观看 Big Buck Bunny 的欢乐时光吧！

4.7.4 快进和后退

要实现这两个特性，我们首先需要为 HTML 文档制作按钮。它们的标签同样是

Unicode 符号——向左的三角双引号（«）及向右的三角双引号（»）。两个事件监听器属性用来开始及结束快速搜索，开始事件为 onmousedown，结束事件为 onmouseup：

```
<input type="button"
       value="&#x00AB;"
       onmousedown="fastFwdBwd(-1)"
       onmouseup="fastFwdBwd()">
 <input type="button"
        value="&#x00BB;"
        onmousedown="fastFwdBwd(1)"
        onmouseup="fastFwdBwd()">
```

JavaScript 回调函数 fastFwdBwb()非常简短：

```
var fastFwdBwd = function(direct) {
  _pause();
  _play();
  if (direct) {
    video.playbackRate = 5.0 * direct;
  }
};
```

视频加速播放过程中用到两个重要的属性。第一个是回调函数中的 video.playbackRate，它代表着当前播放速度；第二个属性是 video.defaultPlaybackRate，其默认值为视频的常规播放速度，数值为 1.0。快速播放时我们需要改变播放速度，举例来说，2.0 意味着播放速度为默认值的 2 倍，4.0 为 4 倍，依此类推。数字及负号决定了播放方向——正数为前进，负数为后退。

根据规范，每次调用 video.play()时，video.playbackRate 属性的值都必须被设为 video.defaultPlaybackRate 的值。因此我们可以断定，只要不改变 defaultPlaybackRate 的值，每次重新开始视频播放时都会处于一个常规速度。若要增加速度，我们只需要改变 video.playbackRate 的值。

这让 fastFwdBwd()运行起来十分简单：首先将视频作一个短暂的停止，然后通过为变量 direct 赋值为 1 或-1 来改变播放方向，并用 video.playbackRate 值来设置加速，之后随即再次开始播放。

_pause()与_play()函数包含了开始及停止视频的代码块，之前在回调函数 playPause()中我们已经见到过了。依靠这些函数，让我们能直接通过脚本来控制播放和暂停，而不需要单击 Play 按钮。为了将 Play 的按钮与功能分离开，我们在 initControl()里通过 getElementById()获取按钮对象，并指向变量 pButton。playPause()的分离版本见代码清单 4.2。

代码清单 4.2　开始及停止视频

```
var _play = function() {
  video.play();
  pButton.value = String.fromCharCode('0x25AE','0x25AE');
};
var _pause = function() {
  video.pause();
  pButton.value = String.fromCharCode('0x25B6');
};
var playPause = function() {
  if (video.paused) {
    _play();
  }
  else {
    _pause();
  }
};
```

4.7.5　选择电影场景

为了选择特定场景，首先我们需要一个包含时间戳及标题的列表，创建一个下拉菜单：

```
<select name="scenes" onchange="selectScene(this)" size=19>
  <option value="0:00" selected>0:00 Opening scene</option>
  <option value="0:23">0:23 Title sequence</option>
  <!-- 17 other entries -->
</select>
```

剩下的事情用回调函数 selectScene()就能轻松解决。我们将选中项以参数形式传入，然后将其时间戳转换为秒，并设为 video.currentTime 的值。最后，再次调用_play()从指定位置开始视频播放。

```
var selectScene = function(ctrl) {
  arr = ctrl.value.split(":");
  video.currentTime = parseFloat((arr[0]*60)+(arr[1]*1));
  updateProgress();
  _play();
};
```

4.7.6　音量调节及静音

只剩下音量控制的问题了，首先让我们来实现简单的 on/off。我们再次用 Unicode 为按钮制作标签，这一次用到的是横向八音符（♫）：

```
<input type="button"
       value="&#x266B;"
       onclick="mute(this)">
```

mute()功能使用读/写属性 video.muted 来设置静音或是恢复音量。为了让用户得到视觉反馈，静音时按钮标签依 CSS 显示为银色，声音打开时为黑色：

```
var mute = function(ctrl) {
  if (video.muted) {
    video.muted = false;
    ctrl.style.color = 'black';
  }
  else {
    video.muted = true;
    ctrl.style.color = 'silver';
  }
};
```

调节音量的功能并不复杂，除了用 Input 类型 range 创建滑块外，我们还需要用 span 来控制这个标签。因此音量设置的基本代码结构如下：

```
<input type="range"
       min=0.0 max=1.0 step=0.1 value=1.0
       onchange="adjustVolume(this)"/>
<span id="currentVolume"> </span>
```

我们定义 span 元素指向 initControls()，它可以用 video.volume 将音量重置为 100%：

```
curVol = document.getElementById("currentVolume");
curVol.innerHTML = "100 %";
video.volume = 1;
```

当滑块位置改变时，将调用 adjustVolume()函数作出响应。音量 video.volume 的取值范围在 min=0 与 max=1 之间，因此我们设置 step=0.1，当拖动音量滑块时，以 10% 为阶梯来调节音量。

```
var adjustVolume = function(ctrl) {
  video.volume = ctrl.value;
  curVol.innerHTML = (Math.round(ctrl.value*100))+'%';
};
```

现在，我们的视频播放器终于大功告成了。这一实用案例让你得以深入了解 HTMLMediaElement 接口中将近一半的属性及方法，还有一些有趣的属性和方法没介绍到，我们接下来会继续了解。

4.7.8 HTMLMediaElement 接口中其他的属性及方法

所有媒体元素（包括视频和音频）都拥有五个常见属性，它们也都出现在 HTMLMediaElement 接口中。除了作为媒体流的源的 src 之外，还有布尔型属性 autoplay、loop 及 controls，另外还有 preload 及其 3 个值 none、metadata 及 auto。我们通过以下代码构建一个视频。

```
var video = document.createElement("VIDEO");
video.src = 'videos/bbb_240p_stereo.ogv';
video.autoplay = false;
video.loop = true;
video.controls = true;
video.preload = 'metadata';
```

视频目前还没有加载。HTMLMediaElement 的另一个方法 video.load()会执行加载处理。为了能让视频在浏览器中播放，我们还需要将它加入到 DOM 树中，因此我们再加入两行代码：

```
video.load();
document.documentElement.appendChild(video);
```

视频播放器的 video 元素 oncanplay 属性的动态副本属性是一个事件监听器。这个监听器包括事件类型、回调函数、以及一个用于判断是否置于捕获状态（capture phase）的标志位。若你对此难以理解，试试将标志位（第三个参数）改为 false，将事件监听器置于冒泡状态（capture phase）。如果你想了解关于事件生效顺序的细节，请访问 http://www.quirksmode.org/js/events_order.html。一旦监听器侦测到 canplay 事件，就会立即控制播放相应视频：

```
video.addEventListener("canplay", function() {
  video.play();
}, false);
```

这段简短的范例可以在这里找到源代码：

http://html5.komplett.cc/code/chap_video/js_dynamicVideo_en.html.

看上去很简单，但实际上加载媒体流的过程相当复杂。规范为此划分出了两种状态：网络状态（network state）及就绪状态（ready state），它们可以通过 HTMLMediaElement 接口获取，拥有两个只读属性，使用几个常量来描述相应状态。

networkState 属性用于监控网络状态，它可以在任何时间被查询，并反馈可能的值，见表 4-5。

表 4-5 networkState 属性中的常量

值	常 量	描 述
0	NETWORK_EMPTY	视频/音频尚未初始化
1	NETWORK_IDLE	视频/音频源已选定，但当前尚未加载
2	NETWORK_LOADING	浏览器正在加载视频/音频
3	NETWORK_NO_SOURCE	视频/音频源无法找到

有两种方法来指定合适的源：通过相关元素的 src 属性，或使用 source 元素列出数个源让浏览器自行挑选。如果采用第二种方法，那么我们要怎样指定浏览器挑选了哪个源呢？答案其实就在只读属性 video.currentSrc 中。在视频播放器截图中，它显示在底部左边，版权信息前面。

在浏览器在挑选源元素时，可以得知相应它是否支持相应媒体类型；使用脚本其实也可以，办法是使用 canPlayType(type)，提交一个相应的媒体类型参数给浏览器。浏览器反馈可能是明确表示能够播放、也可能是无法确定，或是因为不支持该类型而将其视为一个空字符串‘ ’。

> **想使用 canPlayType(type)测试你自己的浏览器支持哪些常见媒体类型，请访问：** http://html5.komplett.cc/code/chap_video/js_canPlayType.html

readyState 属性描述了媒体元素的当前状态，可能的值见表 4-6。

表 4-6 readyState 属性中的常量

值	常 数	描 述
0	HAVE_NOTHING	当前播放位置中无有效数据
1	HAVE_METADATA	长度、尺寸等元数据就绪，但目前无数据可播放
2	HAVE_CURRENT_DATA	当前位置存在有效数据，但尚未准备就绪
3	HAVE_FUTURE_DATA	当前及前方位置有足够数据，可以开始播放
4	HAVE_ENOUGH_DATA	若网络状况保持现状，浏览器可无阻滞地播放该媒体流

若在加载或播放过程中发生错误，将引发（译者注：术语为 fire，引燃）error 事件，并将可能的错误原因传递给 code 属性：

```
video.addEventListener("error", function(e) {
  alert(e.code);
}, false);
```

此回调函数功能通过 e.code 返回一个错误代码，其可能的值见表 4-7。

表 4-7 MediaError 接口内的 code 属性常量

值	常 数	描 述
1	MEDIA_ERR_ABORTED	用户停止加载
2	MEDIA_ERR_NETWORK	网络错误
3	MEDIA_ERR_DECODE	媒体流解码过程中出现错误
4	MEDIA_ERR_SRC_NOT_SUPPORTED	不支持的媒体类型

HTMLMediaElement 之旅已接近终点，还没涉及到的属性包括：

- 两个布尔值属性，用于判断浏览器当前是否在搜索其他数据（seeking），或媒体流是否已经到达终点（ended）；
- 提供媒体流开始时间信息（initialTime）；
- 当前时间轴相对于日期对象的偏移量（startOffsetTime）；
- TimeRanges 接口的 3 个属性——buffered、played 及 seekable。

TimeRanges 的基本用途跟名字一样，用于记录时间段：

```
interface TimeRanges {
  readonly attribute unsigned long length;
  float start(in unsigned long index);
  float end(in unsigned long index);
 };
```

让我们用 played 来作示范以了解其运行机制：若我们在播放 Big Buck Bunny 视频的过程中单击暂停（pause），我们将得到第一个时间段，由一个开始时间及一个结束时间组成。相关属性为 played.start(0)及 played.end(0)，同时在 played.length 中会存在一个已有的时间段数量的值——目前为 1。之后我们跳到第 8 节，继续播放一小会，我们就通过 played.start(1)与 played. end(1)创建了第二个时间段，而 played.length 值也变为 2。若两个时间段有重叠，它们将被合并。所有时间段都会在 TimeRanges 对象中被排序。

通过这一方法我们可以追踪到媒体流的哪个区块被缓冲、被播放或被标记为可搜索的。这里有一个在线示例演示了 Big BuckBunny 视频的播放过程，可以有助于我们更直观的了解 TimeRanges，请访问：http://html5.komplett.cc/code/chap_video/js_timeRanges.html。

4.7.9 媒体事件列表

媒体流加载以及在特定位置播放会触发的事件很多，不过基本上都与 HTMLMediaElement 接口的 3 个主要状态有关。

网络状态下（network state）的事件包括开始加载（loadstart）、执行（progress）、挂起（suspend）、取消（abort）、出错（error）、超时（emptied）及失速（stalled），它们的名字已经能直观反映出它们对应的网络状态；在就绪状态下（ready state）出现的事件包括已加载元数据（loadedmetadata）、已加载数据（loadeddata）、等待（waiting）、播放中（playing）、可播放（canplay）及可持续播放（canplaythrough），它们全部与当前或未来播放位置中的数据是否可用直接相关；在播放状态下（playback state）有播放（play）、暂停（pause）、更新时间（timeupdate）、已结束（ended）、速度改变（ratechange）及媒体时长改变（durationchange），也同样顾名思义。我们最后要介绍的元素也是如此——音量改变（volumechange）。

何时以及如何利用事件全取决于脚本如何设计。在我们的播放器中，需要用到的只是 oncanplay 与 ontimeupdate，但如果想要进一步优化细节，就必须用到许多其他元素。

如果你想要详细了解这诸多事件，规范中的 Event summary 将给你提供很大的帮助，其中不但包括了每个事件的说明，同时还解说了它们会在何种情况下被引发。请访问：http://www.w3.org/TR/html5/video.html#mediaevents。

如果你想要通过直观的了解这些媒体事件如何运作，还可以访问 W3C 网站上由 Philippe Le Hégaret 制作的 HTML5 测试页面——主要针对视频、媒体时间以及媒体性能，地址是 http://www. w3.org/2010/05/video/mediaevents.html。

4.8 关于音频

HTML5 中并没有很多关于音频的新内容。好消息是，视频与音频共用 HTMLMediaElement 接口，这意味着之前了解到的所有关于脚本及视频的知识都可以应用于音频元素，但视频中多出来的 width、height、audio、post frame 这些视频元素则被被略去了。音频元素可以轻易通过构造器创建，并同时被赋予一个 src 属性：

```
var audio = new Audio(src);
```

参照之前制作的视频播放器，让我们来为 Big Buck Bunny 的音轨做一个音频播放器。滑块、时间显示、开始及停止的运行机制与视频的例子一样，只是增添了一个选择曲目的菜单，通过上一曲、下一曲两个按钮来选择不同曲目。同时，我们还在所有曲目结束处插入了一个循环（looping）功能，用以随机选择曲目播放，如图 4-10 所示。

NOTE

这里所有的音乐都通过免费的跨平台音频编辑器 Audacity（http://audacity.sourceforge.net）从视频音轨中抓取。若为私人用途，你还可以通过作曲人 Jan Morgenstern 的主页免费下载无嘈杂背景音的原声音乐：

http:// www.wavemage.com/category/music

图 4-10 JavaScript HTML5 音频播放器截图

音频播放器的截图看上去似曾相识，因为所有新按钮同样使用 Unicode 符号标签。你可以在表 4-8 中看到这些符号的详细列表。

表 4-8 音频播放器按钮所使用的 Unicode 符号

按 钮	实 体	Unicode 名
Skipback	◃	*WHITELEFT-POINTINGSMALLTRIANGLE*
Skipforward	▹	*WHITERIGHT-POINTINGSMALLTRIANGLE*
Loop	↺	*ANTICLOCKWISE OPENCIRCLEARROW*
Shuffle	↝	*RIGHTWARDSWAVEARROW*

下拉菜单同样似曾相识，但这次不是跳到指定位置播放，而是直接切换音轨。菜单、上一曲、下一曲、循环及拖曳按钮都可以实现音轨切换的效果，当然脚本逻辑相比之下也更为复杂。

让我们从 audio 元素开始：

```
<audio src="music/bbb_01_intro.ogg"
       oncanplay="canPlay()"
       ontimeupdate="updateProgress()"
       onended="continueOrStop()">
</audio>
```

载入页面时，我们将 src 属性指向第一曲，并定义三个回调函数。此前介绍过的 updateProgress()函数在这里同样用于移动滑块及更新时间显示（见代码清单 4.1）。两个新的回调函数，一个是 canPlay()，在曲目可以播放时调用；另一个 continueOrStop()，用于决定在曲目播放完毕后该干什么。oncanplay 的回调函数 canPlay()十分简短：

```
canPlay = function() {
  curPos.max = audio.duration;
  if (pbStatus.keepPlaying == true) {
    _play();
  }
};
```

类似于之前的视频播放器，curPos.max 模拟了滑块的 max 属性。但后面的 if 判断是做什么用的呢？很简单：当音频处于播放状态下，拖动滑块后仍然保持播放状态。

因此，Play 按钮的状态决定了当音频播放器在跳至另一曲目时是否应继续播放。若其状态为播放，每次曲目改变时都应保持播放状态；但若其状态为暂停，播放器只改变曲目，但仍保持在暂停状态。这看上去好像很复杂，但通过播放按钮的回调实现起来其实相当简单，我们只需要加入如下代码：

```
pbStatus.keepPlaying =
  (pbStatus.keepPlaying == true) ? false : true;
```

在每次单击按钮后，这段代码都会交替切换状态变量 pbStatus.keepPlaying 为 true 或 false，以便 canPlay()正确判断当前的播放状态。

为了更好了解音频播放器的结构及功能，你可以在这里找到它的 HTML、JavaScript、及 CSS 源代码：

- http://html5.komplett.cc/code/chap_video/js_audioPlayer_en.html
- http://html5.komplett.cc/code/chap_video/js_audioPlayer.js
- http://html5.komplett.cc/code/chap_video/js_audioPlayer.css

回到正题，依靠 canPlay()及 pbStatus.keepPlaying，我们现在能够控制曲目的播放状态。那么又如何切换曲目呢？如前所述，切换曲目的做法有许多种，我们可以从菜单中选择，单击上一曲或下一曲按钮；又或是设置循环或单击随机（Shuffle）按钮，让音频播放器在每播完一曲后自动完成转换。上述选择拥有一个共同点：需要加载一个新的曲目，而这将通过 loadTrack()方法实现：

```
var loadTrack = function(idx) {
  audio.src = 'music/'+tracks.options[idx].value;
  audio.load();
};
```

需要解释两个细节：

1. idx 代表什么？idx 代表变量 tracks 中下拉菜单中的曲目索引，我们可以根据索引得到相应曲目的文件名。

2．audio.load()函数是做什么用的？你可能已经猜到了，它用来载入新曲目，并在当状态变为 canplay 时播放。

为了简化处理，我们在范例中仅用到 Ogg Vorbis 音频文件。若要兼容多种格式，你需要先通过 canPlayType()来测试其是否被支持，然后才处理加载。在本章结束后，请试试将此功能加入脚本。

许多情况下都会调用 loadTrack()。首先，是在通过菜单直接切换曲目时，由 onchange 事件句柄 changeTrack(this)调用：

```
changeTrack = function(ctrl) {
  loadTrack(ctrl.options.selectedIndex);
};
```

在通过上一曲及下一曲按钮改变曲目也会调用 loadTrack()。对应的单击事件会调用回调函数 advanceTrack(n)，以参数 n 作为 step 值，来确定方向——-1 为上一曲，1 为下一曲。

```
advanceTrack = function(n) {
  var idx = tracks.options.selectedIndex + n;
  if (idx < 0) {
    idx = idx + tracks.options.length;
  }
  if (idx > tracks.options.length-1) {
    idx = idx - tracks.options.length;
  }
  tracks.options.selectedIndex = idx;
  loadTrack(idx);
};
```

决定下一曲目的运算法则很简单，由两部分组成。首先我们将曲目索引加 n，然后解决一下可能产生的两种特殊情况：若我们位于第一曲时点击上一曲，索引值则变为负数，因此我们将继续播放当前曲目；若我们位于最后一曲时点击下一曲，播放器则应该将跳回到第一曲。

我们甚至可以在最后两种功能中用到 advanceTrack()的方法：曲目完结时自动循环播放及随机曲目选择。首先，我们要讨论一下如何处理两个按钮的激活与非激活状态。Onclick 事件句柄触发回调函数 toggleOnOff(node)，根据参数 node 指向相关按钮、并切换其状态：

```
toggleOnOff = function(node) {
  var cls = node.getAttribute("class");
```

```
    node.setAttribute("class",
      (cls == 'off') ? 'on' : 'off'
    );
    pbStatus[node.id] = node.getAttribute("class");
};
```

如函数第一行所示，按钮的 class 属性——由 CSS 定义的样式——决定其状态。你可以在 js_audioPlayer.css 中找到 on 与 off 的样式：

```
.off {
  opacity: 0.2;
}
.on {
  opacity: 1.0;
}
```

按钮的当前状态由变量 pbStatus[node.id]决定。node.id 代表循环播放（Loop）与随机播放（Shuffle）这两个按钮，由 pbStatus.loop 或 pbStatus.shuffle 将其设为 on 或 off，在曲目播放完结时生效。这一切由回调函数 continueOrStop()实现：

```
continueOrStop = function() {
  if (pbStatus.shuffle == 'on') {
    advanceTrack(
      Math.round(Math.random()*tracks.options.length)
    );
  }
  else if (tracks.options.selectedIndex ==
           tracks.options.length-1) {
    if (pbStatus.loop == 'on') {
      advanceTrack(1);
    }
    else {
      pbStatus.keepPlaying = false;
    }
  }
  else {
    advanceTrack(1);
  }
};
```

处于随机播放状态时，我们将 Math.random()的结果乘以曲目总数并四舍五入，就可以得到一个在 0 与曲目总数之间的随机数值，然后将这个值传给 advanceTrack()，不用担心是否超出曲目范围。举例来说，当前正在播放倒数第二曲，需要前跳五首曲子，advanceTrack()的算法将保证实际播放的会是正数第四曲。

只有在最后一曲时才会出现“是否循环”的问题。若相关按钮被设为 on，将会通过 advanceTrack(1)重新从头播放；若被设为 off，则播放停止，而 pbStatus.keepPlaying 被设为 false。其他所有情况都只是播放下一曲。

现在我们不仅完成了音频播放器，同时也进入了关于视频及音频这一章的尾声。我们手动为视频及音频播放器设计的许多功能显然也可以直接通过浏览器实现，并且用 HTML5 的控制属性实现起来还会更为轻松。但是在编写 JS 脚本的过程中，也让我们对视频音频播放背后的机制有了更深入的了解，这仍旧是很有意义的。

小结

视频及音频此前一直需要依靠插件播放，而这两个重要功能如今终于成为 HTML 规范的一部分。很难预测哪一种编解码器会最终流行，但因为 Google 的 WebM 带来的曙光，无需专利费的开放格式指日可待。

HTMLMediaElement 接口让我们可以通过脚本来完成视频及音频播放。此前使用相关插件也难以完成的交互，如今可以通过 JavaScript 来实现。

HTML5 的每个相关主题都可以在网上找到许多应用范例，花点时间去搜索和发现吧！读完本章后，相信你已经逐渐了解了 HTML5 吸引人的地方。

第 5 章 画布

Canvas（画布）是 HTML5 中最有趣及诞生最早的新元素之一。在 2004 年 6 月，WHATWG 成立的一个月后，来自 Apple 的 David Hyatt 展示了一个拥有专利的 HTML 扩展——Canvas，这在当时尚年轻的 HTML5 中引起了骚动。Ian Hickson 的第一反应是："真正解决问题的做法是将方案公开。"短暂的争论后，Apple 将此方案递交给了 WHATWG，此举推动了 Canvas 加入 HTML5 规范的进程。2004 年 8 月，第一版草案诞生了。

有关 Apple **关于** Canvas **的声明及** Ian Hickson **的回应，请参考**：

- http://weblogs.mozillazine.org/hyatt/archives/2004_07.html#005913
- http://ln.hixie.ch/?start=1089635050&count=1

5.1 案例一

简单来说，Canvas 就是一张画布，可通过 JavaScript API 在上面绘制图像。除了使用 Canvas 元素外，还需要通过脚本元素来执行绘制命令。首先让我们来看一下 canvas 元素：

```
<canvas width="1200" height="800">
  alternative content for browsers without canvas support
</canvas>
```

属性 width 及 height 决定了 canvas 元素的尺寸，以便在 HTML 页面上预留空间。若未设置则采用默认值：width 为 300 像素，height 为 150 像素。canvas 开始与结束标签之间的区域为备注内容，在浏览器不支持 Canvas 时显示。与图片的 alt 标签类似，备注内容应描述 Canvas 应用程序内容或显示相关截图，类似于“Your browser does not support Canvas”这种缺乏有价值信息的短句应尽量避免。

定义完 canvas 后，在下一步中，我们可以在一个脚本元素中加入绘制命令。几行代码便足以实现我们第一个简单的 Canvas 案例：

```
<script>
  var canvas = document.querySelector("canvas");
  var context = canvas.getContext('2d');
  context.fillStyle = 'red';
  context.fillRect(0,0,800,600);
  context.fillStyle = 'rgba(255,255,0,0.5)';
  context.fillRect(400,200,800,600);
</script>
```

即便不了解任何关于 Canvas 绘制命令的语法，仔细读过代码后，我们还是会发现图 5-1 正是那些代码的输出结果。图案包括一个红色矩形及一个黄色矩形，透明度皆为 50%，两个矩形的重叠部分为橙色。

TIP

> 本章中出现的所有图表都采用 Canvas 在 HTML 页面上创建，可通过截图中的 URL 在线查看，或通过本书合作网站的 canvas 目录页浏览，多留意源代码。
>
> http://html5.komplett.cc/code/chap_canvas/index_en.html

在 canvas 上绘图之前，我们需要先建立一个到它的引用。脚本中的第一行起到的正是这个作用。使用 W3C CSS Selectors API 方法中的 document.querySelector()，我们为变量 canvas 建立了一个到文档中出现的第一个 canvas 元素的引用。

```
var canvas = document.querySelector("canvas");
```

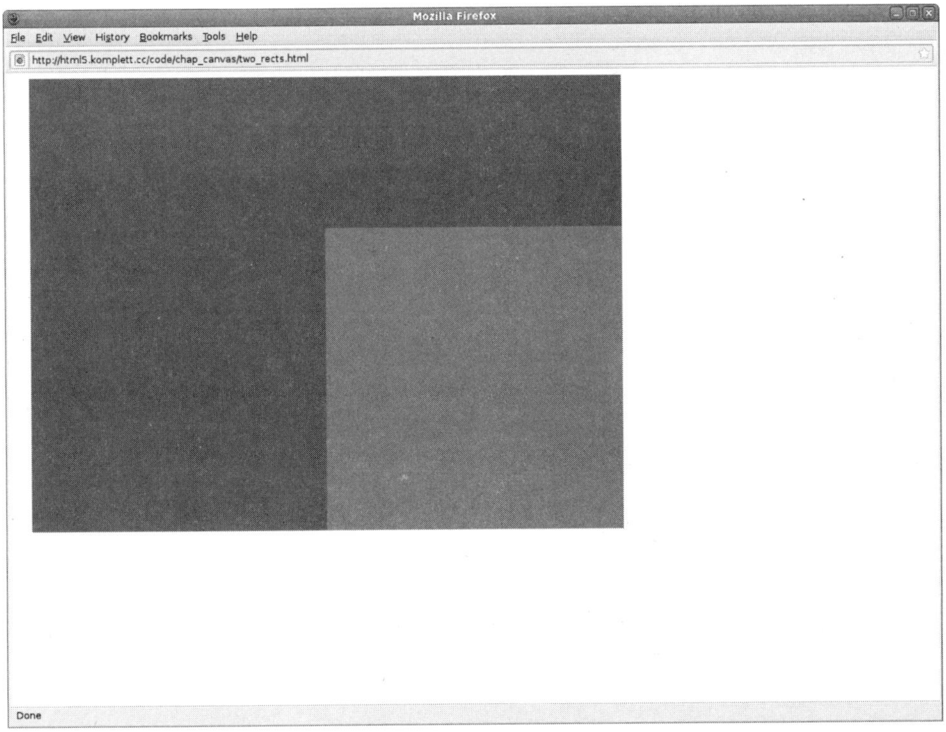

图 5-1 两个重叠的矩形

这个 canvas 对象——又叫 HTMLCanvasElement 对象——除了拥有 width 与 height 属性外，还拥有 getContext()方法。使用“2d”这个参数，我们得以接触到 Canvas 的核心——CanvasRenderingContext2D。

```
var context = canvas.getContext('2d');
```

在定义了绘制环境后，我们可以开始绘制这两个矩形了。抛开 fillStyle 属性及 fillRect()方法的细节不谈，这两者的基本流程都是先定义填充色然后形成矩形。

```
context.fillStyle = 'red';
context.fillRect(0,0,800,600);
context.fillStyle = 'rgba(255,255,0,0.5)';
context.fillRect(400,200,800,600);
```

目前的 Canvas 规范仅定义了 2D 环境（见 HTML Canvas2DContext 规范：http://www.w3.org/TR/2dcontext），但不排除将来加入 3D 等环境的可能性。Khronos 工作组已在这种可能的方向上迈出了第一步：通过与 Mozilla、Google 及 Opera 的合作，他们目前致力于开发一个基于 OpenGL ES 2.0 的名为 WebGL 的 JavaScript 接口（http://www.khronos.org/webgl）。Firefox、WebKit 及 Chrome 都开始接纳这个新

标准。

回到 2D 环境，CanvasRenderingContext2D 在许多方面都很有潜力，并显然很适合用来编写复杂应用。图 5-2 显示了一个简单的条形图，展示了该绘制环境的 3 个特性：矩形、颜色及阴影。

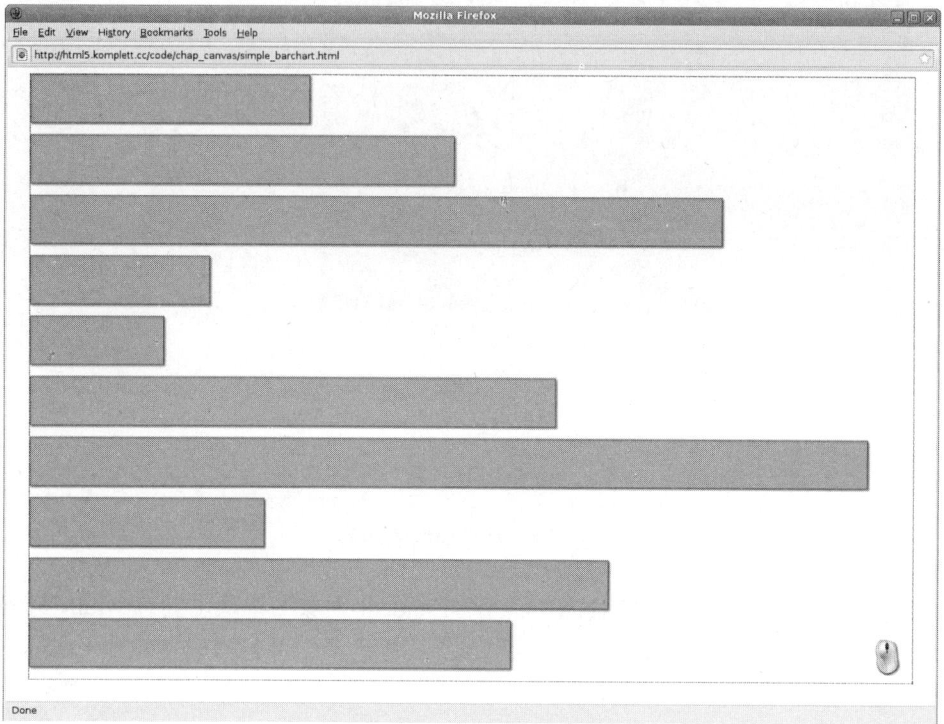

图 5-2 10 个横向条形图

5.2 矩形

Canvas 能通过 4 种方法来创建矩形，我们现在先讨论其中 3 种，第 4 种将在后面的路径部分中介绍：

```
context.fillRect(x, y, w, h)
context.strokeRect(x, y, w, h)
context.clearRect(x, y, w, h)
```

这 3 种方法的名称已经阐明了它们的作用：fillRect()用于创建被填充的矩形，strokeRect()创建有边框但无填充的矩形，而 clearRect()可以像橡皮一样抹掉已有内容。矩形尺寸由 4 个数值参数决定：坐标 x/y、宽度 w 及高度 h。

在 Canvas 中，坐标原点通常位于左上方，这意味着 x 轴向右延伸而 y 轴向下延伸（见图 5-3）。

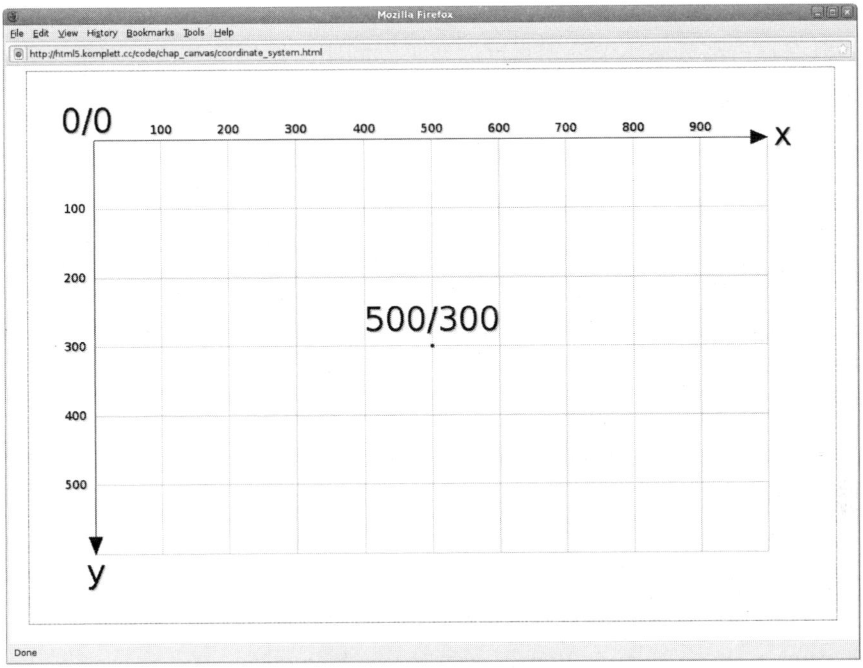

图 5-3 Canvas 坐标系

与此同时，我们需要为条形图的 canvas 元素及绘制环境定义参数。函数 drawBars() 用于完成主要工作——绘制条形图。我们在此函数中加入想要得到的条形数量：

```
<script>
var canvas = document.querySelector("canvas");
var context = canvas.getContext('2d');
var drawBars = function(bars) {
  context.clearRect(0,0,canvas.width,canvas.height);
  for (var i=0; i<bars; i++) {
    var yOff = i*(canvas.height/bars);
    var w = Math.random()*canvas.width;
    var h = canvas.height/bars*0.8;
    context.fillRect(0,yOff,w,h);
    context.strokeRect(0,yOff,w,h);
  }
};
drawBars(10);
</script>
```

调用函数 drawBars(10)，先用 clearRect()删除所有现有内容，然后用 fillRect()和 strokeRect()在 for 循环中绘制 10 个矩形，并分别为其加上填充和边框。条形的宽度变量

w 介于 0 到 canvas 元素的最大宽度之间，随机由 JavaScript 函数 Math.random()决定。函数 Math.random()可以生成一个介于 0.0～1.0 之间的随机数，再乘上画布的尺寸，就可以生成随机的宽、高、位置。

我们根据画布高度来决定条形高度以及平均间距，这里的算法是画布高度除以条形数量乘以 0.8 为条形高度。

如案例一所述，canvas 的宽度和高度都可以轻松地在属性 canvas.width 及 canvas.height 中找到。我们也可以通过使用绘制环境中的 context.canvas 属性访问 HTMLCanvasElement，并在每次单击画布时生成一个新的条形。在 drawBars(10)后面再加入 3 行代码就行了：

```
context.canvas.onclick = function() {
  drawBars(10);
};
```

现在我们清楚这 10 个条形是如何形成的了，但它们的边框是如何变成浅灰色或者黑色的呢？下面让我们来看看为 Canvas 分配颜色的选项。

5.3 颜色及阴影

属性 fillStyle 与 strokeStyle 用来定义填充及线条的颜色，遵循 CSS 颜色值规则，并可拥有一些不同的格式。表 5-1 以红色为例展示了一些可用选项。

表 5-1 红色的有效 CSS 颜色值

方　法	颜 色 值
Hexadecimal	#FF0000
Hexadecimal(short)	#F00
RGB	rgb(255,0,0)
RGB(percent)	rgb(100%,0%,0%)
RGBA	rgba(255,0,0,1.0)
RGBA(percent)	rgba(100%,0%,0%,1.0)
HSL	hsl(0,100%,50%)
HSLA	hsla(0,100%,50%,1.0)
SVG(named color)	red

若要为 Canvas 定义当前填充及线条颜色，你只需要在 fillStyle 及 strokeStyle 用字符串形式写入相关颜色值。在条形图案例中，我们选择颜色 silver（SVG 命名方式）作为填充，RGBA 格式的半透明黑作为线条。我们计划让所有条形外观一致，因此在 drawBars()前定义样式：

```
context.fillStyle = 'silver';
context.strokeStyle = 'rgba(0,0,0,0.5)';
var drawBars = function(bars) {
  // code for drawing bars
};
```

有效透明度范围为 0.0（完全透明）～1.0（完全不透明），并可用作 RGB 或 HSL 调色板中的第 4 个参数。HSL 并不通过红、绿、蓝成分定义颜色，而是通过色调、饱和度和亮度来定义。

你可以在 http://www.w3.org/TR/css3-color 找到关于 HSL 调色板的更多信息，以及 CSS Color Module Level 3 规范中的所有有效 SVG 颜色名。

仔细观察你可以看见条形后面的阴影，这些阴影是通过额外的 4 个 context 属性创建的：

```
context.shadowOffsetX = 2.0;
context.shadowOffsetY = 2.0;
context.shadowColor = "rgba(50%,50%,50%,0.75)";
context.shadowBlur = 2.0;
```

头两行代码通过 shadowOffsetX 及 shadowOffsetY 决定阴影的偏移；shadowColor 定义其颜色及透明度；shadowBlur 决定阴影模糊度，值越高模糊程度越强。

在下节谈到颜色渐变之前，我们需要搞清楚如何为条形创建虚线边框。答案很简单：通过 CSS。所有 canvas 元素显然都可以通过 CSS 来制定样式。你可以像定义背景色及边界一样轻松地定义其间距、位置及 z-index。在我们的案例中，下面的样式属性创建了虚线边框：

```
<canvas style="border: 1px dotted black;">
```

5.4 渐变

除了纯色线条及填充，Canvas 还提供了两种渐变：线性渐变及辐射渐变。我们可以通过一个红—黄—橙—紫的简单渐变来演示 Canvas 中颜色渐变的基本原理（见图 5-4）。

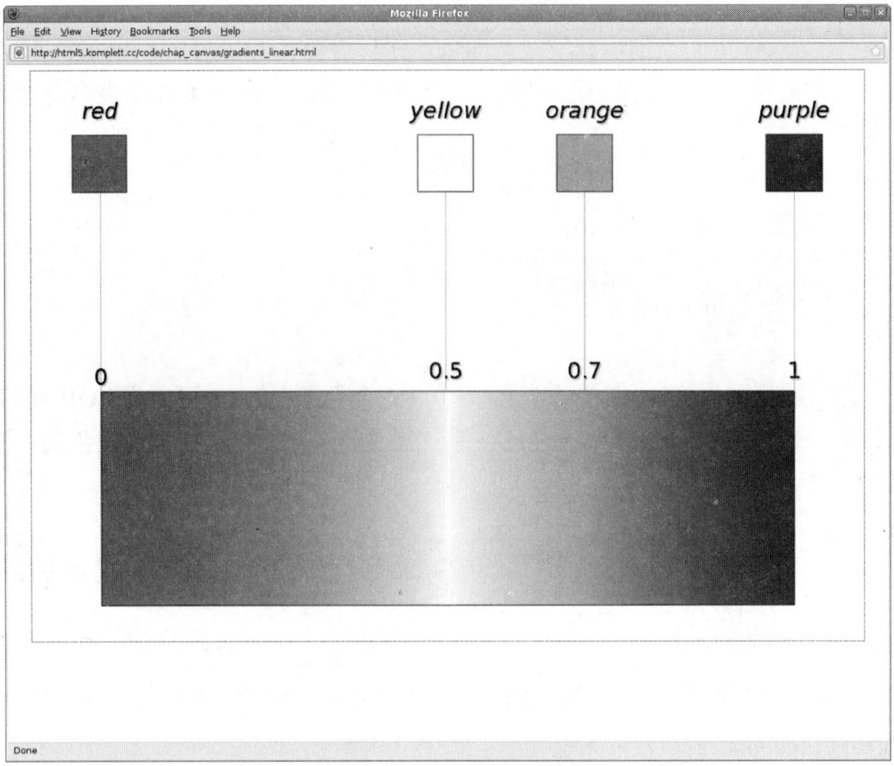

图 5-4 四色线性渐变

首先，context.createLinearGradient(x0, y0, x1, y1)创建了一个 CanvasGradient 对象并通过参数 x0、y0、x1、y1 定义渐变方向。下一步我们还需要定义颜色的偏移量，因此我们先将此对象保存在变量 linGrad 中：

```
var linGrad = context.createLinearGradient(
  0,450,1000,450
);
```

接着我们通过方法 addColorStop(offset, color)为对象 CanvasGradient 选择渐变的颜色及偏移量。你可以想像一条虚构的斜线，Offset 0.0 代表着坐标 x0/y0 上的颜色，而 offset 1.0 则代表着终点 x1/y1 上的颜色。中间的所有颜色将根据它们的偏移值被分割，并被浏览器在 RGBA 颜色空间中转换为插值。

```
linGrad.addColorStop(0.0, 'red');
linGrad.addColorStop(0.5, 'yellow');
linGrad.addColorStop(0.7, 'orange');
linGrad.addColorStop(1.0, 'purple');
```

颜色根据 CSS 颜色值规则被定义，并在我们的案例中转换为 SVG 颜色名以便阅读。

线性渐变完成后被赋值给 fillStyle 或 strokeStyle：

```
context.fillStyle = linGrad;
context.fillRect(0,450,1000,450);
```

与线性渐变不同，径向渐变的起点和终点并非点，而是圆，因此在定义径向渐变的过程中，我们使用的是方法 context.createRadialGradient(x0, y0, r0, x1, y1, r1)（见图 5-5）。

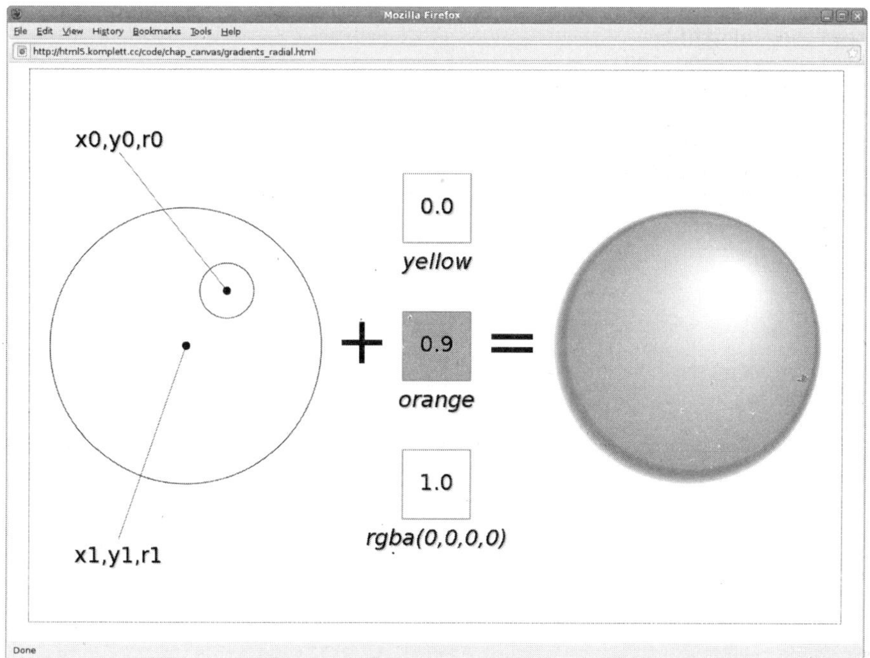

图 5-5 径向渐变的组成部分

在图 5-5 左侧，你可以看见起始圆和终点圆；图中间为三种终止色的偏移值；右侧则为最终结果：一个看上去好像在发光的球体。一段简洁的源代码可以完成这一切：

```
var radGrad = context.createRadialGradient(
  260,320,40,200,400,200
);
radGrad.addColorStop(0.0,'yellow');
radGrad.addColorStop(0.9,'orange');
radGrad.addColorStop(1.0,'rgba(0,0,0,0)');
context.fillStyle = radGrad;
context.fillRect(0,200,400,400);
```

球体的阴影效果通过后两种颜色，在橙色中加入透明黑色形成，这也意味着渐变的可视部分恰好终结于外圈。

快速完成了色彩及渐变后，我们转向另一个几何形模型：路径绘图。

5.5 路径绘图

在 Canvas 中创建路径绘图的过程与在纸上画画类似：你将笔放在纸的某个点上，开始画，提起笔，然后在纸上的另一个点又开始画。画出的内容可以是简单线条、复杂曲线，或者是由这些组成的多边型。一个简化例子演示如何将写出一个 A 字的过程转变为 Canvas 路径绘图命令：

```
context.beginPath();
context.moveTo(300,700);
context.lineTo(600,100);
context.lineTo(900,700);
context.moveTo(350,400);
context.lineTo(850,400);
context.stroke();
```

结果如图 5-6 所示。

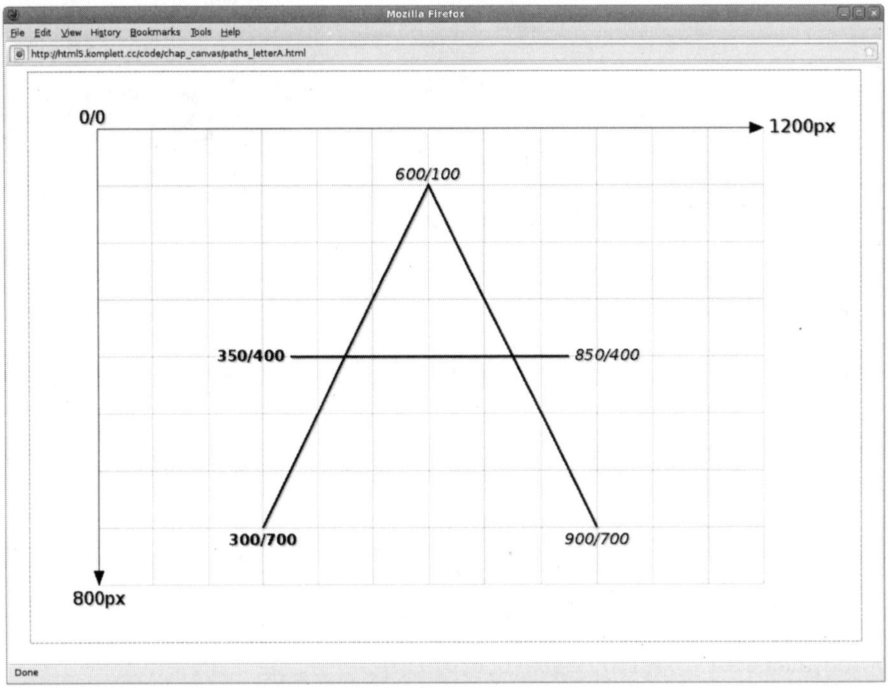

图 5-6 通过路径绘图画出字母 A

仔细研究源代码，你可以发现创建路径绘图的 3 个步骤。

1. 用 beginPath()初始化路径。

2．用 moveTo()和 lineTo()定义路径轨迹。

3．用 stroke()画线。

每个路径绘图都由 beginPath()初始化，并可包括任意数量的片段。在我们的案例中，我们用 moveTo()及 lineTo()来模仿手部动作，定义出字母 A 的各个笔画片段，最后使用 stroke()在画布上绘制出路径。

路径绘图中的片断是否应被分割为几个独立部分完全由布局决定。每条路径的格式都是相同的，这意味着如果需要把字母 A 的一横设置成不同的颜色，则需要定义两条独立的路径。

让我们来详细了解一下绘制路径的主要方法。

5.5.1 线条

在字母 A 的例子中，我们使用了 Canvas 的 lineTo()方法来创建线条：

```
context.lineTo(x, y)
```

此方法效果如图 5-7 所示。

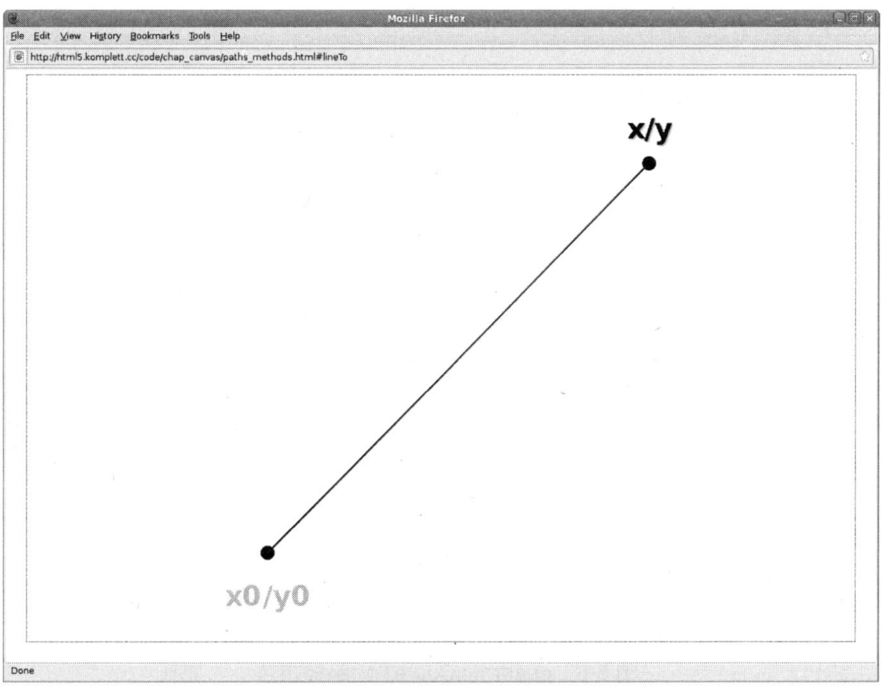

图 5-7　路径绘制方法 lineTo()

这一方法可以口头表述为“一条到点 x/y 的线”。这也意味着我们已通过 moveTo()定义了一个起点，或在之前的绘制已经形成了一个终点。画线结束后，坐标 x/y 成为当前点。

> **NOTE**
>
> **所有用来演示路径绘图的图示中，我们都采用浅灰色标记起点 x0/y0，并用粗体标记新的当前点。**

5.5.2 Bézier 曲线

Canvas 支持两种 Bézier 曲线（贝塞尔曲线）：二次方贝塞尔曲线及三次方贝塞尔曲线，bezierCurveTo()并非绘制后者的唯一方法。图 5-8 演示了二次方贝塞尔曲线，图 5-9 演示了三次方贝塞尔曲线。

```
context.quadraticCurveTo(cpx, cpy, x, y)
context.bezierCurveTo(cp1x, cp1y, cp2x, cp2y, x, y)
```

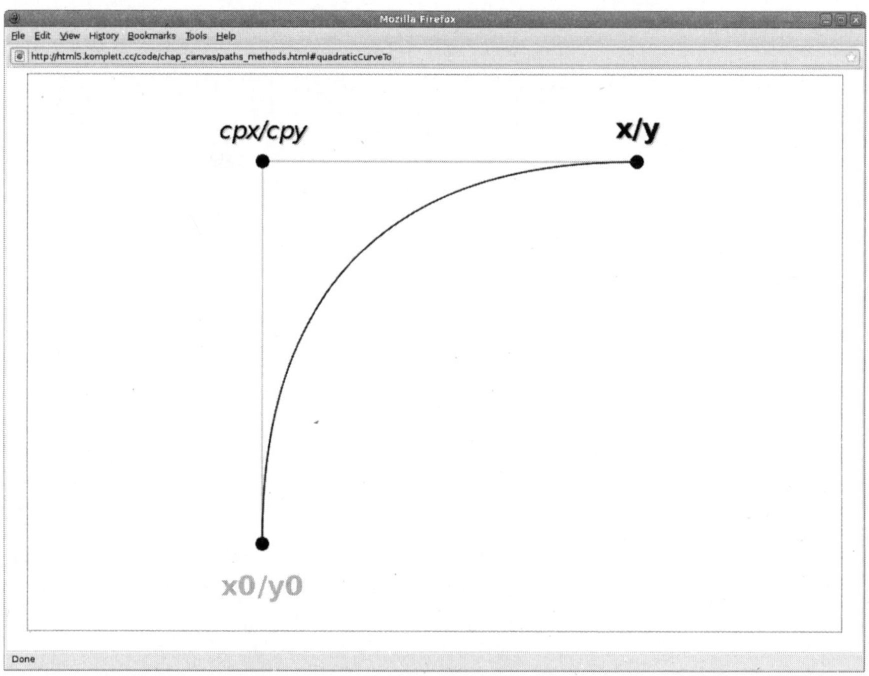

图 5-8 quadraticCurveTo()路径方法

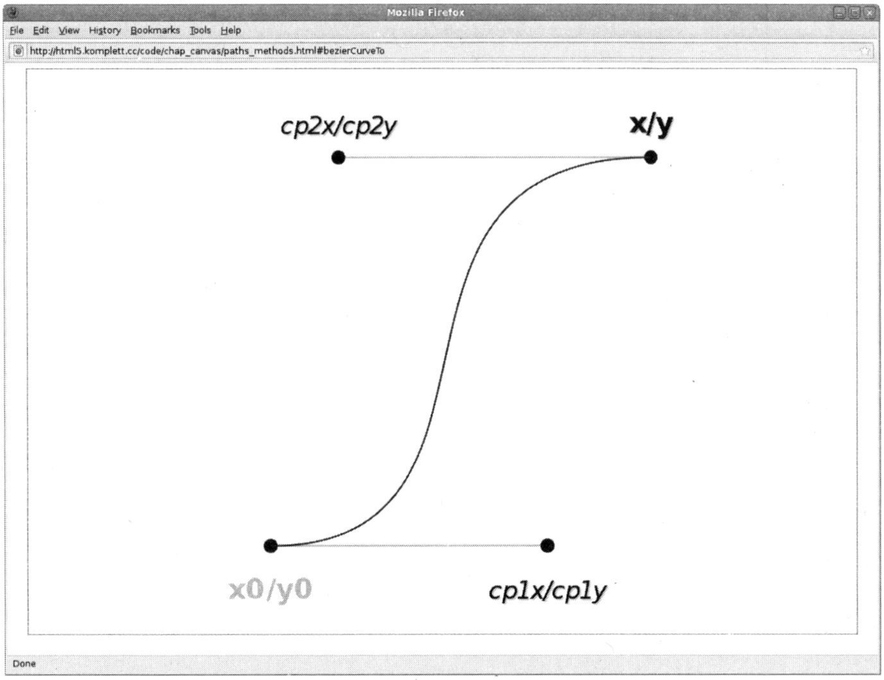

图 5-9 bezierCurveTo()路径方法

为创建 Bézier 曲线，我们需要一个以当前点为起始坐标、一个目标坐标，以及根据曲线类型决定的一到两个控制点。无论是二次方还是三次方曲线，曲线完成后坐标 x/y 都将成为新的当前点。

5.5.3 弧线

创建弧线的方法不那么直观。第一种方法是通过两个坐标及一个半径来定义：

```
context.arcTo(x1, y1, x2, y2, radius)
```

如图 5-10 所示，arcTo()创建了如下的新路径绘图：先为 x0/y0 到 x1/y1 然后到 x2/y2 的线添加有指定半径的圆，然后让此圆在两个特定点上与线形成开始切点 t1 及结束切点 t2。这两点之间的弧线为路径的一部分，而结束切点 t2 成为新的当前点。

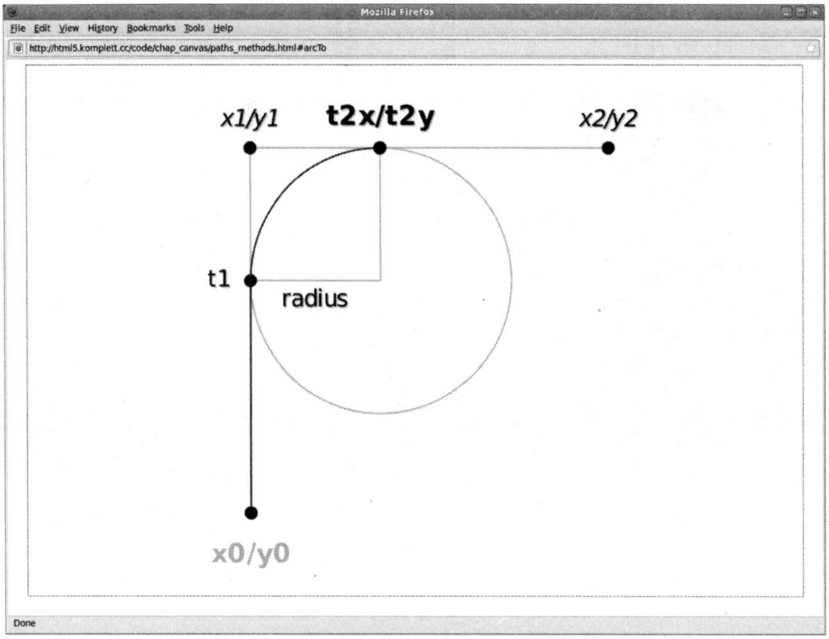

图 5-10 arcTo()路径方法

实际操作中，此方法常常用来创建圆角矩形，一个可循环使用的函数可以很方便的完成这项工作，如图 5-11 所示。

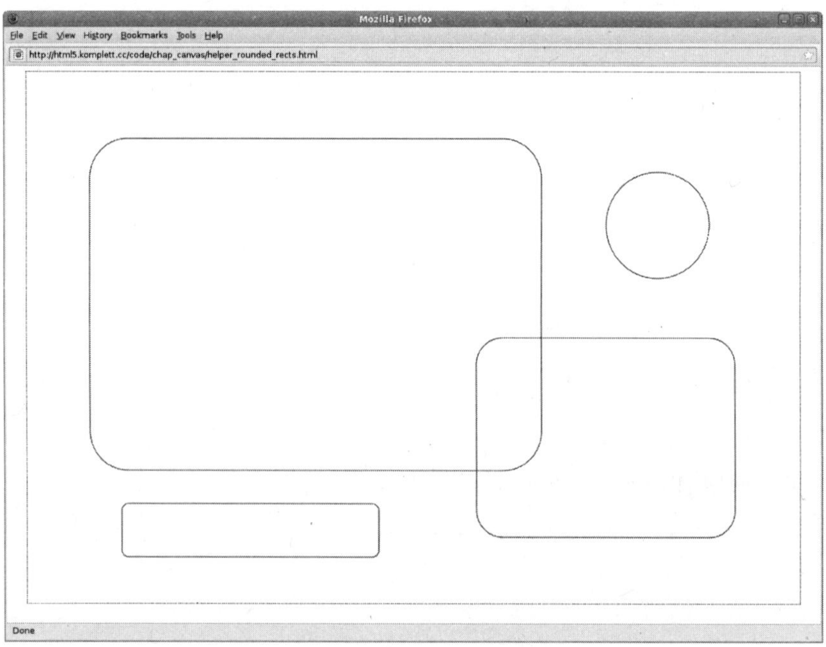

图 5-11 4 个不同的圆角矩形；其中的圆形是一个只有圆角的矩形

```
var roundedRect = function(x,y,w,h,r) {
  context.beginPath();
  context.moveTo(x,y+r);
  context.arcTo(x,y,x+w,y,r);
  context.arcTo(x+w,y,x+w,y+h,r);
  context.arcTo(x+w,y+h,x,y+h,r);
  context.arcTo(x,y+h,x,y,r);
  context.closePath();
  context.stroke();
};
roundedRect(100,100,700,500,60);
roundedRect(900,150,160,160,80);
roundedRect(700,400,400,300,40);
roundedRect(150,650,400,80,10);
```

roundedRect()里需要设置矩形及圆角半径的基本值，然后通过 moveTo()方法、4 个 arcTo()方法及一个 closePath()方法完成指定矩形的绘制。方法 closePath()在这里首次登场，它的作用是将终点与起点闭合以完成矩形。

第二种创建弧线的方法 arc()眼看上去更为复杂。除了中心及半径外，我们还需要注明两个角及其旋转方向：

```
context.arc(x, y, radius, startAngle, endAngle, anticlockwise)
```

图 5-12 的弧的中心点为一个拥有指定半径的圆心。从此中心点出发，向 startAngle

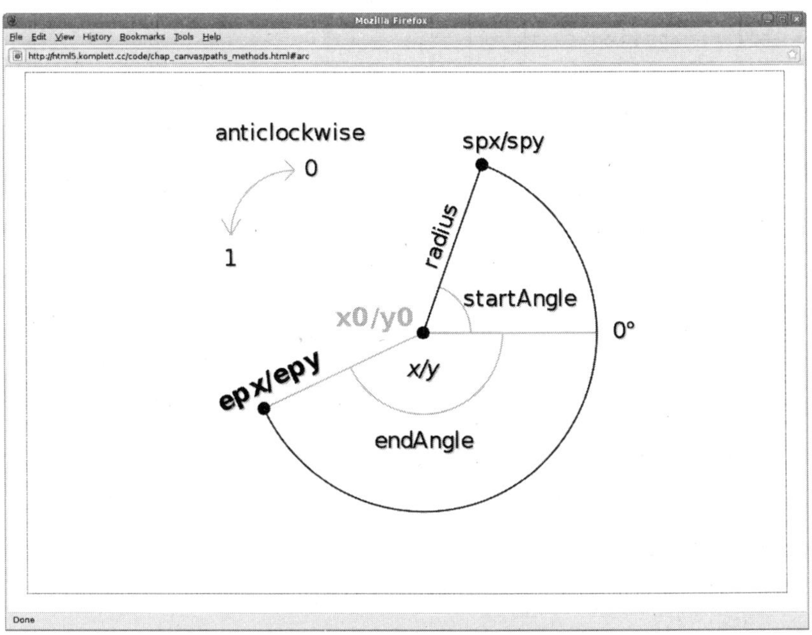

图 5-12 arc()路径方法

及 endAngle 两个角度产生了两条切线，在圆弧上产生了两个交点。在这两个坐标点之间的弧方向由 anticlockwise 决定，0 为顺时针，1 为逆时针。

总的来说就是，从圆心 x0/y0 开始，在直线方向上与圆产生第一个交点 spx/spy，并由此开始绘制出一段结束于终点 epx/epy 的弧线，而终点 epx/epy 就此成为新的当前点。

绘制弧线过程中的一个难点是所有角度的标注单位为半径而非度数，因此我们在这里简单地了解一下如何转化：

```
var deg2rad = function(deg) {
  return deg*(Math.PI/180.0);
};
```

让我们再举例两个辅助函数，分别用来绘制圆形及扇形。对于圆形来说，我们仅需要用到中心点及半径，其他则由 circle()函数解决：

```
var circle = function(cx,cy,r) {
  context.moveTo(cx+r,cy);
  context.arc(cx,cy,r,0,Math.PI*2.0,0);
};
```

对于圆形图表来说（又称饼图），很难直观得出指定弧度的角度。函数 sector()正好可以处理这些小问题，让我们可以方便的指定开始及结束的角度数。

```
var sector = function(cx,cy,r,
    startAngle,endAngle, anticlockwise
  ) {
  context.moveTo(cx,cy);
  context.arc(
    cx,cy,r,
    startAngle*(Math.PI/180.0),
    endAngle*(Math.PI/180.0),
    anticlockwise
  );
  context.closePath();
};
```

现在，在不丢失轨迹的情况下只需要几小行代码就能够画出圆形和饼图了：

```
context.beginPath();
circle(300,400,250);
circle(300,400,160);
circle(300,400,60);
sector(905,400,250,-90,30,0);
sector(900,410,280,30,150,0);
sector(895,400,230,150,270,0);
context.stroke();
```

结果如图 5-13 所示。

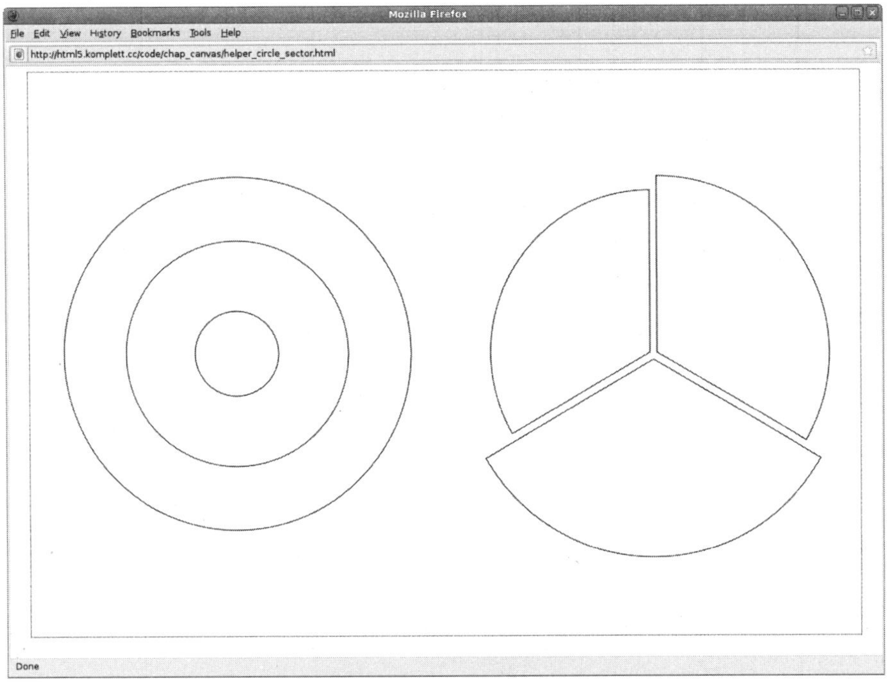

图 5-13　圆形及扇形

5.5.4　矩形

与其他方法不同，方法 rect()更像是辅助函数：

```
context.rect(x, y, w, h)
```

和此前的路径绘制方法相反，使用 rect()绘制时会忽略当前点 x0/y0，取而代之的是，矩形将由参数 x,y，宽度 w 及高度 h 所定义。原点 x/y 在绘制完成后将成为新的当前点（见图 5-14）。

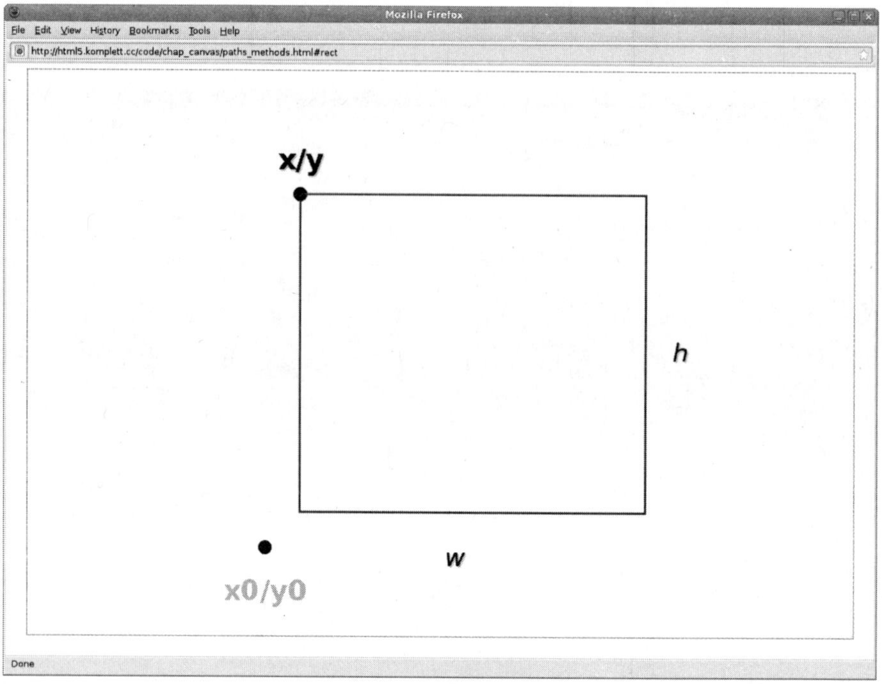

图 5-14 rect()路径方法

5.5.5 轮廓、填充及剪切遮罩

让我们回顾一下初始化并完成路径绘图的 3 个步骤——定义路径、几何构图、绘制——我们现在面临的就是第三步同时也是最后一步：绘制。我们将在这一步决定路径的外观。在所有此前的案例中，我们都选择了通过以下方法绘制简单轮廓：

```
context.stroke()
```

线条颜色由属性 strokeStyle 决定，你也可以用另外 3 个 Canvas 属性定义线条粗细 (lineWidth)、线条两端的线端（lineCap），以及线条与线条之间的交点（lineJoin）（星号用来标记默认值；我们以后还会经常用到它）：

```
context.lineWidth = [ Pixel ]
context.lineCap = [ *butt, round, square ]
context.lineJoin = [ bevel, round, *miter ]
```

属性宽度、终点及交点的示例如图 5-15 所示。

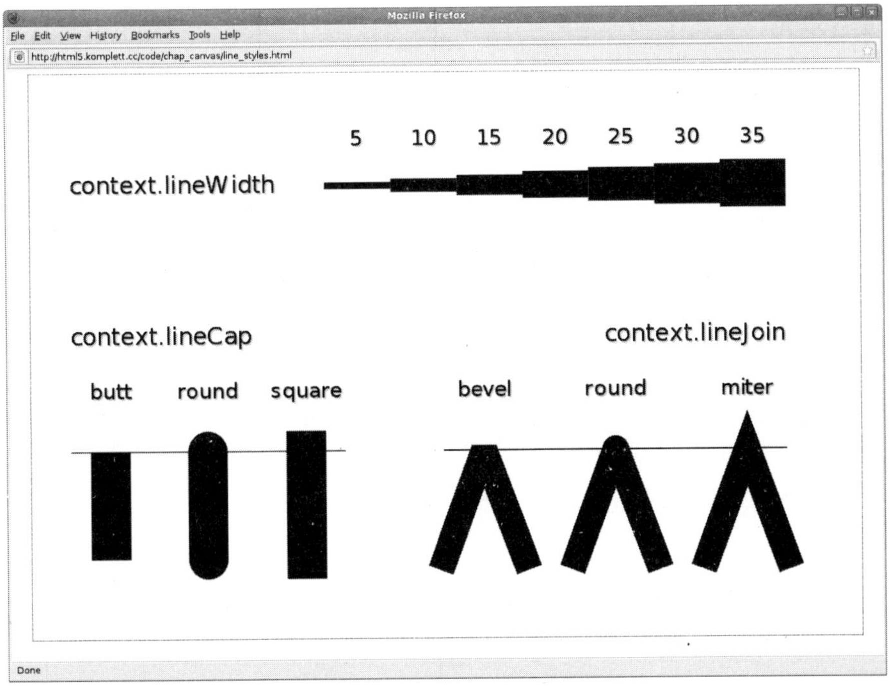

图 5-15 决定线条样式的属性

lineWidth 单位是像素，默认为 1.0。像其他两个 line 属性一样，线条粗细不仅作用于线条及多边形，同时也作用于由 strokeRect()创建的矩形。

若需用 lineCap 为线条端部加上线端，可以采用的有靶形、圆形及方形，默认值为靶形。若我们选择圆形，则在线条两端加上半圆，并使用线粗的一半作为半径，从而为线条端部加上圆形端。若选择方形，一个高度为线粗一半的矩形将取代之前提到的半圆。

在创建平角交点时，lineJoin 要设为 bevel；同样我们也可以在用 round 来创建圆角，或者用默认值 miter 来创建尖角交点。为避免相交锐角角度过小，规范将属性 miterLimit 的默认值定义为 10.0，也就是线粗一半的锥点长度（线条交点及端点之间的距离）。若 miterLimit 超出默认范围，该点将被削平，从而得到与 bevel 同样的效果。

在为路径绘图填充颜色或渐变的过程中，我们首先需要用 fillStyle 设置相关样式属性，并使用以下路径方法：

```
context.fill()
```

这看上去很简单，但如果路径绘图存在自我交叉或嵌套，情况会变得很复杂。在这种情况下，需要用到被称为非零（non-zero）回转数的规则：它根据相关子路径的回转方向决定是否填充。

图 5-16 展示了非零规则的应用。左侧的两个圆都以顺时针方向绘制；而右侧内圆以逆时针方向绘制，从而形成中心的一个洞。

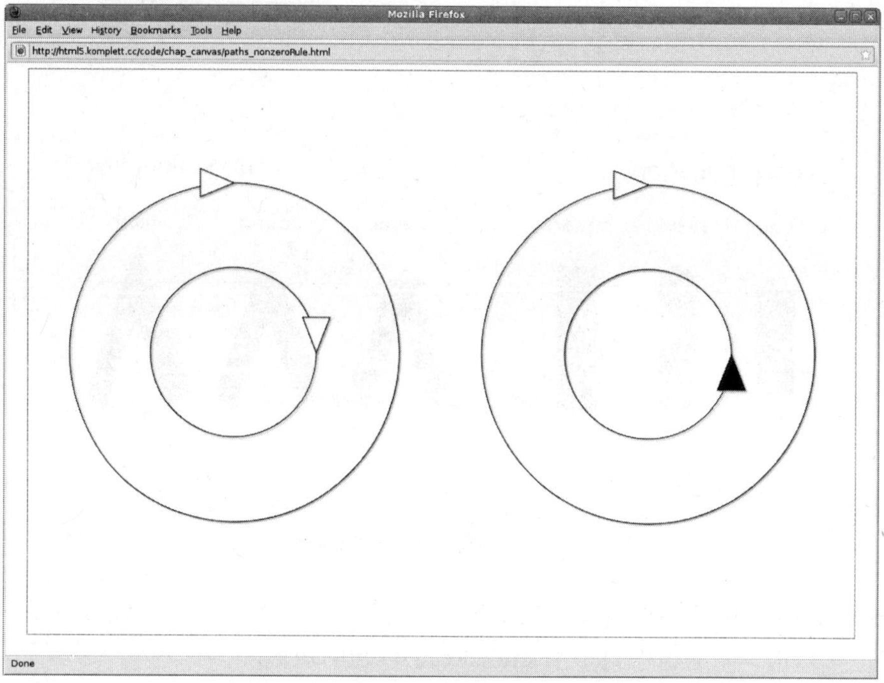

图 5-16 路径绘图中的非零填充规则

在以一定方向绘制圆的时候，我们根据 arc()函数构造一个辅助函数，将方向作为参数传入，anticlockwise（逆时针）的有效值为 0 或 1：

```
var circle = function(cx,cy,r,anticlockwise) {
  context.moveTo(cx+r,cy);
  context.arc(cx,cy,r,0,Math.PI*2.0,anticlockwise);
};
```

图 5-16 右侧的空心圆形代码如下：

```
context.beginPath();
context.fillStyle = 'yellow';
circle(900,400,240,0);
circle(900,400,120,1);
context.fill();
context.stroke();
```

除了 stroke()及 fill()，在绘制路径时还会用到 context.clip()方法。

顾名思义，clip()用于保证定义的路径图不被画出来，而是用来剪切所有其他绘制元素。位于遮罩中的内容将被显示，其余的则被隐藏。你也可以创建另一个剪切遮罩从而将之前的重置。在 5.13 节中，我们还会谈到更多不错的方法——save()及restore()。

下面一节我们将谈到文本。规范中关于文本的内容仅有四页，是因为 Canvas 中对文本的支持不够好吗？

5.6 文本

第一印象中，Canvas 对文本的支持可能确实不够好，因为在 Canvas 中使用文本仅仅局限于设置简单字符串的格式和位置，没有自动换行，没有段落格式，也无法选定已有文本。

规范中只有 3 个用来决定文本属性的属性，两个绘制文本的方法，以及一个在考虑到当前格式的情况下用来决定文本字符串长度的方法。这看上去并不多，但若仔细观察，我们会发现规范中关于文本的四页都建立在周密的考虑之上。

5.6.1 字体

字体属性的定义使用了 CSS 规范，其 context.font 语法与 CCS 字体速记符号一致：

```
context.font = [ CSS font property ]
```

在此情况下，所有字体选项都可以用一个单字符指定。表 5-2 列出了所有个体组件以及其可能拥有的值。

表 5-2 CSS 中的 font 属性组成

属 性	值
font-style	*normal, italic, oblique
font-variant	*normal, small-caps
font-weight	*normal, bold, bolder, lighter 100, 200, 300, 400, 500, 600, 700, 800, 900
font-size	xx-small, x-small, small, *medium,large, x-large, xx-large, larger, smaller em, ex, px, in, cm, mm, pt, pc, %
line-height	*normal, <number>, em, ex, px, in, cm, mm, pt, pc, %
font-family	Font family or generic font family, such as serif, sans- serif, cursive, fantasy, monospace

在构成 font 属性时，必须用到的只有 font-size（字体大小）及 font-family（字体族），其余都为备选属性，若未注明则其属性值为表 5-2 中带星号的默认值。鉴于 Canvas 文本

无法识别换行符，属性 line-height 无效，并被永远忽略。因此，去掉多余项后，font 属性的构成可以合并为：

```
context.font = [
  font-style font-variant font-weight font-size font-family
]
```

关于 font-family，与样式表中的字体定义规则相同，你可以定义任意组合的字体族及/或类字体族，浏览器将从列表中优先选择第一个可用字体。

你可以自由地在浏览器或相关平台上选用所需要的 Web 字体，只要将这些字体通过 @font-face 嵌入到样式表中，并在 font-family 中定义好字体名称，它在 Canvas 中也同样有效：

```
@font-face {
  font-family: Scriptina;
  src: url('fonts/scriptina.ttf');
}
```

图 5-17 的一些例子展示了 CSS 有效字体属性及它们在 Canvas 里的表现形式。之前提到的 Web 字体 Scriptina 地址是 http://www.fontex.org，那里收集了一些免费字体可供下载。

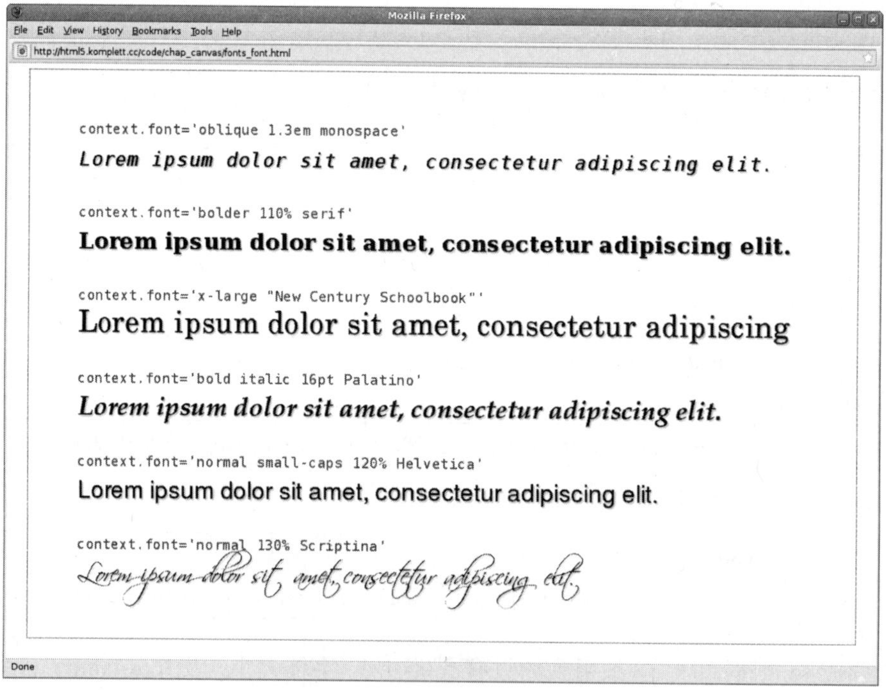

图 5-17 font 属性的字体格式

在本书撰写时，尚未有浏览器能够完全正常的支持@font-face。举例来说，在Firefox下，最后一行所用的Web字体Scriptina若在HTML文档中使用了超过一次，那么它仅在Canvas中出现。同样，小型大写字母也无法正常在Firefox下显示，这也是从第二个到最后一个例子都没有正常显示的原因。

5.6.2 水平锚点

属性textAlign决定了Canvas文本的水平锚点：

```
context.textAlign = [
  left | right | center | *start | end
]
```

在CSS属性text-align中，关键词left、right及center出场频率相当高，而start和end已经加入CSS3扩展，它们可以根据相关语言调整文本方向。因为一些语言的书写习惯并非从左至右而是从右至左，例如阿拉伯语和希伯来语。

图5-18展示了ltr（从左至右）及rtl（从右至左）两种文本流（textflow）水平锚点，以及属性start及end的调整方向效果。

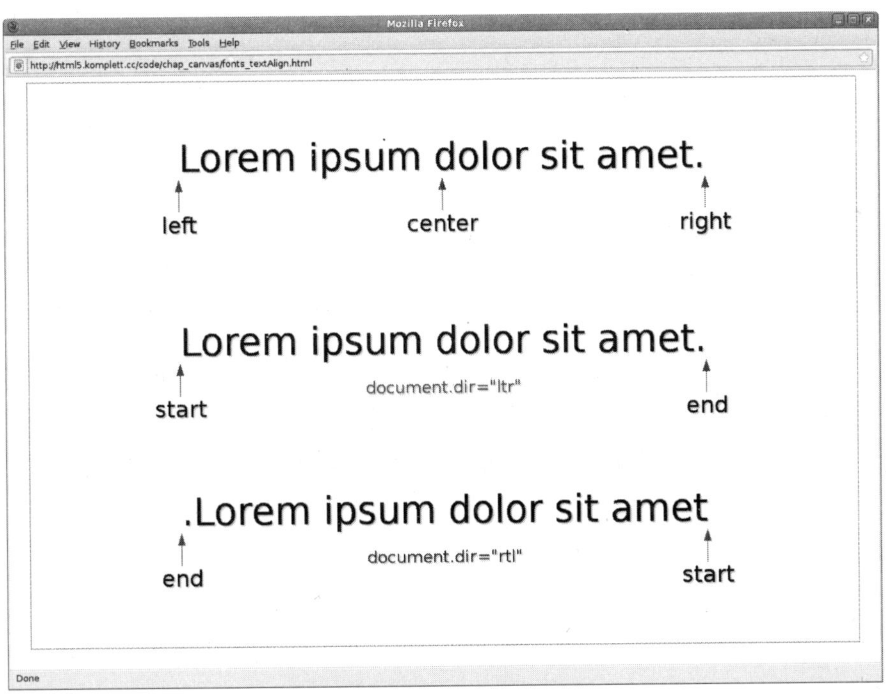

图5-18 textAlign的水平锚点

NOTE

浏览器下，文本方向可以由全局属性 document.dir 改变。

document.dir=[*ltr|rtl]

5.6.3 垂直锚点

垂直锚点及所有字形排列的基线由第三个也是最后一个文本属性决定——textBaseline：

```
context.textBaseline = [
  top | middle | *alphabetic | bottom | hanging | ideographic
]
```

头四个 textBaseline 关键字为 top、middle、ahphabetic 及 bottom，含义与名称一致。在书写梵语、北印度语、马拉地语、尼泊尔语或旁遮普语，以及孟加拉语时，要用到梵文字母、果鲁穆奇字母以及孟加拉字母这三种印度字母表，因而需要为它们增加一条悬挂基线。而 ideographic（表意文字书写系统）包括中文、日文、韩语及越南语。图 5-19 展示了 textBaseline 的垂直锚点。

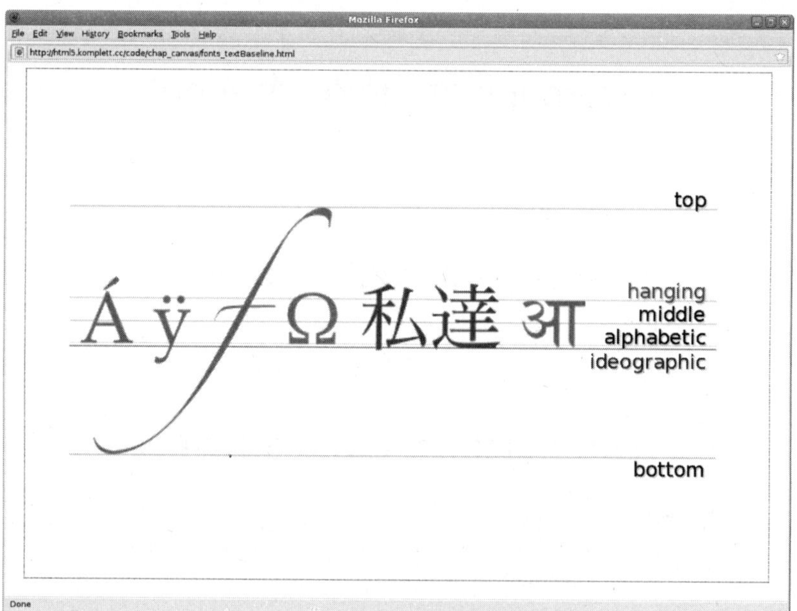

图 5-19 textBaseline 的垂直锚点

5.6.4 绘制及测量文本

一旦决定了字体及锚点，要做的事情只剩下书写文字了。与绘制矩形类似，你可以定义填充及/或轮廓，还可以用备选参数 maxwidth 来注明文本宽度的最大值：

```
context.fillText(text, x, y, maxwidth)
context.strokeText(text, x, y, maxwidth)
```

最后，可以使用 measureText()方法来决定文本尺寸——在考虑到当前格式的情况下至少能决定文本宽度。在图 5-20 的范例中，右下方的值（759）用以下代码生成：

```
TextWidth = context.measureText(text).width
```

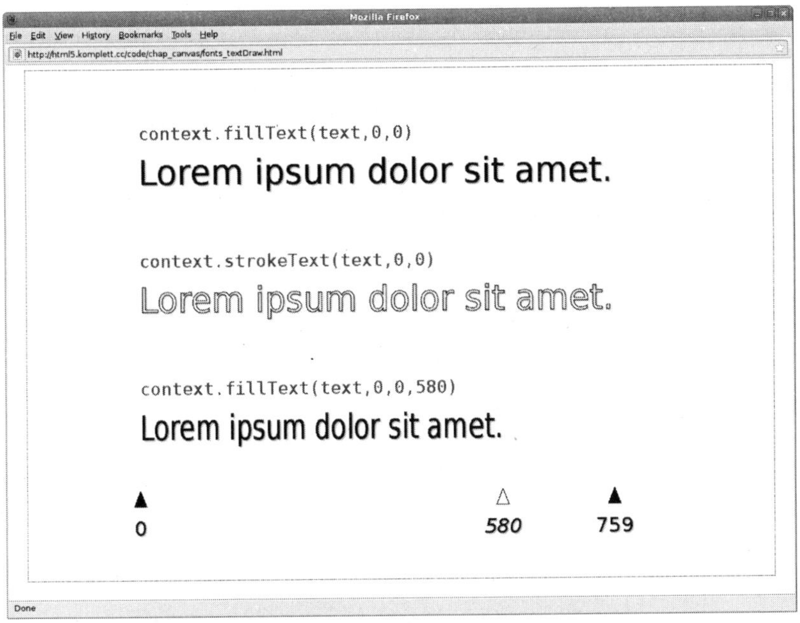

图 5-20 fillText(), strokeText()和 measureText()

目前还没有办法设定边界框的高度及原点，但在规范的未来版本中，可能可以通过多行文字布局实现。Canvas 规范中文本章节的最后一项看上去像个承诺：它指出未来也许可以通过 CSS 在 Canvas 中实现文档片段（譬如说，格式化段落）。

Canvas API 为当前使用基于栅格格式的 Canvas 提供了许多功能选择，除了内嵌图像及视频外，你还可以读写画布上的任何一个像素上。实现方法可见 5.8 节。

5.7 内嵌图像

Canvas 在内嵌图像方面使用 drawImage()方法，此方法可使用三种不同的参数系（也可使用 3 种、5 种或 9 种参数）：

```
context.drawImage(image, dx, dy)
context.drawImage(image, dx, dy, dw, dh)
context.drawImage(image, sx, sy, sw, sh, dx, dy, dw, dh)
```

在 3 个案例中我们都需要在第一个参数中放入图像、画布或视频元素，这一点可以通过 JavaScript 动态整合或通过静态 HTML 编码实现。但动画片及美术片不会动态呈现，只会静态显示第一帧或在有海报页的情况下显示海报。

drawImage()方法的所有其他参数用于影响位置、尺寸，以及修剪源图像以渲染目标画布。图 5-12 形象化地展示了可能的位置参数，其中 s 前缀代表源，d 前缀代表尺寸。

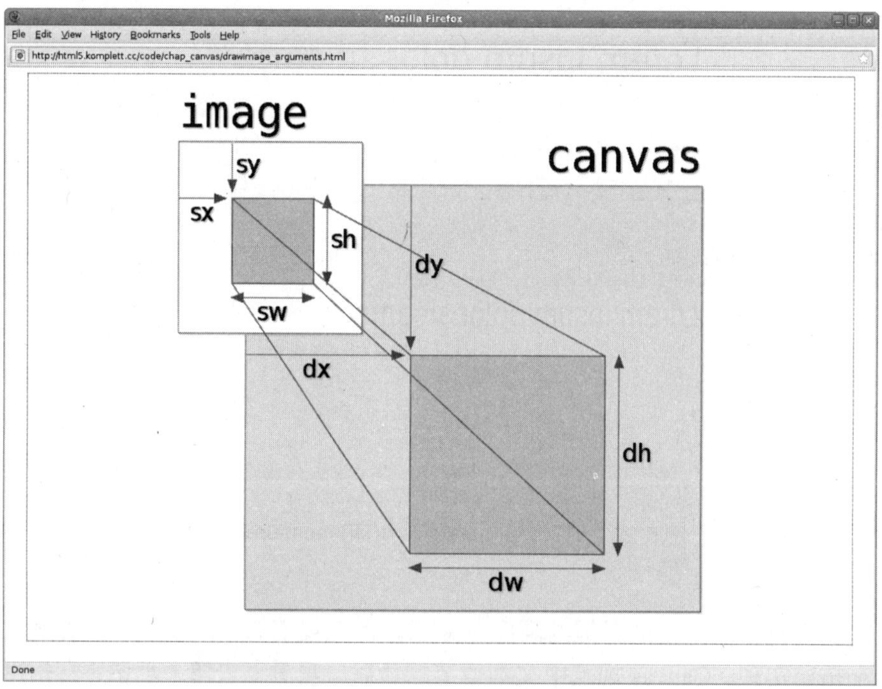

图 5-21 drawImage()的位置参数

下面让我们用 3 个简单例子来比较一下不同的 drawImage()方法。它们都基于一张 1 200 × 800 像素的图片，作为 JavaScript 对象被动态创建（见图 5-22）。

```
var image = new Image();
image.src = 'images/yosemite.jpg';
```

图 5-22 所有 drawImage()案例中使用的源图像

除了我们将在案例中谈到的像素尺寸外，图 5-22 展示了从塔夫脱峰上拍摄的约塞米蒂国家公园埃尔卡皮坦山 1 000 米高的壮观岩石地貌。此图片目前通过三种可行参数系中的一种，被加载入 600×400 像素的目标画布区中。第一个也是最简单的一个选择用 dx/dy 决定目标绘图区中图像的最左上角的点。在我们的案例中，此为位置 0/0：

```
image.onload = function() {
  context.drawImage(image,0,0);
};
```

宽度及高度原封不动地采用了原图像的尺寸。由于原图像比目标绘图区要大，我们只能在绘图区中看见塔夫脱峰的左上角（见图 5-23）。

要在绘图区中显示完整图片，我们需要将宽度及高度用参数 dw/dh 定义。这种情况下浏览器会将图像缩放至 600×400 像素，结果如图 5-24 所示。

```
image.onload = function() {
  context.drawImage(image,0,0,600,400);
};
```

图 5-23 约塞米蒂国家公园里的塔夫脱峰

图 5-24 约塞米蒂国家公园中的塔夫脱峰及埃尔卡皮坦山

与此前提过的两种也可用 CSS 实现的 drawImage()形式相反，第三种形式在图像工作中提供了全新的方法。我们可以将源图像的任意部分（sx, sy, sw, sh）复制至目标绘图区的制定区域（dx, dy, dw, dh），从而扫清图像剪辑道路上的一切障碍。

```
image.onload = function() {
  context.drawImage(image,0,0);
  context.drawImage(
    image, 620,300,300,375,390,10,200,250
  );
};
```

结果如图 5-25 所示。

图 5-25 约塞米蒂国家公园明信片

第一个 drawImage()将图片从左上角展开；第二个 drawImage()选取了埃尔卡皮坦山的区域并将其画成一个图标，置于右上方，再加上带阴影的文字构成了明信片的基本布局。

若你更喜欢将埃尔卡皮坦山作为背景，而将塔夫脱作为右上方的图表，仅需要将 drawImage()调用作一些小的更改。在这里你可以通过单击画布来完成：

```
canvas.onclick = function() {
  context.drawImage(
    image,600,250,600,400,0,0,600,400
  );
```

```
    context.drawImage(
      image,0,0,500,625,390,10,200,250
    );
  };
```

于是形成了如图 5-26 所示的图像。

图 5-26　约塞米蒂国家公园明信片（备选版）

这是一段用图片作为源的关于 drawImage()的简介，在 5.14.2 节中，你还可以找到使用视频元素作为 drawImage()的首个参数的详细案例。首先我们先来看一下如何在画布中读写像素值。

5.8　像素处理

读写像素值有 3 种方法：getImageData()、putImageData()和 createImageData()。这 3 种方法里都包含“ImageData”这个词，我们先得搞清楚它到底是什么意思。

5.8.1　使用 ImageData 对象

让我们先设计一个 2×2 像素的画布，并在里面绘制 4 个颜色分别深蓝、皂蓝、石灰及黄色的 1×1 像素大小的矩形，然后通过它来了解一下 ImageData 对象。

```
context.fillStyle = 'navy';
context.fillRect(0,0,1,1);
context.fillStyle = 'teal';
context.fillRect(1,0,1,1);
context.fillStyle = 'lime';
context.fillRect(0,1,1,1);
context.fillStyle = 'yellow';
context.fillRect(1,1,1,1);
```

下一步我们使用方法 getImageData(sx, sy, sw, sh)来得到 ImageData 对象。4 个参数决决定了我们希望获取的 canvas 矩形选区，如图 5-27 所示。

```
ImageData = context.getImageData(
  0,0,canvas.width,canvas.height
);
```

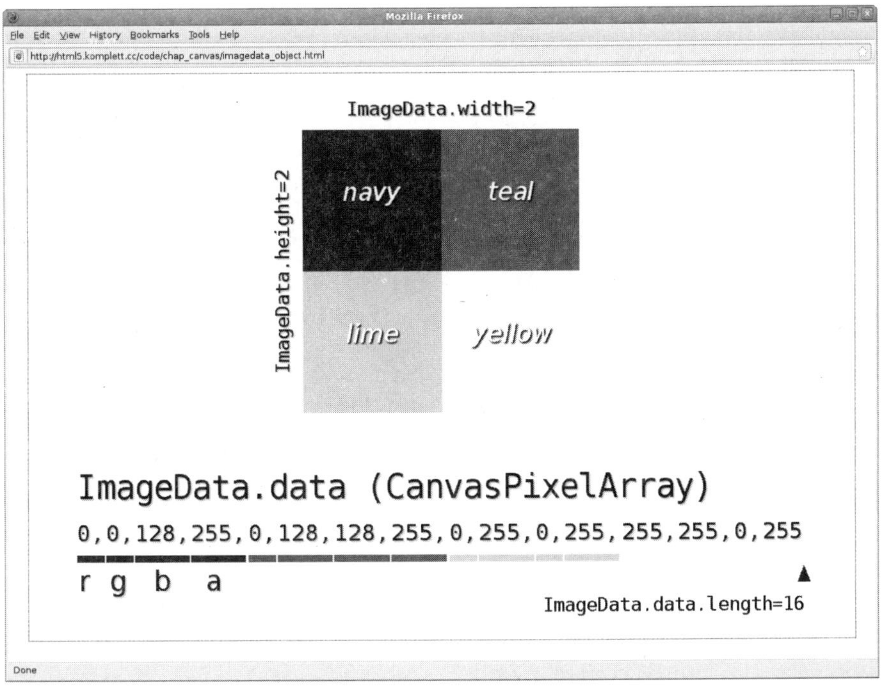

图 5-27 ImageData 对象

ImageData 对象包含有属性 mageData.width、ImageData.height 及 ImageData.data。后者含有 CanvasPixelArray 的实际像素值——这是一个含有选区中每个像素的红、绿、蓝以及 alpha 值组成的扁平数组，开始于左上方，方向为从左至右、从上至下。值的数量被保存在属性 ImageData.data.length 中。

我们可以使用一个简单的 for 循环读出 CanvasPixelArray 中的每个值，并通过 alert()

显示。计数从0开始，每次循环+4，以便能逐个像素读取。我们设置偏移值来依序读取每个RGBA值，红色为i，绿色为i+1，蓝色为i+2，而alpha值为i+3：

```
for (var i=0; i<ImageData.data.length; i+=4) {
  var r = ImageData.data[i];
  var g = ImageData.data[i+1];
  var b = ImageData.data[i+2];
  var a = ImageData.data[i+3];
  alert(r+" "+g+" "+b+" "+a);
}
```

修改像素值的做法与此类似，依次序给CanvasPixelArray分配新值。在此案例中，我们通过Math.random()将RGB值设为0～255之间的随机数，ahpha值不变。

```
for (var i=0; i<ImageData.data.length; i+=4) {
  ImageData.data[i] = parseInt(Math.random()*255);
  ImageData.data[i+1] = parseInt(Math.random()*255);
  ImageData.data[i+2] = parseInt(Math.random()*255);
}
```

完成这一步后，画布看上去并无变化。新颜色只有在我们将改变了的CanvasPixelArray重新通过putImageData()方法写入画布才会变得可见，而我们最多可以有7个参数：

```
context.putImageData(
  ImageData, dx, dy, [ dirtyX, dirtY, dirtyWidth, dirtyHeight ]
)
```

头3个参数是不可缺少的；除了ImageData对象之外，它们还包含了原点dx/dy的坐标，CanvasPixelArray从该坐标位置开始被应用到设定的宽度和高度范围内。可选的dirty参数从CanvasPixelArray中切出一个指定选区描绘到画布上，并仅在该选区比源图像小时才有效。图5-28展示了这个4像素大小的画布在修改像素前后的不同，并提供了CanvasPixelArray相关值列表。

你可以使用createImageData()方法直接初始化一个空白ImageData，其宽度和高度等于传入的参数sw/sh，或者是跟传入的imagedata对象保持一致。在这两种情况下，CanvasPixelArray的所有像素都被设为transparent/black，也就是rgba(0,0,0,0)：

```
context.createImageData(sw, sh)
context.createImageData(imagedata)
```

因此我们还可以通过createImageData()直接创建图5-28中的修正过的画布图像，并通过putImageData()将其绘制：

```
var imagedata = context.createImageData(2,2);
for (var i=0; i<ImageData.data.length; i+=4) {
```

```
    imagedata.data[i] = parseInt(Math.random()*255);
    imagedata.data[i+1] = parseInt(Math.random()*255);
    imagedata.data[i+2] = parseInt(Math.random()*255);
  }
  context.putImageData(imagedata,0,0);
```

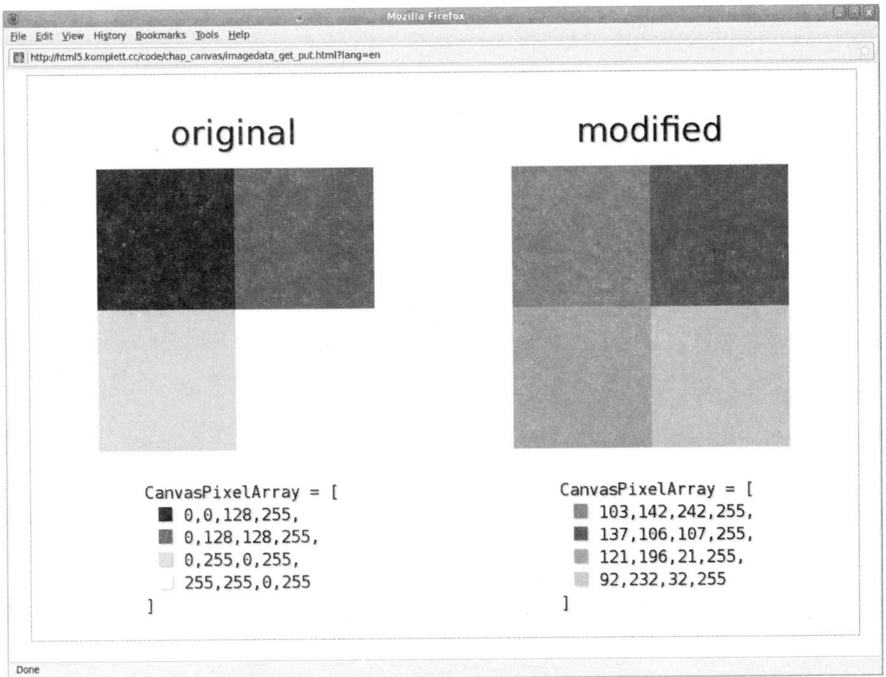

图 5-28 用 CanvasPixelArray 修改颜色

迄今为止都是理论部分，而实践起来会更有趣：通过 getImageData()、putImageData()、createImageData()及一点点数学知识，甚至可以在图像操作中制作自己的滤镜。我们将在下一章节中告诉你如何完成这些。

5.8.2 使用 getImageData()、createImageData()及 putImageData()进行颜色处理

这节我们的所有案例中使用的源图片依然是那张约塞米蒂国家公园照片，通过 drawImage() 被载入画布。之后，我们会通过 getImageData() 来定义初始的 CanvasPixelArray，并在第三步中将其修正。在 for 循环中，每个像素的 RGBA 值都通过数学公式计算出来，并被嵌入到此前通过 createImageData()所创建的 CanvasPixelArray 中。最后，我们将结果通过 putImageData()写入绘图。

代码清单 5.1 提供了图 5-29 中所用到的所有滤镜的 JavaScript 框架。grayLuminosity()

函数并非示例代码中的一部分，它将与其他滤镜一起在稍后出现：

代码清单 5.1　颜色处理的基本 JavaScript 框架

```
var image = new Image();
image.src = 'images/yosemite.jpg';
image.onload = function() {
  context.drawImage(image,0,0,360,240);
  var modified = context.createImageData(360,240);
  var imagedata = context.getImageData(0,0,360,240);
  for (var i=0; i<imagedata.data.length; i+=4) {
    var rgba = grayLuminosity(
      imagedata.data[i+0],
      imagedata.data[i+1],
      imagedata.data[i+2],
      imagedata.data[i+3]
    );
    modified.data[i+0] = rgba[0];
    modified.data[i+1] = rgba[1];
    modified.data[i+2] = rgba[2];
    modified.data[i+3] = rgba[3];
  }
  context.putImageData(modified,0,0);
};
```

图 5-29　使用 getImageData()及 putImageData()进行颜色处理

图 5-29 右下角有一个服务器图标，它表示：若你使用 Firefox 浏览器，此案例只能通过 http://服务访问。我们将在 5.15.3 节中解释其原因。

免费图像处理程序 GIMP 在一篇名为《降低饱和度（Desaturate）》（地址为 http://docs.gimp.org/en/gimp-tool-desaturate.html）的资料中，提供了三个用于计算图像灰度梯度（shade of gray）的公式，分别根据明度（Lightness）、亮度（Luminosity）及平均亮度（Average）。我们可以借助这三个公式，用 javascript 做出 3 个滤镜：

```
var grayLightness = function(r,g,b,a) {
  var val = parseInt(
    (Math.max(r,g,b)+Math.min(r,g,b))*0.5
  );
  return [val,val,val,a];
};

var grayLuminosity = function(r,g,b,a) {
  var val = parseInt(
    (r*0.21)+(g*0.71)+(b*0.07)
  );
  return [val,val,val,a];
};

var grayAverage = function(r,g,b,a) {
  var val = parseInt(
    (r+g+b)/3.0
  );
  return [val,val,val,a];
};
```

我们在图 5-29 中使用了第二个公式，将每个像素的 RGB 组成部分通过 grayLuminosity()替换为新的计算结果。在这里及以后的计算中，一定记得 RGBA 值仅能为整数；JavaScript 方法 parseInt()保证了这一点。

sepiaTone()的算法来自于 Zach Smith 的一篇文章，其全名为《我如何……使用 C#将图像转化为棕褐色灰度图？》（How do I...convert images to grayscale and sepia tone using C#?）（见链接 http://bit.ly/a2nxI6）。

```
var sepiaTone = function(r,g,b,a) {
  var rS = (r*0.393)+(g*0.769)+(b*0.189);
  var gS = (r*0.349)+(g*0.686)+(b*0.168);
  var bS = (r*0.272)+(g*0.534)+(b*0.131);
  return [
    (rS>255) ? 255 : parseInt(rS),
    (gS>255) ? 255 : parseInt(gS),
    (bS>255) ? 255 : parseInt(bS),
    a
```

```
    ];
};
```

将 RGB 三部分的值计算出后，若其大于 255，则设为 255。

滤镜 invertColor()可以用来简单的反转颜色：你仅需要用 255 减去 RGB 每部分的值：

```
var invertColor = function(r,g,b,a) {
  return [
    (255-r),
    (255-g),
    (255-b),
    a
  ];
};
```

滤镜 swapChannels()用于修改颜色通道的顺序。首先将第四个参数定义为期望的排列顺序数组，0 为红色通道、1 为绿色通道、2 为蓝色通道、3 为 alpha 通道。要改变通道顺序，我们只需要传入按期望顺序排列的 RGBA 对应数组。在这里，我们用 order=[2, 0, 1, 3]将 RGBA 调整为 BRGA：

```
var swapChannels = function(r,g,b,a,order) {
  var rgba = [r,g,b,a];
  return [
    rgba[order[0]],
    rgba[order[1]],
    rgba[order[2]],
    rgba[order[3]]
  ];
};
```

最后一个方法 monoColor()使用起始像素的灰度作为 alpha 值，将每个像素的 RGB 设为特定颜色。第四个参数被定义为期望颜色的 RGB 值数组——在我们的案例中为蓝色（color= [0, 0, 255]）：

```
var monoColor = function(r,g,b,a,color) {
  return [
    color[0],
    color[1],
    color[2],
    255-(parseInt((r+g+b)/3.0))
  ];
};
```

这里介绍的滤镜都相当简单，用于在不考虑邻近像素的情况下改变个体像素颜色。如果要考虑邻近像素，我们将接触到一些更为复杂的方法，诸如锐化（sharpen）、USM

锐化（unsharp mask）及边缘检测（edge detection）。

> NOTE
>
> **鉴于滤镜细节已超出本书范围，若你需要了解更多，可参考 Jacob Seidelin 的 Pixastic 图像处理库(http://www.pixastic.com/lib)，那里有超过 30 种 JavaScript 滤镜，均基于 Mozilla 的公开授权。**

Thomas Porter 和 Tom Duff 是 Pixar Studios 的两名领导人，他们于 1984 年发表了一篇文章，谈论到一些 alpha 混合技术。这些数字合成技术让他们不仅获得了电影艺术与科学学院奖（Academy of Motion Picture Arts and Sciences），也让他们在 Canvas 规范中占据了一席之地。

5.9 混合（Compositing）

Canvas 中的混合技术有着非常多的数量及种类，但用在互联网上的不错的例子并不多。大多数混合技术都受限于自身的表现手法，但这正是我们要克服的问题。图 5-30 展示了 globalCompositeOperation 属性的有效关键词、它们的 Porter-Duff 混合（用斜体 A B 表示）以及绘制结果。

首先我们绘出一个蓝色矩形作为背景，然后设定好混合方法，最后加上一个红色的圆。globalCompositeOperation 使用了默认值 source-over，代码如下：

```
context.beginPath();
context.fillStyle = 'cornflowerblue';
context.fillRect(0,0,50,50);
context.globalCompositeOperation = 'source-over';
context.arc(50,50,30,0,2*Math.PI,0);
context.fillStyle = 'crimson';
context.fill();
```

生成的图像如图 5-30 所示。

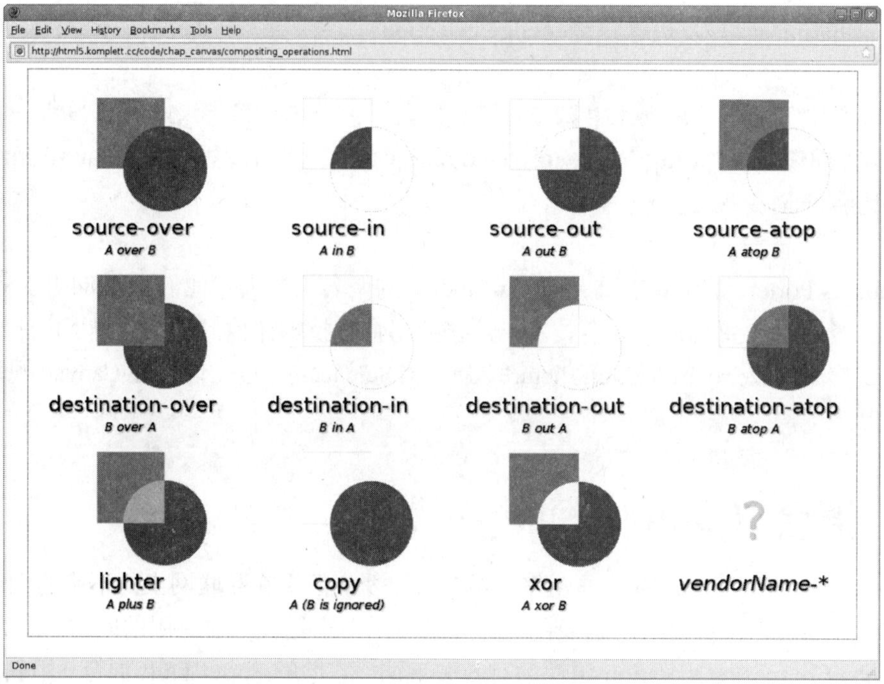

图 5-30 globalCompositeOperation 属性的值对应结果

圆为 source(A)，而矩形为 destination(B)。让我们用 Porter-Duff 术语来解释一下不同的方法，这样我们可以更直观地深入了解。

我们用 source-over 将 A 绘于 B 上；用 source-in 仅绘出 A 位于 B 中的部分；用 source-out 仅绘出 A 在 B 之外的部分；用 source-atop 绘出 B 以及 A 与 B 重叠的部分。第二行为上述的反例，我们在此略去详细解释。

方法 lighter 为重叠区域添加颜色，并让其变浅。copy 将 B 排除并只绘出 A，而 xor 将 A 及 B 的重叠部分去掉。问号表明自定义合成方式同样有效，与 getContext() 方法类似。

不幸的是，目前尚没有浏览器能完全支持混合功能，因此我们很难在浏览器上演示所有方法。我们会挑选出两个方法，并了解一些有关 destination-in 及 lighter 操作的案例。

若使用 destination-in 将图像与文本合成，我们可以得到一个剪切效果，如图 5-31 所示。我们用 drawImage()绘制出图像，设定合成方法，然后插入一段最大宽度为 1080 像素的文本。文本的字体大小为 600 像素，顶部居中，边框为 60 像素，交点和线端为圆形：

```
context.drawImage(image,0,0,1200,600);
context.globalCompositeOperation = 'destination-in';
context.strokeText('HTML5',600,50,1080);
```

图 5-31　用 destination-in 合成图像及文字

浅灰色文本仍旧使用默认混合方法 source-over 绘制，因此不受其他效果影响。因为之前提到过的浏览器方面的不足，目前无法同时将数段文本同时定义为剪切。

在第二个案例中，我们用 lighter 方法，对之前提到的图像颜色处理方法做了进一步扩展。图 5-32 使用 lighter 将约塞米蒂照片做成 16 个标准色的矩形，这比使用颜色滤镜 monoColor()的 CPU 占用率更低，详见 5.8.2 节。

```
context.drawImage(img,0,0,210,140);
context.globalCompositeOperation = 'lighter';
context.fillStyle = 'blue';
context.fillRect(0,0,210,140);
```

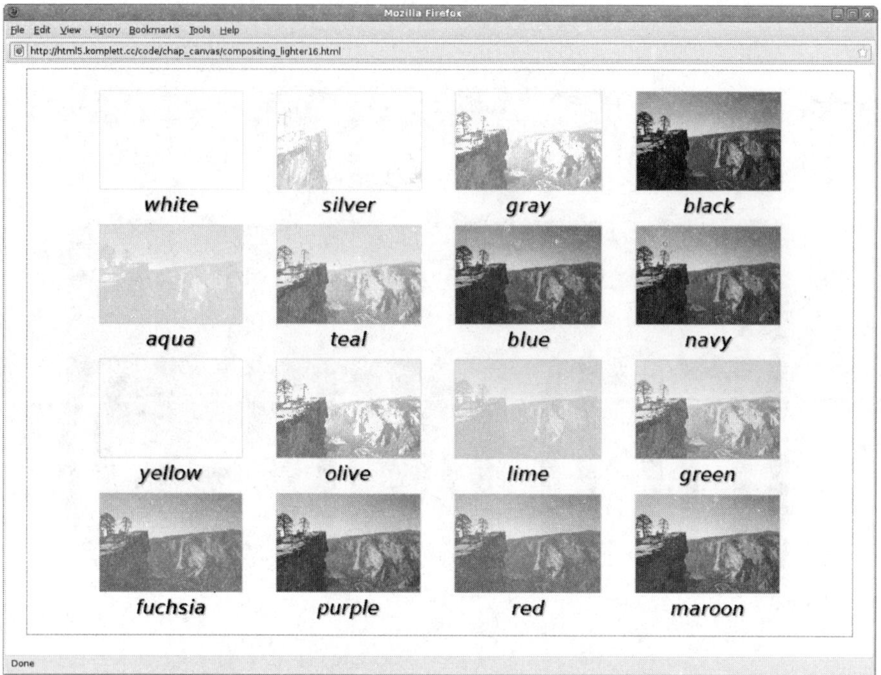

图 5-32 使用 lighter 进行 16 种基本色的混合操作

我们将在 5.11 节的图 5-37 的镜面效果中再次提到混合操作 destination-out。下面让我们来看下 Canvas 中的自定义图案。

5.10 图案（Pattern）

如果要创建自定义图案用于填充及线条，规范提供了 createPattern()方法。与 drawImage()类似，它接受图像、画布或者视频元素作为输入，参数 repetition 定义为图案的循环类型：

```
context.createPattern(image, repetition)
```

根据 CSS 规范的背景色属性，循环参数的有效值为 repeat、repeat-x、repeat-y 以及 no-repeat。我们再次使用 16 种基本色，用几行代码来创建出一系列多变的图案，每个图案都用了两种颜色（见图 5-33）。

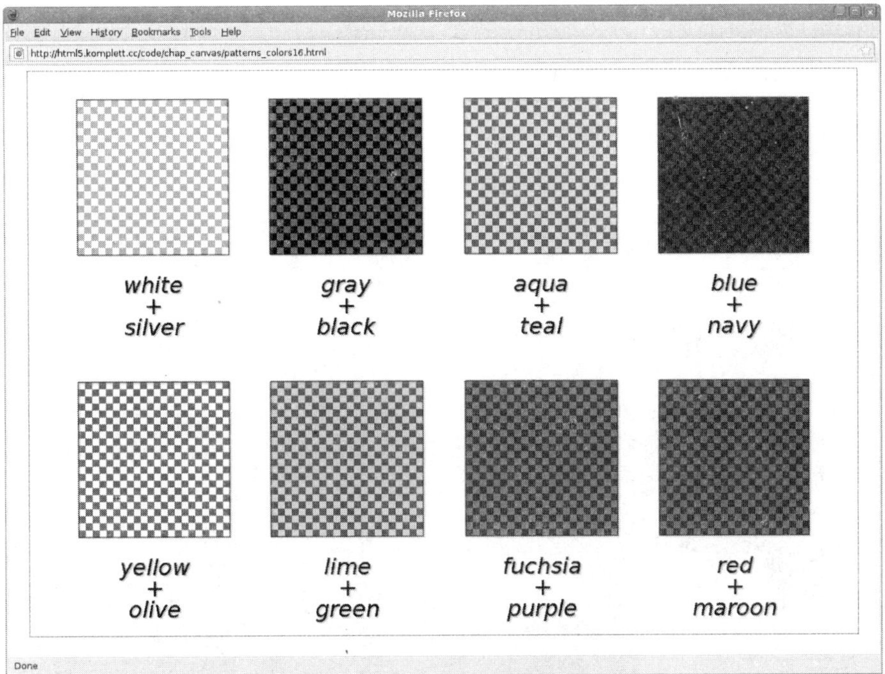

图 5-33　8 种双色组合图案

该图案由 4 个 10×10 像素的正方形在 20×20 像素宽的画布上绘成。以绿色图案为例，其创建步骤如下：

```
var cvs = document.createElement("CANVAS");
cvs.width = 20;
cvs.height = 20;
var ctx = cvs.getContext('2d');
ctx.fillStyle = 'lime';
ctx.fillRect(0,0,10,10);
ctx.fillRect(10,10,10,10);
ctx.fillStyle = 'green';
ctx.fillRect(10,0,10,10);
ctx.fillRect(0,10,10,10);
```

我们将画布 cvs 定义为 createPattern()所使用的循环图案，指派给 fillStyle 属性，并用来填充该正方形：

```
context.fillStyle = context.createPattern(cvs,'repeat');
context.fillRect(0,0,220,220);
```

图案被锚定在坐标原点，并从该点开始绘制。若你想要令 fillRect()开始于偏右 10 像素的位置，就用 10/0 代替 0/0，这样左上角的开始色将是绿色而非石灰色。

除了自定义的画布元素外，我们还可以用图像作为源图案。图 5-34 的案例使用了

createPattern()来填充背景，为文字标题创建了底纹图案，并将我们熟悉的约塞米蒂图片剪切为若干独立部分。

图 5-34 使用图像作为源图案

首先我们来了解一下这个背景是如何形成的：

```
var bg = new Image();
bg.src = 'icons/pattern_125.png';
bg.onload = function() {
  context.globalAlpha = 0.5;
  context.fillStyle = context.createPattern(bg,'repeat');
  context.fillRect(0,0,canvas.width,canvas.height);
};
```

头两行代码创建了一个新的Image对象，引用了icons文件夹下的图片pattern_125.png。跟drawImage()类似，我们也需要确保此图像在定义图案前加载完毕。bg.onload()函数包含了用于生成循环图案的代码，我们将图案的透明度设为50%，并应用到整张画布。另外，我们还用同样的办法将图像pattern_107.png填充到标题文字“Yosemite!”中。

要创建 7 张照片的部分截选，我们仅需要将整个约塞米蒂照片 yosemite.jpg 作为图案，并在数组 extents 中设置 7 个截选范围，最后运行 for 循环生成这些照片。extents 包含每个截选部分的 x 坐标、y 坐标、宽度及高度。这些截选的区域被当做图案通过 fillRect()

填充，并通过 strokeRect()获得边框：

```
var extents = [
  { x:20,y:50,width:120,height:550 } // and 7 others ...
];
var image = new Image();
image.src = 'images/yosemite.jpg';
image.onload = function() {
  context.fillStyle = context.createPattern(
    image,'no-repeat'
  );
  for (var i=0; i<extents.length; i++) {
    var d = extents[i]; // short-cut
    context.fillRect(d.x,d.y,d.width,d.height);
    context.strokeRect(d.x,d.y,d.width,d.height);
  }
};
```

图 5-34 里使用了 3 种图像，它们都必须在使用前被完整加载，因此我们需要 3 个嵌套的加载函数——这可以保证正确的绘制顺序。代码大概像这样：

```
// create all images
bg.onload = function() {
  // draw background
  image.onload = function() {
    // add image cutouts
    pat.onload = function() {
      // fill title with pattern
    };
  };
};
```

如果不想这样嵌套，唯一的可行方法是先将所有相关图像都作为 img 元素链接到 HTML 页面里，并设为 visibility:hidden 隐藏起来，在 window.onload()加载完页面后，再通过 getElementById()或 getElementsByTagName()引用这些图片。

在进入下一章前，我们还需要提醒一件事：把视频元素用作 createPattern()的源时，与 drawImage()方法类似，视频的第一帧或海报帧（如果有的话）将被作为图案使用。

5.11 变换（Transformations）

Canvas 的变换基于直接操纵坐标系统。在移动一个矩形的同时，你移动的不仅是该元素，同时也将整个坐标系移位，除非重新绘制该矩形坐标系才会重置。3 种基本变换为 scale()、rotate()及 translate()，如图 5-35 所示。

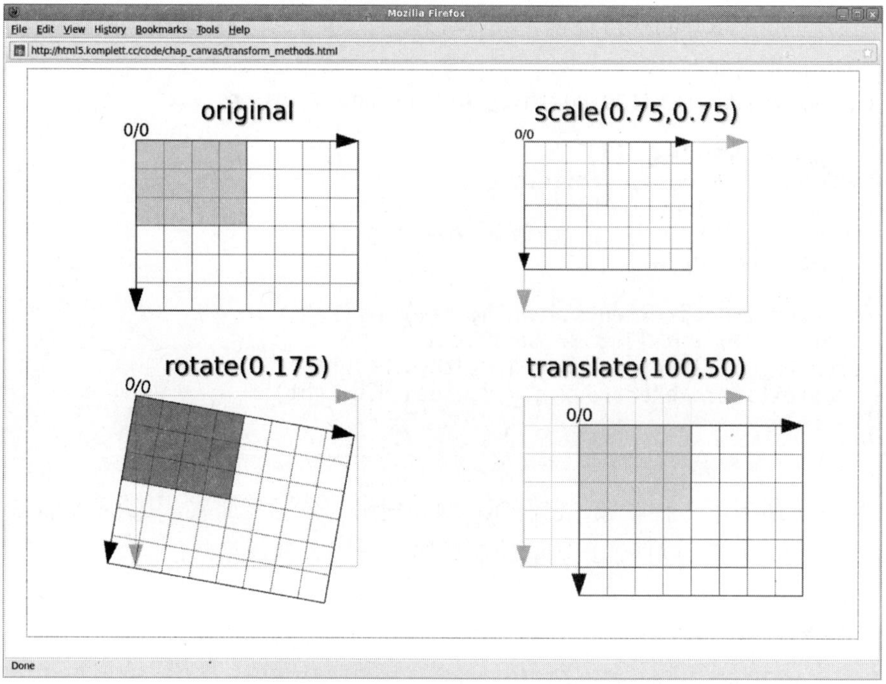

图 5-35　3 种基本变换 scale()、rotate()及 translate()

```
context.scale(x, y)
context.rotate(angle)
context.translate(x, y)
```

使用 scale()进行缩放时，我们需要用到两个系数作为参数，以完成 x 及 y 轴上的尺寸改变；使用 rotate()进行旋转则需要用到顺时针旋转的角度；而使用 translate()移动需要用到以像素为单位的 x 值及 y 值来定义基于坐标轴的偏移。若将此 3 种方法合在一起进行变换，该变换会以相反顺序进行：你得倒着写相应的 JavaScript 代码。

如果要先进行缩放然后旋转，其代码应当如下：

```
context.rotate(0.175);
context.scale(0.75,0.75);
context.fillRect(0,0,200,150);
```

如果要先旋转然后移动，JS 代码如下：

```
context.translate(100,50);
context.rotate(0.175);
context.fillRect(0,0,200,150);
```

任何情况下，一旦涉及旋转，你都应格外小心。因为旋转总是以原点 0/0 作为旋转中心来展开的，所以根据经验来说，旋转通常都应为最后一步。图 5-36 的案例中使用了这 3 种基本方法，从不同角度展现了约塞米蒂照片。

图 5-36 旋转、缩放及移动

代码清单 5.2 展示了图 5-36 中简短的源代码。

代码清单 5.2 图 5-36 的变换源代码

```
image.onload = function() {
  var rotate = 15;
  var scaleStart = 0.0;
  var scaleEnd = 4.0;
  var scaleInc = (scaleEnd-scaleStart)/(360/rotate);
  var s = scaleStart;
  for (var i=0; i<=360; i+=rotate) {
    s += scaleInc;
    context.translate(540,260);
    context.scale(s,s);
    context.rotate(i*-1*Math.PI/180);
    context.drawImage(image,0,0,120,80);
    context.setTransform(1,0,0,1,0,0);
  }
};
```

在图像加载完毕同时，我们将旋转角度定为 15°，scaleStart 定义起始缩放系数为 0.0，

scaleEnd 定义结束缩放系数为 4.0。在旋转过程中，实际的缩放系数 scaleInc 不断随之递增，并在旋转结束时最终达到 4.0。在 for 循环中我们将图像每次逆时针旋转 15°，并将其从 0.0 逐步缩放至 4.0，同时将其左上角设为坐标 540/260。

那么 for 循环中最后的 setTransform()方法是做什么用的呢?

除了基本变换方法 scale()、rotate()及 translate()之外，Canvas 还提供其他两种用来改变坐标系以实现变换矩阵（transformation matrix）的方法：transform() 以及 setTransform()——代码清单 5.2 中已经用到过了。

```
context.transform(m11, m12, m21, m22, dx, dy);
context.setTransform(m11, m12, m21, m22, dx, dy);
```

两者都拥有参数 m11、m12、m21、m22、dx 以及 dy，对应表 5-3 中列出的变换属性。

表 5-3 Canvas 变换矩阵构成

构　　成	内　　容
m11	X 轴方向缩放
m12	水平剪切
m21	垂直剪切
m22	Y 轴方向缩放
dx	沿 X 轴位移
dy	沿 Y 轴位移

两者主要不同之处是：transform()通过乘法来改变当前矩阵，而 setTransform()则将新矩阵覆盖在原有矩阵上。

3 种基本方法同样也可以用 transform()或 setTransform()来实现，因此你也可以把它们当成是某种变换矩阵的快捷方式。表 5-4 列出了这些相对应的方法和矩阵，还包括了其他一些有用的方法，例如翻转（flipX/Y）和倾斜（skewX/Y）。角度仍然用度数表示。

表 5-4 变换和矩阵对照表

方　　法	变换矩阵（m11, m12,m21,m22,dx,dy）
scale(x, y)	x,0,0,y,0,0
rotate(angle)	cos(angle), sin(angle), −sin(angle), cos(angle),0,0
translate(x, y)	1,0,0,1,x,y
flipX()	−1,0,0,1,0,0
flipY()	1, 0, 0, −1, 0, 0
skewX(angle)	1,0,tan(angle),1,0,0
skewY(angle)	1,tan(angle),0,1,0,0

在用详细案例进一步说明Canvas变换之前，需要注意的是：根据规范，getImageData()及 putImageData()都不受变换影响。无论坐标系是否被位移、缩放、或旋转，getImageData(0,0,100,100)永远会得到 100 × 100 像素的正方形并位于画布的左上角。putImageData(imagedata,0,0)同样如此，图像的锚点永远位于画布左上角。

下面让我们来看看结合了所有上述变换方法的案例。图 5-37 展示了由约塞米蒂照片的三部分图像组成的镜面效果伪 3D 贴图。

图 5-37 镜面效果伪 3D 贴图

第一步，我们分割出塔夫托峰、默赛德河及埃尔卡皮坦山这 3 个正方形区域。结果被保存在 icons 数组中：

```
var icons = [
  clipIcon(image,0,100,600,600),
  clipIcon(image,620,615,180,180),
  clipIcon(image,550,310,400,4];
```

函数 clipIcon()用于将不同尺寸的图像进行缩放和剪裁。我们首先创建一个大小为 320 × 320 像素的内存画布，然后通过 drawImage()将适当缩减（或放大）的图片复制在上面，最后为它们加上 15 像素的白色边框：

```
var clipIcon = function(img,x,y,width,height) {
  var cvs = document.createElement("CANVAS");
  var ctx = cvs.getContext('2d');
```

```
    cvs.width = 320;
    cvs.height = 320;
    ctx.drawImage(img,x,y,width,height,0,0,320,320);
    ctx.strokeStyle = '#FFF';
    ctx.lineWidth = 15;
    ctx.strokeRect(0,0,320,320);
    return cvs;
};
```

第二步，我们为这 3 个图像创建反射效果，并将其保存在 effects 数组中：

```
var effects = [];
  for (var i=0; i<icons.length; i++) {
  effects[i] = createReflection(icons[i]);
}
```

主要工作在函数 createReflection()中完成了。根据 Charles Ying 一篇名为“关于艺术、音乐及科技艺术”（关于 iPhone 的 CoverFlow 效果）的博客（见短链接 http://bit.ly/b5AFW6），我们将代码略作修改如下：

```
var createReflection = function(icon) {
  var cvs = document.createElement("CANVAS");
  var ctx = cvs.getContext('2d');
  cvs.width = icon.width;
  cvs.height = icon.height/2.0;

  // flip
  ctx.translate(0,icon.height);
  ctx.scale(1,-1);
  ctx.drawImage(icon,0,0);

  // fade
  ctx.setTransform(1,0,0,1,0,0);
  ctx.globalCompositeOperation = "destination-out";
  var grad = ctx.createLinearGradient(
    0,0,0,icon.height/2.0
  );
  grad.addColorStop(0,'rgba(255,255,255,0.5)');
  grad.addColorStop(1,'rgba(255,255,255,1.0)');
  ctx.fillStyle = grad;
  ctx.fillRect(0,0,icon.width,icon.height/2.0);
  return cvs;
};
```

在 createReflection()中我们首先用另一个内存画布将 icon 中图像的下半部分翻转。变换矩阵用起来相当麻烦，所以也可以使用 flipY()来完成翻转。不过在这里我们用来实现翻转的是另一种方法——scale()。scale(1,−1)的效果等同于 flipY()，而 scale(−1,1)等同于 flipX()。半透明白色到不透明白色的渐变可以实现淡出效果，并通过混合方法 destination-out 作用于指定图片。

定义完图像后，我们就可以开始着手绘制了。通过黑/白渐变，在画布中央形成了一个 3D 空间，我们在那里放入 3 个图像：

```
var grad = context.createLinearGradient(
  0,0,0,canvas.height
);
grad.addColorStop(0.0,'#000');
grad.addColorStop(0.5,'#111');
grad.addColorStop(1.0,'#EEE');
context.fillStyle = grad;
context.fillRect(0,0,canvas.width,canvas.height);
```

中央的默赛德河照片处理起来最简单，我们通过 setTransform()定位，然后为其加上一个反射效果：

```
context.setTransform(1,0,0,1,440,160);
context.drawImage(icons[1],0,0,320,320);
context.drawImage(effects[1],0,320,320,160);
```

为了达到更好的 3D 效果，右边的埃尔卡皮坦山图像的宽度被缩放至 0.9，并用 skewY()将其矩阵向下倾斜 10°，然后将图像置于右中位置：

```
context.setTransform(1,0,0,1,820,160);
context.transform(1,Math.tan(0.175),0,1,0,0);
context.scale(0.9,1);
context.drawImage(icons[2],0,0,320,320);
context.drawImage(effects[2],0,320,320,160);
```

绘制左边的塔夫托峰图像较为麻烦。倾斜之后，这一部分的左上角形成了锚点，因此我们需要先将其向上倾斜 10%，然后再向下移动。我们可以通过毕氏定理得出 dy 待定值：将弧旋转角度的切线乘以图片宽度中直线长度，因此计算为 Math.tan(0.175)*320。另外，我们还需要将图像向右移动 320*0.1，以弥补其宽度被缩减至 0.9 带来的变化：

```
context.setTransform(1,0,0,1,60,160);
context.transform(1,Math.tan(-0.175),0,1,0,0);
context.translate(320*0.1,Math.tan(0.175)*320);
context.scale(0.9,1);
context.drawImage(icons[0],0,0,320,320);
context.drawImage(effects[0],0,320,320,160);
```

目前我们终于完成了最难的一个 Canvas 案例，结果令人印象非常深刻，因此最好是将它保存为 JPEG 或者 PNG 文件。与其他浏览器不同，Firefox 上这个操作很简单——只需要右键单击画布便可以选择保存。不过如果你单击“查看图片”，将出现一个非常奇怪而又非常非常长的，以“data:image/png;base64...”开头的 URL 地址。下面我们进入下一章节——canvas.toDataURL()。

5.12 用 canvas.toDataURL()进行 Base64 编码

Base64 是一种将二进制数据编码为 ASCII 字符串的方法。在 Canvas 中，它用来将内存中以栅格图形式存在的画布数据转换为为可处理的数据：URL。这一转换方法为：

```
canvas.toDataURL(type, args)
```

我们将输出 MIME 类型指定为 image/png 或 image/jpeg——前者为默认编码格式，也会在没有指定 MIME 类型或浏览器不支持所指定的类型时生效。备选参数 args 用于设置其他可能出现的参数——例如说，当 MIME 类型为 image/jpeg 时设置图像质量（有效值介于 0.0～1.0）。

toDataURL()的结果为 base64 编码的字符串。以图 5-27 中大小为 2 像素×2 像素，颜色为 navy、teal、lime 及 yellow 的画布为例，其字符串为：


```
data:image/png;base64,iVBORw0KGgoAAAANSUhEUg
AAAAIAAAACCAYAAABytg0kAAAAF0lEQVQImQXBAQEAAA
CCIKb33ADLFql0PuYIemXXHEQAAAAASUVORK5CYII=
```


这类编码字符串可以变得非常长。以我们带镜面效果的明信片为例，其 base64 字符串的字节数不少于 1 298 974，可以填满此书（得需要每页 50 行、每行 80 字）！

那么，我们要 toDataURL()来做什么？为什么要把二进制图像数据转化为字符串？答案很简单：通过 toDataURL()，我们可以把临时性的内存画布永久性地放到 HTML 上，让用户或应用程序能够将它保存下来。

toDataURL()的第一步是将一个 Canvas 图形复制进 HTMLImageElement。这个操作的原理在于 src 属性也可以是数据：URI（译者注：Uniform Resource Identifier，统一资源标识符）。必要的代码很短，除了需要一张已创建的动态画布外，还需要一个空白图像：

```
<!DOCTYPE html>
<title>Copy canvas onto image</title>
<img src="" alt="copied canvas content, 200x200 pixels">
<script>
  var canvas = document.createElement("CANVAS");
  canvas.width = 200;
  canvas.height = 200;
  var context = canvas.getContext('2d');
  context.fillStyle = 'navy';
  context.fillRect(0,0,canvas.width,canvas.height);
  document.images[0].src = canvas.toDataURL();
</script>
```

代码中最重要的一行以粗体字标记，并展示了将画布复制成图像是多么简单的事情——只需要定义一个到文档中第一个图像的引用，然后将其 src 属性设置为 canvas.toDataURL()就可以了。作为结果，我们得到一个常规 img 元素，此元素可以像浏览器中的其他图像一样被处理，并可以被保存为 PNG。

通过为 canvas 元素加上一个简单的 onclick 事件句柄，我们来演示 toDataURL()的另一种用法——直接输出数据为地址栏的 URL，不过输出格式不再是 PNG，而是 JPEG：

```
document.images[0].onclick = function() {
  window.location = canvas.toDataURL('image/jpeg');
};
```

这一方法的缺陷是有时候 URL 会长得可怕（还记得那 130 万个字节吗？），而且此格式的图像不会保留在缓存中，因此每次调用时都需要重新创建。这种用法最好是配合 localstorage 或 XMLHttpRequest，以便 Canvas 图形可以在客户端及服务器端被保存及读取。toDataURL()还可以用在 CSS 样式表里，直接作为 background-image 或 list-style-image 的 url()值。

5.13 save()与 restore()

我们的 CanvasContext2D 之旅已接近尾声，只剩下两个需要介绍的方法了：context.save()及 context.restore()。没有这两个方法，我们将难以处理任何复杂的 Canvas 图形，这一点只需要略看一下前面示例图的源代码就不难发现。为了更好地了解方法 context.save()及 context.restore()，我们先进行一个概述。

通过用 canvas.getContext('2d')定义绘制环境，所有属性都被设为默认值，并在绘制过程中直接生效：

```
context.globalAlpha = 1.0;
context.globalCompositeOperation = 'source-over';
context.strokeStyle = 'black';
context.fillStyle = 'black';
context.lineWidth = 1;
context.lineCap = 'butt';
context.lineJoin = 'miter';
context.miterLimit = 10;
context.shadowOffsetX = 0;
context.shadowOffsetY = 0;
context.shadowBlur = 0;
context.shadowColor = 'rgba(0,0,0,0)';
context.font = '10px sans-serif';
context.textAlign = 'start';
context.textBaseline = 'alphabetic';
```

同时，坐标系被初始化为单位矩阵，并创建一个包含整个画布的剪切遮罩：

```
context.setTransform(1, 0,0,1,0,0);
context.beginPath();
context.rect(0,0,canvas.width,canvas.height);
context.clip();
```

如果画布的属性、变换或剪切遮罩发生改变，它们会在再次改变之前一直保持有效。在一些复杂的绘制过程中，我们常需要暂时丢弃这些改变，这时候 context.save()和 context.restore()就会很有用了。

通过 context.save()，我们可以随时创建一个快照，保存当前设置的属性、变换以及剪切遮罩。其后我们可以通过 context.restore()来访问这个快照。鉴于快照也可以嵌套，规范将其描述为“绘制状态堆栈（stack of drawing states）”。

在用到变换或剪切遮罩的时候，这个技术非常有用。在制作阴影效果时，用 context.save()及 context.restore()将阴影效果的四个部分重置为默认值，比逐部分修改要简单得多。在我们即将谈到的动画中，context.save()及 context.restore()是不可或缺的。

5.14 动画

与 SVG 或 SMIL 动画不同，Canvas 动画片需要纯手工制作，基本原理是通过一个计时器，定期调用函数进行绘制。计时器和定期调用可以通过 window.setInterval()实现，其余部分则需要靠 Canvas 编写者的想像力了。

5.14.1 彩色球体动画

这是我们动画的初次亮相：不同颜色的球体在画布不同位置随机出现，缓慢淡出，并最终被其他球体覆盖。动画速度为一个成人休眠时的脉搏，约每分钟 60 拍。另外我们希望为其添加一个额外功能，在每次单击画布时停止或重新开始动画。

约 50 行 JavaScript 代码就足够了。但在分析代码清单 5.3 之前，先让我们看看动画的一幅静态屏幕截图，如图 5-38 所示。

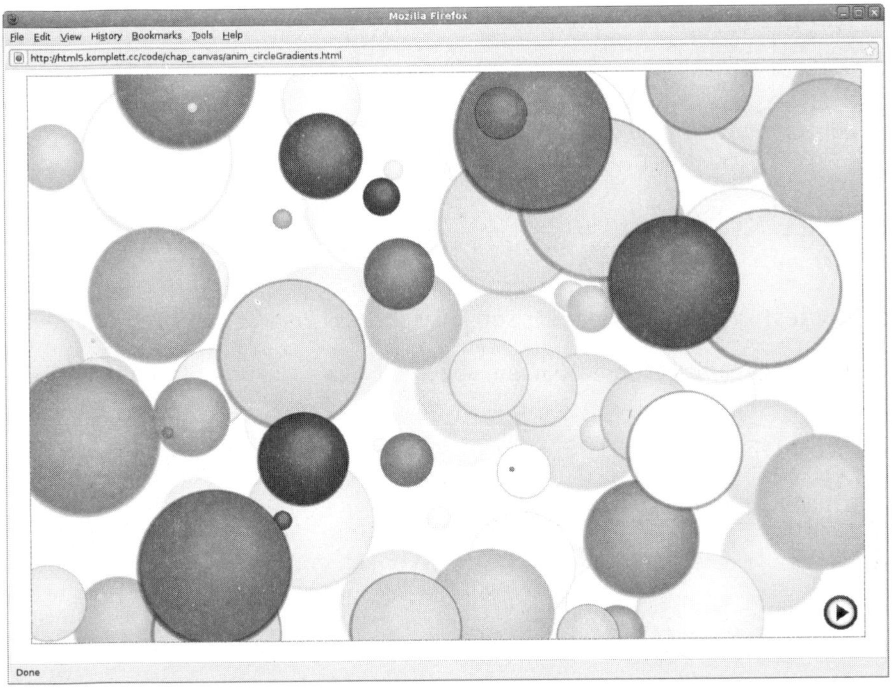

图 5-38 彩色球体动画

代码清单 5.3 彩色球体动画的 JavaScript 代码

```
var canvas = document.querySelector("canvas");
var context = canvas.getContext('2d');
var r,cx,cy,radgrad;

var drawCircles = function() {
  // fade existing content
  context.fillStyle = 'rgba(255,255,255,0.5)';
  context.fillRect(0, 0,canvas.width,canvas.height);

  // draw new spheres
  for (var i=0; i<360; i+=15) {
    // random position and size
    cx = Math.random()*canvas.width;
    cy = Math.random()*canvas.height;
    r = Math.random()*canvas.width/10.0;

    // define radial gradient
    radgrad = context.createRadialGradient(
      0+(r* 0.15),0-(r* 0.25),r/3.0,
      0,0,r
    );
    radgrad.addColorStop(0.0,'hsl('+i+',100%,75%)');
    radgrad.addColorStop(0.9,'hsl('+i+',100%,50%)');
```

```
        radgrad.addColorStop(1.0,'rgba(0,0,0,0)');

        // draw circle
        context.save();
        context.translate(cx,cy);
        context.beginPath();
        context.moveTo(0+r,0);
        context.arc(0,0,r,0,Math.PI*2.0,0);
        context.fillStyle = radgrad;
        context.fill();
        context.restore();
      }
    };
    drawCircles();  // draw first set of spheres

    // start/stop animation at pulse speed
    var pulse = 60;
    var running = null;
    canvas.onclick = function() {
      if (running) {
        window.clearInterval(running);
        running = null;
      }
      else {
        running = window.setInterval(
          "drawCircles()",60000/pulse
        );
      }
    };
```

在定义了 canvas、context 以及一些其他变量之后，从 drawCircles()开始正式工作。一个半透明白色矩形将此前调用 drawCircles()函数生成的内容淡化，然后用 for 循环绘出新的球体。Math.random()随机生成每个球体的位置及半径——圆心位于画布内任意位置，半径最多为画布宽度的十分之一。

为了确保这些圆看上去是球体，我们创建了一个径向渐变，由右上方的一个亮点及完整的圆形构成。在 for 循环中，通过过渡色（colorStop）的递增来实现基于 HSL 颜色空间的色彩渐变效果。在每个循环中，颜色角度都增加 15°，由此完成颜色从红到绿、从绿到蓝、从蓝到黑，最后又从黑到红之间的转换。

在计算每个球体颜色时，我们都会根据不同亮度用到一对颜色：前一个较浅的颜色表示亮点，后一个较深的颜色用于球体边缘。addColorStop()的第三次调用将球体最边缘淡化为透明的黑色，我们通过这种方法生成 24 个球体，为了更清楚地了解，图 5-39 展示了球体所用的每对颜色。

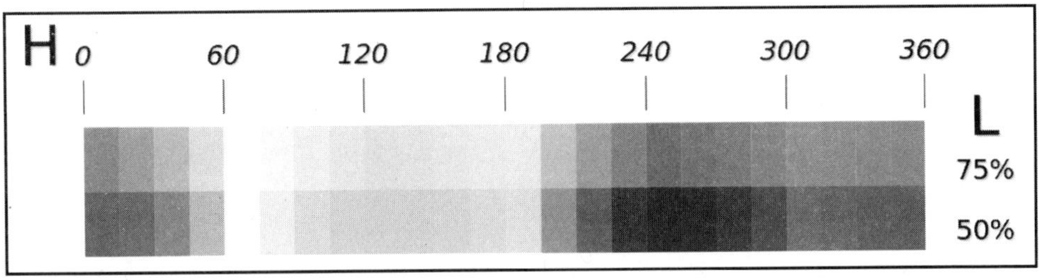

图 5-39 彩色球体动画的 HSL 颜色

之后，我们根据定义好的渐变绘出球体。插入 context.save()与 context.restore()保证了 translate()所做的临时位移不会作用于后面生成的圆。完成了 drawCircles()函数后，我们可以画出第一个球体，并编写计时器部分。

约 15 行编码就足以让我们通过一个 onclick 事件监听器来开始及停止动画。第一次点击画布时，我们通过 window.setInterval()开始动画，并将唯一的 intervalID 保存在 running 变量中。window.setInterval()中的时间以毫秒为单位，因此我们需要通过变量 pulse 将其转换为每分钟若干拍。

一旦动画开始播放，intervalID 将被赋值给 running 变量；等到下一次单击时，再通过 window. clearInterval(running)将其中断。在中断播放后，我们将 running 重设为 null，这样下一次单击画布时又将重新开始动画播放。

5.14.2 用 drawImage()播放视频

此前我们在 5.7 节中已经谈过， HTMLVideoElement 也可以作为 drawImage()的源。但你若认为用这种方法嵌入的视频能够自动播放，答案会令你失望，因为要完成这一步的逻辑必须完全用 JavaScript。要做到这一点也并不难，最后的 Canvas 动画范例——图 5-25 中约塞米蒂国家公园明信片的扩展版已经证明了这一点。一段从塔夫脱峰拍摄的 360°全景动态视频被置于右上角,代替了原来的静态埃尔卡皮坦山图像。在视频播放过程中，10 幅来自视频的小快照作为画廊被置于画布底部。在视频结束后，你可以看见如图 5-40 所示的画面。

此段视频由 YouTube 用户 pos315 提供，通过 ffmpeg 转换为 WebM，并缩减至 320x240 像素。原版在线观看地址：

http://www.youtube.com/watch?v=NmdHx_7b0h0

图 5-40 约塞米蒂国家公园视频明信片

与目前通过 JavaScript 方法 new Image()将图像绘入画布不同，我们将视频元素作为全景直接整合到 HTML 页面中。另外还需要 preload、oncanplay 作为事件监听器，为我们提供布置明信片、准备开始以及停止的时间点。另外我们还需要把嵌入的原始视频样式设为隐藏，它仅用于在播放过程中不时将当前帧复制至画布。备选文字(alternative text)为不支持 video 元素的浏览器提供简要的视频介绍。

```
<video src="videos/yosemite_320x240.webm"
  preload="auto"
  oncanplay="init(event)"
  style="display:none;"
>
Panoramic view of Yosemite Valley from Taft Point
</video>
```

为确保 oncanplay 触发 init(event)函数时它确实存在，我们需要在 video 元素之前就配置好脚本。这个核心函数用于实现视频明信片布局及截图的功能，大致结构如下：

```
var init = function(evt) {
  // save reference to video element
  // create background image
  image.onload = function() {
    // draw background image
    // add title
```

```
        // draw first frame
        canvas.onclick = function() {
          // implement starting and stopping
          // copy video frames while playing
          // create icons at regular intervals while playing
        };
      }
    };
```

我们可以用 evt.target 获取一个到视频对象的引用，并将其保存在变量中。如前面所做的一样，我们通过 new Image()创建一个新的背景图像，在该图像加载完成的同时，我们开始绘制背景及标题。这一过程的步骤应该不需要过多解释了，但我们可能需要解释一下绘制第一帧的做法：

```
    context.setTransform(1,0,0,1,860,20);
    context.drawImage(video,0,0,320,240);
    context.strokeRect(0,0,320,240);
```

首先我们通过 setTransform()将坐标系置于右上角，并用 draw-Image()绘出带边框的第一帧。在稍后的播放中，这一流程将不断重复，必须确保 drawImage()方法中的 HTMLVideoElement 视频始终提供当前帧的图像。

借助 canvas.onclick()函数，我们可以通过单击画布来开始或停止播放，并将在后台播放的原视频当前帧复制下来，创建按比例缩小的图像。代码清单 5.4 展示了整个过程的 JavaScript 编码：

代码清单 5.4　创作视频明信片的代码

```
    var running = null;
    canvas.onclick = function() {
      if (running) {
        video.pause();
        window.clearInterval(running);
        running = null;
      }
      else {
        var gap = video.duration/10;
        video.play();
        running = window.setInterval(function () {
          if (video.currentTime < video.duration) {
            // update video
            context.setTransform(1,0,0,1,860,20);
            context.drawImage(video,0,0,320,240);
            context.strokeRect(0,0,320,240);
            // update icons
            var x1 = Math.floor(video.currentTime/gap)*107;
            var tx = Math.floor(video.currentTime/gap)*5;
            context.setTransform(1,0,0,1,10+tx,710);
            context.drawImage(video,x1,0,107,80);
            context.strokeRect(x1,0,107,80);
```

```
        }
        else {
          window.clearInterval(running);
          running = null;
        }
      },35);
    }
  };
```

在头一个动画案例中，变量 running 包含了 window.setInterval()的唯一 IntervalID，我们借助其操控动画。在这里的做法也一样。若 running 被赋值，我们则需通过 video.pause()将隐藏视频暂停，通过移除 setInterval 来停止复制帧，并将 running 重新设为 null。此外，我们通过 video.play()来播放视频，并每隔 35ms 将当前帧通过回调函数复制到画布中。此过程将不断重复，直到完成视频播放或因画布被单击而暂停为止。变量 video 中，视频对象的两个属性 video.currentTime 及 video.duration 能检查当前播放位置是否少于视频的总时间。

在视频播放过程中，我们同步复制位于右上角的视频当前帧，并通过视频总长度除以预定快照数量，计算出播放间隔 gap，然后在每次截取快照后将锚点 x1 右移一次，偏移值为间隔 tx。若 x1 保持不变，则保持视频播放；若 x1 被右移，视频的最后一帧为静态，剩余部分则在新位置继续播放。视频播放持续约 40s，播放结束时，会绘制出 10 个新的迷你快照，而我们可以通过单击画布将上述过程重复一次。

目前我们的视频明信片已经制作完成。但在结束这一章之前，我们还要再谈几个话题。

5.15 还有遗漏吗？

此节中我们将谈到 isPointInPath()方法，以及 Canvas 的可访问性和安全性方面的一些问题。在此章结束时，我们还将简要介绍浏览器支持情况，以及有关 Canvas 更多知识的一些链接。

5.15.1 isPointInPath(x, y)

根据名称，isPointInPath()的作用是判断坐标点 x/y 是否位于当前路径内，并返回 true 或 false 值。我们通过一个简短的例子来演示它的应用，在此例中，它返回给 alert()一个“true”值：

```
context.beginPath();
context.rect(50,50,100,100);
alert(
  context.isPointInPath(75,75)
);
```

isPointInPath()的一个特殊用途是用来判断用户是否单击了画布中的特殊区域。我们需要为其准备一个 onclick 事件句柄，根据鼠标位置 clientX/clientY、及 canvas 元素相对位置 offsetLeft/offsetTop 来计算鼠标相对画布的位置 x/y：

```
canvas.onclick = function(evt) {
  context.beginPath();
  context.rect(50,50,100,100);
  alert(
    context.isPointInPath(
      evt.clientX - canvas.offsetLeft,
      evt.clientY - canvas.offsetTop
    )
  );
};
```

不幸的是，isPointInPath()不支持路径变换：即使我们在执行 beginPath()命令之前，将坐标系右移 200 像素，单击坐标 75/75 仍将返回 true。尽管如此，它还是会在判断内/外时考虑到非零填充规则。如前两段代码范例所示，用来测试的路径并非必须通过 fill()或 stroke()绘制。

5.15.2 Canvas 的可访问性？

此节标题中的问号是有意义的，因为 Canvas 目前仍明显缺乏可访问性。一部分原因是发明者在构思 Canvas 的过程中并没有怎么在意它的可访问性；另一部分原因则来自于其本身的特性——缺乏 DOM 的基于栅格的格式可以拥有许多特性，但唯独缺乏可访问性。

根据 HTML5 规范，基于 DOM 的 SVG 内容应该拥有良好的可访问性。但实践证明，即便是基于网页的代码编辑器 Skywriter（https://mozillalabs.com/skywriter）这类大型项目也会使用 Canvas 来代替 SVG，因为前者的表现形式更好。这打破了 HTML5 规范中关于 Canvas 部分一开头就谈到的基本规则：在存在更合适元素的情况下，文档作者不应使用 canvas 元素。

规范中的第二个要求是当作者使用 canvas 元素并需要展示给用户时，他们必须同时提供与位图画布（bitmap canvas）功能或目的本质相同的内容。这一要求同样没有实现。画布开始标签与结束标签之间的区域也许可以用作此途，但它们通常仅用来为不支持 Canvas 的浏览器提供反馈内容。

关于 Canvas 互动应用程序，HTML Canvas 2D Context 规范同样建议在反馈内容中加入可聚焦（focusable）的 HTML 元素，例如为画布中每个可聚焦区域设置 input 元素。网页作者应通过 drawFocusRing()方法为画布当前聚焦区加入音效作为反馈。在规范所举的相应例子中，使用了一对复选框来同步画布与 drawFocusring()的音效反馈。这恰好印证了这个提议实施起来的复杂程度，以至于让我们开始怀疑这是不是解决问题的最好方法。

从2009年7月，Canvas Accessibility Task Force开始尝试纠正这一令人不满的现状。他们调查了焦点及光标管理的改善可能性。第一份提案已经面世，正接受着热烈的讨论，并可能通过不同形式在规范中找到它们的一席之地。

但在那之前，我们还是需要解决问题：可访问性——等着吧！

5.15.3 安全方面

从安全角度来看，通过其他域的脚本访问Canvas及其内容（像素）存在着很大隐患。规范将此称为信息泄露（information leakage），并试图用origin-clean标志位来应付这种情况。

origin-clean的概念分为两个部分，主要基于在运行的脚本中调用特定的方法和属性，将origin-clean flag从true设成false。在这种情况下若调用getImageData()或todataURL()，脚本将抛出一个SECURITY_ERR异常并中止。

主角为drawImage()、fillStyle及strokeStyle。每当有来自其他域的图像或视频、或者canvas元素并非“*origin-clean*”，它们都将重定义origin-clean标志位。

假设变量image引用了来自http://www.whatwg.org/images/logo的WHATWG的LOGO，但脚本并非在WHATWG的服务器上运行，之后调用drawImage()函数时origin-clean会被设为false：

```
context.drawImage(image,0,0);
```

若将该LOGO作为图案，使用fillStyle和strokeStyle时将会产生同样的结果——origin-clean被设为false：

```
var pat = context.createPattern(image);
context.fillStyle = pat;
context.strokeStyle = pat;
```

从这时起，每次调用getImageData()或toDataURL()都会导致脚本终止。

在Firefox浏览器中，这一机制运行起来更为严格：所有用file://协议加载的图像都被归类为非origin-clean。那么在本章中它意味着什么呢？意味着所有右下角带服务器标志的图像都无法通过本地file://路径在Firefox中打开，它们仅在位于web服务器上时才会显示。

NOTE

若你不想安装 Apache 服务器、但能够使用 Python，你可以用一行代码在当前目录启动一个位于端口 8000 的基本的 Web 服务器：

```
python -mSimpleHTTPServer
```

在浏览器中通过 http://localhost:8000 可访问该目录的内容。

5.15.4 浏览器支持

Firefox、Safari、Chrome 以及 Opera 的当前版本都支持 Canvas 规范中的大部分内容。如你需要用 IE 来观看 Canvas，请使用为 Canvas 提供了硬件加速支持的 IE9。它让诸如 Google 的 Chrome Frame Plugin（http://code.google.com/chrome/chromeframe）或 JavaScript 中间件 explorercanvas 这类 IE8 工作区插件成为历史。

如你所料，不同浏览器在 Canvas 的支持程度上略有差异。一个用来判断支持程度的有用资源是 Philip Taylor 的 Canvas Testsuite，它提供了将近 800 个测试以及主流浏览器的测试结果列表，详见：http://philip.html5.org/tests/canvas/suite/tests。

如你在之前的屏幕截图中所见，本章中的所有案例都在 Firefox 中创建。截至写下此文时，除了字体章节的小写字体问题之外，其他案例都在 Firefox 下工作正常。Safari、Opera、IE9 及 Chrome 也能很好地运行我们的案例——相对来说 Safari 及 Opera 比 IE9 和 chrome 表现得更优秀。

鉴于浏览器的每次更新都可能导致 Canvas 的实现过程得到改善，因此我们在合作网站的 Canvas 目录下提供了本书中案例在不同浏览器下实现的定期细节更新：

http://html5.komplett.cc/code/chap_canvas/index_ en.html

5.15.5 更多链接

作为 Canvas 探索之旅的良好开始，你可以访问一个被称为“使用 HTML5<canvas>元素的应用程序、游戏工具及教程之家（Home to applications, games, tools and tutorials that use the HTML 5 <canvas> ele- ment）”的网站（http://www.canvasdemos.com），此网站提供了许多有趣的链接。同样值得一看的是 Mozilla 开发中心——一个着重于进阶应用范例的 Mozilla 社区博客——的 Canvas 扩展教程，位于：

https://developer.mozilla.org/en/canvas_tutorial

及 http://hacks.mozilla. org/category/canvas

若需要深入了解 Canvas 细节，你的最佳选择当然是 Canvas 规范。当前版本的两段文档地址如下：

- http://www.w3.org/TR/html5/the-canvas-element.html
- http://www.w3.org/TR/2dcontext

若你更愿意一边亲手进行实践，一边参与讨论，或是针对具体环节报告错误，可以访问 WHATWG 页面进行互动：

http://www.whatwg.org/specs/web-apps/current-work/multipage/the-canvas-element.html

小结

我们的 Canvas 之旅终于结束了。从绘制两个重叠的红黄矩形到设计视频明信片，当中的过程是漫长的。你从中学到了如何使用颜色，创建阴影效果，并绘制直线、贝塞尔曲线、弧、矩形及剪切遮罩。我们着重介绍了 Canvas 的核心特色——将像素处理方法与图案、变换、混合等方法相结合，来处理图像、制造动人的特效。我们甚至还尝试了手工代码动画。尽管这是本书中最长的一章，但它提供的仅是 Canvas 无限可能性中的惊鸿一瞥。在互联网上还有更多动人的案例——去发现它们吧！

第 6 章 SVG 与 MathML

虽然 HTML5 规范中关于 SVG（译者注：Scalable Vector Graphics，可缩放矢量图形，一种基于 XML 编码的开放式图形、图像标准）矢量标准及数学标记语言 MathML 的内容只有两段，但这两种语言的结合将成为 Web 应用开发路上一块重要里程碑。MathML 的贡献主要在科学领域，从 SVG 中获益的却是所有人——人们一直在期待着将标准化矢量格式结合到浏览器中。SVG 这一独立主题可以写成许多本书，并远远超出此书的范围，而 MathML 的细节介绍亦是如此。因此在本章中，我们仅讨论在 HTML5 文档中将 SVG 与 MathML 相结合。

在 HTML5 中使用 SVG 及 MathML 的先决条件显然是浏览器对这两个组件的集成。另外，能辨识 svg 与 math 元素、将它们的值传递给排版引擎（layout engine，又称 rendering engine——渲染引擎，译者注）从而形成图形的解析器也是不可或缺的。在写作本书时，只有 Firefox4 能满足以上条件。图 6-1 展示了 3 个使用 MathML 公式绘制 SVG 图形的例子。

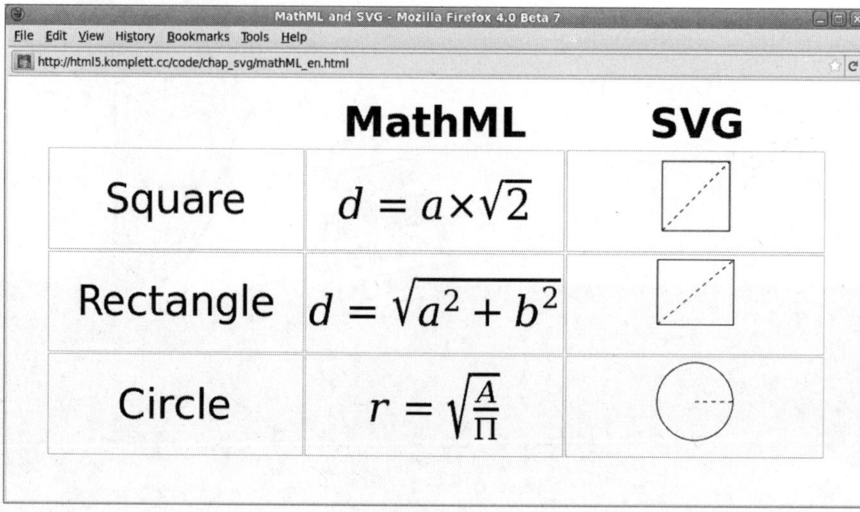

图 6-1　MathML 及 SVG 的实际应用

6.1　MathML

为了解释必要的标记，让我们以画圆来举例：在代码清单 6.1 中你可以看到公式的源代码，它在指定区域 A 中以 r 为半径画圆。

代码清单 6.1　借助 MathML 标记，用半径公式在指定区域内画圆

```
<math>
  <mrow>
    <mi>r</mi>
    <mo>=</mo>
    <msqrt>
      <mfrac>
        <mrow>
          <mi>A</mi>
        </mrow>
        <mrow>
          <mn>&Pi;</mn>
        </mrow>
      </mfrac>
    </msqrt>
  </mrow>
</math>
```

HTML5 文档中所有 MathML 区块都以$开始并以$结束。在中间，你可以选择标签来定义公式——在我们的案例中共有 6 个不同标签，表 6-1 将按顺序一一介绍它们。

表 6-1 代码清单 6.1 中的 MathML 标签及它们的含义

元 素	名 称	目 的
mrow	*row*	表达式分组元素
mi	*i*for*identifier*	变量、函数名及常数
mo	*o*for*operator*	加减乘除等运算符
msqrt	*sqrt*for*squareroot*	平方根表达式
mfrac	*frac*for*fraction*	分数、除法
mn	*n*for*number*	数字

用来分组表达式的 mrow 元素出现了 3 次：一次作用于所有表达式，另外两次在除法 mfrac 中用来区分分子及分母。半径 r 及区域 A 被表示为 mi 元素，除号被表示为 mo 元素，而平方根表达式则表示为 msqrt 元素。另外我们使用了 mn 元素与 MathML 实体Π的结合来表示 pi（译者注：圆周率 π）——2000 多种 MathML 实体之一，也可以被写为 Unicode 符号Π（希腊语大写字母 PI）。

已命名 MathML 实体转换成 Unicode 字符的对照表可以在 MathML 规范中找到：http://www.w3.org/TR/REC-MathML/chap6/byalpha.html

用来计算图 6-1 中正方形对角线的公式中包含了另一个实体：乘号×（其 Unicode 符号为×）。在中间的那个例子中，我们使用了 msup 元素（sup 代表 superscript）来调整矩形的边 a 和 b。

当然，这 3 个 MathML 例子展示的不过是冰山一角。你可以通过下面列举的网站去探索 MathML 的广阔世界，另外千万不要错过 Mozilla 项目的演示页面中的"MathML Basics"系列范例，你会惊讶地发现 MathML 让书写复杂公式成为可能。请访问下列网站了解更多关于 MathML 的知识。

- **MathML 规范**：http://www.w3.org/TR/MathML
- **W3C Math 工作组**：http://www.w3.org/Math
- **Planet MathML**：http://www.w3.org/Math/planet
- **MathML 演示**：http://www.mozilla.org/projects/mathml/demo

6.2 SVG

在 MathML 公式的右侧，你可以看到用来公式所生成的 SVG 图形。让我们再次回到图 6-1 的圆形范例，来看看代码清单 6.2 中的 SVG 代码。

代码清单 6.2 圆形的 SVG 源代码

```
<svg width="100" height="100">
  <circle cx="50" cy="50" r="45"
          fill="none" stroke="black" />
  <path d="M 50 50 h 45"
        stroke="black" stroke-dasharray="5,5"/>
</svg>
```

SVG 区块以<svg>开始，以/svg>结束。与 MathML 不同，<svg>标签还指定了图形的宽与高，以在 HTML 页面上预留空间。圆形以 circle 元素表示，其圆心为 cx/cy，半径为 r，属性 fill 及 stroke 决定了它的外观。

用来表示半径的虚线由 path 元素创建，属性 d 决定了它的几何数值。与 canvas 元素类似，SVG 不仅允许直线，还可以使用开放或闭合的曲线绘制例如多边形这类复杂图形。D 属性中使用几何指令，以数字表示坐标，以字母缩写来表示路径类型：因此 d="M50 50 h 45"表示移动至坐标点 50/50 并向右绘制一条长度为 45 的水平线。

正方形及矩形的例子演示了另一些符号。大写字母代表绝对运动，小写字母代表相对运动。正方形的对角线创建公式为 d="M10 90 L 90 10"。这意味着移动至坐标 10/90 并绘制一条到坐标 90/10 的直线。矩形对角线创建公式为 d="M 5 80 l90 -75"，意思是移动至坐标 5/80，并向右偏移 90 像素、上偏移 75 像素的位置绘制一条直线。

圆形的半径虚线及正方形和矩形的对角线都通过属性 stroke-dasharray 创建。该属性不幸地被 Canvas 规范遗漏了。其属性值决定在绘制过程中，绘制线条与插入空白各持续多长距离。这两种绘制方式不断交替重复，直到线条绘制完成。对于一些更为复杂的图案，我们可以输入任意数量的以逗号分隔开的值。

最后但并不是最不重要的，正方形及矩形这两个几何图形都是通过一个带 x，y，宽度及高度属性的 rect 元素来表示。现在，我们已经讲完了之前几个图形的 SVG 代码中出现过的所有元素及属性——当然，这只是冰山一角，而且只是冰山中最小的一角，MathML 同样如此。我们还没谈到所有其他的几何形状及其强大的路径绘制方法，还有文本排版、转换、自由定义的坐标系、滤镜、渐变、符号、遮罩、摹制、合成、剪切、脚本、样式，以及动画。

若想深入了解 SVG，你应当找本 SVG 的书籍进行研究。下列链接也有助于你开始

SVG 的探索之旅。

- **SVG 规范**：http://www.w3.org/TR/SVG11
- **有关现行浏览器的 SVG 初级读本**：
  http://www.w3.org/Graphics/SVG/IG/resources/svgprimer.html
- **W3C SVG 工作组**：http://www.w3.org/Graphics/SVG
- **学习 SVG：网页图形标准**：http://www.learnsvg.com

小结

在 SVG 面世 10 年之后，随着 IE9 的诞生，终于所有浏览器都提供了原生的 SVG 支持。我们希望 MathML 也能最终得到广泛的浏览器支持，MathML 在 HTML5 规范中有着重要价值，例如配合 SVG 进行绘图。作为新 Web 平台的必要组成部分，MathML 以及特别是 SVG，必将在未来发挥更重要的作用。

第7章 地理定位

Geolocation API 目前已从 HTML5 规范的核心内容中剔除，按照 W3C 的说法，它尚处于“早期阶段”，但它其实早已被广泛使用，尤其是在移动浏览器中。获得广泛应用的一个主要原因是其接口非常简洁，仅需要 3 个 JavaScript 脚本便可覆盖所有函数。规范并未规定浏览器应如何确定位置，仅确定了其输出结果的格式。

在简单介绍地理数据之后，我们将用一些小例子演示新功能。若你在智能手机上尝试我们的案例，其效果一定能带给你惊喜。

7.1 地理定位介绍

此节中我们将介绍一些关于地理定位的基础知识，包括地理数据及在线地图服务。

7.1.1 地理数据

你可能见过“N47 16 06.6E112335.9”这样的坐标格式，它用“度—分—秒”来确定位置。在上例中，这个位置是“北纬 47 度，16 分，6.6 秒，东经 11 度，23 分，35.9 秒”，这样的坐标格式属于地理坐标系（geographi calcoordinates）（译者注：也称为经纬度坐标系）的一种。不幸的是，这种表示方法的一个巨大缺陷是它们非常难以换算。这不仅因为我们习惯十进制数字，还因为地球是个球体，要计算实际距离还得考虑球面弯曲的因素。

为将事情简化，我们使用投影坐标系（projection coordinate），将地球的球面投影到二维的平面上，进而据此来计算点与点之间的直线距离。不同国家根据自身需要使用不同的坐标系，例如奥地利使用 Bundesmeldenetz（德文，意为联邦报告系统，一种笛卡尔坐标系）来提供数据。所有常见坐标系都拥有一个称为 EPSG 代码的数字标识（由欧洲石油勘测组织 European Petroleum Survey Group 管理）（译者注：EPSG 成立于 1986 年，于 2005 年被 OPG——International Association of Oil & Gas Producers，国际石油和天然气生产商协会）吸纳，并重组为 The OGP Surveying and Positioning Committee（OGP 勘测及定位委员会），之后于 2006 年再次改组为 The OGP Geomatics Committee（OGP 测绘委员会）。

显然，Geolocation API 无法照顾到所有现存坐标系。Geolocation API 采用了大地测量参考系统中被广泛应用的 WGS84（译者注：World Geodetic System 1984，1984 年世界大地坐标系，为 GPS 全球定位系统使用而建立的坐标系统，通过遍布世界的卫星观测站观测到的坐标建立，初次精度为 1～2m），其 x 及 y 坐标并未使用投影坐标系，而是用十进制度（decimal degrees）的地理坐标系。它可以更贴切地描述所参考的椭圆球体。在此椭圆球体上，y 值以米为单位。在该系统中，所有地球表面或附近的点都可以被充分精确地描述。

7.1.2 在线地图服务

在浏览器中表现地理数据有几种做法：因其灵活的坐标系，SVG 是非常适合的；通过 canvas 可以将数据绘成栅格图像；最简单的方案是使用一个已有的 JavaScript 库。在在线的众多免费库中，我们将介绍 Google Maps 及 OpenStreetMpa。Microsoft 的地图服务 Bing Maps 仅在注册后可用，因此我们先不讨论它。

此章中介绍的两个库使用栅格及矢量数据结合显示。为了加快下载速度，栅格图像被细分为网格，从而允许逐步形成图像，并提前计算出所有缩放比例。由浏览器决定矢量信息的显示方式为 SVG 或 IE 下的微软特定格式 VML。

7.1.2.1 Google Maps

毫无疑问，Google Maps 是互联网上使用率最高的地图服务，许多公司都使用这项免费服务来提供图像化的位置显示，但 Google Maps 能做的远不止在地图上标记位置。

根据网站 http://maps.google.com/help/maps/casestudies 显示，超过 150 000 家网站正在使用 Google Maps，其中包括了如 New York Times（纽约时报）这一类的知名大企业。

Google Maps 库的当前版本 V3 与之前有了很大不同：不再需要通过一个 API 密钥来使用它（意味着不需要在 Google 注册），并且此库针对移动设备使用进行了优化。如 Google 产品的一贯作风，其程序十分简单明了。以中欧的一幅简单交通地图为例，只需要几行 HTML 及 JavaScript 便可完成，见代码清单 7.1。

代码清单 7.1　用 Google　Maps 显示中欧交通地图

```
<html>
 <head>
 <script type="text/javascript"
  src="http://maps.google.com/maps/api/js?sensor=true">
 </script>
 <script type="text/javascript">
  window.onload = function() {
    var map =
      new google.maps.Map(document.getElementById("map"),
        { center: new google.maps.LatLng(47,11),
          zoom: 7,
          mapTypeId: google.maps.MapTypeId.ROADMAP
        }
    );
  }
 </script>
 <body>
  <div id="map" style="width:100%; height:100%"></div>
```

在载入库时，必须注明 sensor（传感器）参数，若其被设为 true，设备便能判断位置并通知应用程序，这在移动设备（譬如说带 GPS 的智能手机）上特别有用。整个页面加载（window.onload）完毕后，会创建一个 google.maps.Map 对象。传给构造器的第一个参数应该是一个 HTML 元素，用于显示地图；第二个参数是一系列配置项，用于决定地图上显示什么以及如何显示。在此案例中，地图被设为以北 47°、东 11°，缩放级别为 7（缩放级别 0 意味着显示整个地球），地图类型通过常数 google.maps.MapTypeId.ROADMAP 被标记为交通地图。

> **因为地图对象的构造器包含了对 HTML 页面内容的引用，因此它仅能在页面加载完成**后被调用，因此使用 window.onload。

7.1.2.2　OpenStreetMap/OpenLayers

OpenStreetMap 于 2004 年面世，目的是成为一个广泛提供全球范围地理数据的免费平台。根据 Wikipedia 的摘录，其作用是让用户轻易地录下他们周边区域的地理要素并将这些要素在线保存。考虑到编辑地理数据的难处，该项目现状确实已经很了不起——数千用户在平台 openstreetmap.org 上传了他们的 GPS 数据，或针对网站数据给出纠错等意见。与此同时，拥有适当授权的现有地理数据也被收集到数据库中（例如 US TIGER 数据及 Landsat 7 卫星图像）。

项目还衍生了一些工具，可以使用它们从 OpenStreetMap 下载数据，并被给予在服务器上上传和保存数据的权限；开放的接口让软件开发者能轻易地将自己的产品与系统集成。

OpenStreetMpa 成功的一个重要原因是：网页开发者可以借助 OpenLayers 项目轻松将地图整合在他们的网站上。它的 JavaScript 库并非限制用户只能使用 OpenStreetMap，而是通过开放性的数据交互来体现它的强大。通过 OpenLayers，你还可以访问 Google、Microsoft、Yahoo！等不计其数的地理服务类地图（基于 WMS 及 WFS 标准）。

代码清单 7.2 展示了用 OpenLayers 及 OpenStreetMap 显示中欧交通地图的一个例子：

代码清单 7.2 用 OpenStreetMap 及 OpenLayers 显示中欧交通地图

```
<!DOCTYPE html>
 <html>
 <head>
 <title>Geolocation - OpenLayers / OpenStreetMap</title>
 <script src=
 "http://www.openlayers.org/api/OpenLayers.js"></script>
 <script src=
 "http://www.openstreetmap.org/openlayers/OpenStreetMap.js">
 </script>
 <script>
  window.onload = function() {
    var map = new OpenLayers.Map("map");
    map.addLayer(new
      OpenLayers.Layer.OSM.Osmarender("Osmarender"));
    var lonLat = new OpenLayers.LonLat(11, 47).transform(
        new OpenLayers.Projection("EPSG:4326"),
        map.getProjectionObject()
    );
    map.setCenter (lonLat,7);
  }
 </script>
 <body>
  <div id="map" style="top: 0; left: 0; bottom: 0;
    right: 0; position: fixed;"></div>
 </body>
</html>
```

在此案例中，我们需要载入 openlayers.org 和 openstreetmap.org 的两个 JavaScript 库。与 Google Maps 类似，也需要把一个 HTML div 元素指派给 OpenLayers.Map 对象用于显

示地图，并添加一个类型为 Osmarender 的层——这是 OpenStreetMap 的标准地图外观（OSM）。在此我们还要说明 OpenStreetMap 的一个重要特点：如 7.1.1 节所述，三纬信息最终应以 2D 形式显示在屏幕上。尽管 Google Maps 用户仅需要用十进制度标识 x 及 y 坐标，不用为内在处理细节烦恼；OpenLayers 则需要用户先把十进制度转换成地图所用的坐标系的对应格式。OpenLayers（其实 Google Map、Yahoo!Maps 及 Microsoft Bing Maps 也一样）内在使用的都是一种投影坐标系，名为 Spherical Mercator（球形墨卡托投影，EPSG 代码 3785）（译者注：也被称为 Web Mercator——Web 墨卡托投影；区别于常规墨卡托投影，它把地球模拟为球体而非椭球体）。在 Spherical Mercator 中，坐标是以米而非十进制度为单位，这也就是为什么这里的经纬度数字必须用 transform()函数转化为地图所用的坐标系（由函数 map.getProjectionObject()决定）需要的格式，并为所用的投影坐标系指定 EPSG 代码（EPSG：4326）。

> 若你在页面开头使用了一个有效的 HTML5DOCTYPE，地图所显示的 HTML 元素必须包含 position:fixed 或 position:absolute。否则，OpenLayers 将不显示任何东西。有趣的是，在没有 DOCTYPE 的情况下此限制不会出现。更多关于这个话题的信息可以从下面地址找到：http://openlayers.org/pipermail/users/2009-July/012860.html。

7.2 初体验：在浏览器中使用地理定位

在测试浏览器的地理定位功能的过程中，我们需要用到代码清单 7.3 中的 JavaScript 代码：

代码清单 7.3 用 navigator.geolocation 输出位置的函数

```
function $(id) { return document.getElementById(id); }
window.onload = function() {
  if (navigator.geolocation) {
    navigator.geolocation.getCurrentPosition(
        function(pos) {
          $("lat").innerHTML = pos.coords.latitude;
          $("lon").innerHTML = pos.coords.longitude;
          $("alt").innerHTML = pos.coords.altitude;
        },
        function() {},
        {enableHighAccuracy:true, maximumAge:600000}
    );
  } else {
    $("status").innerHTML =
      'No Geolocation support for your Browser';
  }
}
```

为了将函数 document.getElementById()用缩写符号代替（也就是起个别名），代码清单的第一行定义了一个辅助函数$。此技巧来自著名的 jQuery 库，这为我们编写代码提供了很大方便，因为需要填充的元素在网页上都是通过 ID 属性标记的。如前面的案例所示（见代码清单 7.1 及代码清单 7.2），window.onload 保证了在应用并设置 HTML 元素之前网页内容已经被完整加载。第一个 if 语句判断浏览器是否支持 Geolocation API。若浏览器不支持，将根据 ID 在相应元素里写入一段适当的提示信息；否则，决定位置的函数 navigator.geolocation.getCurrentPosition()将被执行。

根据规范，浏览器在调用此函数时必须询问用户是否要定位他的当前位置并将其分享至网站。图 7-1 展示了 Mozilla Firefox 下的相关对话框。

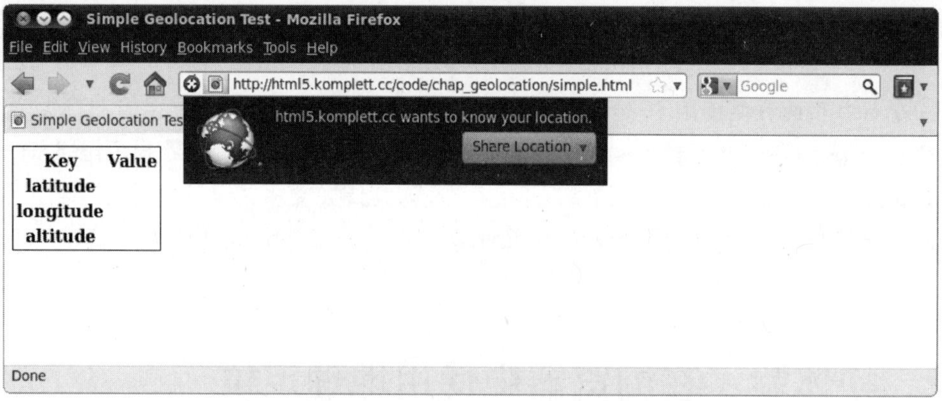

图 7-1 Mozilla Firefox 向用户询求当前位置分享

此函数调用时会传递 3 个参数：

- 成功判断当前位置后所执行的函数（success callback，成功回调函数）
- 无法判断当前位置后反馈错误的函数（error callback，错误回调函数）
- 影响如何定位的值对（Valuepairs）。

根据规范，后面两个参数为可选项，成功回调函数则总是存在。为了不影响后续要执行的 JavaScript 脚本，getCurrentPosition()应在后台异步执行，相关回调函数仅在成功定位或发生错误后回调。

在这个简短例子中，两个回调函数都是匿名函数，没考虑出错的情况。值对 enableHighAccuracy: true 告知浏览器需要尽量精确地计算定位。在 Android 手机上，此设定用于激活内置 GPS 传感器（这方面更多信息见 7.3 节）。最后，maximumAge 标注了位置信息的过期时间，以毫秒为单位，在信息过期之后则需要重新定位——在我们的案例中设为每 10min。

在成功定位之后，坐标数据（pos.coords）及一个表示从 1970 年至今经过的毫秒数的时间戳（pos.timestamp）被放入成功回调函数——即 Position 接口——的变量 pos 中。图 7-2 中显示了可能存在的有效属性及其对应的值。

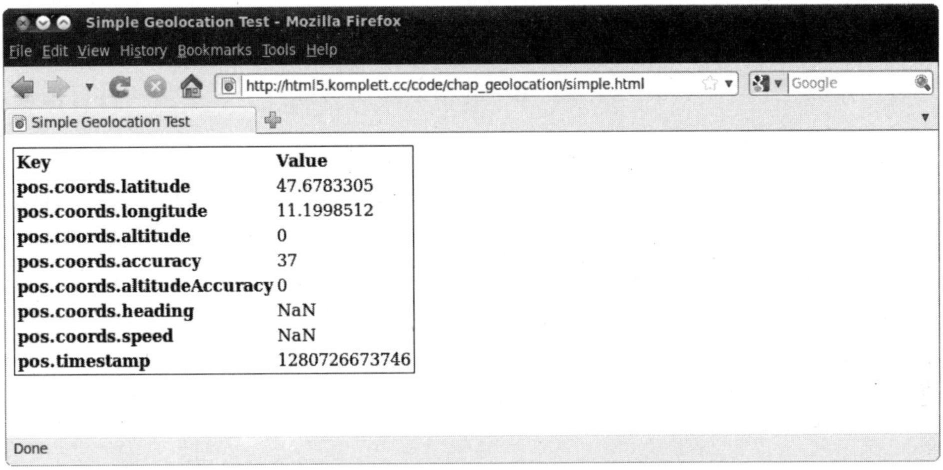

图 7-2 在 Mozilla Firefox 输出地理定位数据

除了经度、纬度及高度外，pos.coords 还包含了位置精度（精度，高度精度）（accuracy，altitudeAccuracy）以及可能的速度与方向（heading）信息。在 Google Chrome 受限于规范规定的属性同时，Firefox（这里指的是版本 3.6）却能够输出许多额外信息——甚至包括从 JSON.stringify(pos)中提取的详细地址（见代码清单 7.4）：

代码清单 7.4 在 Firefox 3.6 下从 JSON.stringify(pos)的结果中提取数据

```
{"coords":
..// ...
  "address":
    {"streetNumber":"6","street":"Postgasse",
     "premises":null,"city":"Murnau am Staffelsee",
     "county":"Garmisch-Partenkirchen","region":"Bavaria",
     "country":"Germany","countryCode":"DE",
     "postalCode":"82418","contractID":"",
     "classDescription":"wifi geo position address object",
     // ...
    },
  // ...
}
```

这个浏览器提供的信息实在太多了！下一节中我们将介绍这些信息的来源。

7.3 定位的技术背景

从海外访问网站 http://www.google.com 时，你也许会惊讶地发现自己被自动转至相关的 Google 地区域名下。即便你的浏览器不具备地理定位能力，自动转向也会发生作用：Google 通过 IP 地址得到你的位置，并使用了一个简单技巧进行转向。

通过使用其他技术，Geolocation API 的精度能显著提升。以下为 4 种目前使用的方法。

1．对于带 Internet 连接的 PC，其位置由 IP 地址而定。但你可能会想到，此类定位方法其实相当不精确。

2．在使用无线网络连接的情况下，定位可以变得更加精准。Google 从世界范围收集了许多公共和私人 WLAN 数据。

3．对于带移动式通信芯片的设备（例如智能手机），其位置将通过移动通信网络得到确定。

4．如果硬件带有 GPS 传感器，在定位时会更加精准。GPS 是一个基于卫星定位的系统，在良好工作环境下（室外、无障碍空地等），即便一个粗劣的传感器也可以将位置精确到以米为单位的范围内。

除了 GPS 传感器能离线使用，方法 1～3 都需要访问互联网并通过服务器定位服务得到应用。提供此类服务的公司包括 Google（Google Location Service，可在 Firefox、Chrome 及 Opera 下使用）及另一美国公司 Skyhook Wireless（可在 Safari 及 Opera 的早期版本下使用）。

但服务商们是如何从无线及移动网络中得到位置信息的呢？以 Google 服务 Street View 的街景车为例：它不仅拍摄照片，还保存公众及私人 WLAN 的信息。2010 年春天，人们发现这些车不仅收集 WLAN 的 MAC 地址及 SSID，还收集用户信息。这一发现给 Google 带来了负面影响，并导致一系列公开道歉。

但这还不是全部：若浏览器通过移动网络或无线 LAN 路由访问互联网，则每次调用相应服务时都会发送位置信息。Google 主要针对带 Android 操作系统的移动通信设备；而 Skyhook 主要针对的是 iPhone 用户。这些已描述方法的结合为这两家服务商提供了非常大的地理数据集，并通过众包（crowdsourcing）方式不断获得更新（这些数据确实是用户提供的，即便他们并不知情）。

Firefox 插件 Geolocater 有个非常有用的扩展功能，尤其是在帮助开发应用程序方面。在调用 Geolocation API 时，用户能自定义 Firefox 所返回的位置信息。用户可以在不使用 Google 在线服务的情况下，通过一个下拉菜单来选择位置。你可以通过以下链接下载此插件：

https://addons.mozilla.org/en-US/firefox/addon/14046

7.4 OpenStreetMap 上显示当前位置

在下面的案例中，当前位置被标记在 OpenStreetMap 的地图上。你可以看见不同的层及 OpenStreetMap 导航条。图 7-3 展示了 OpenStreetMap 的 Mapnik 层——位于浏览器中央的位置标记。

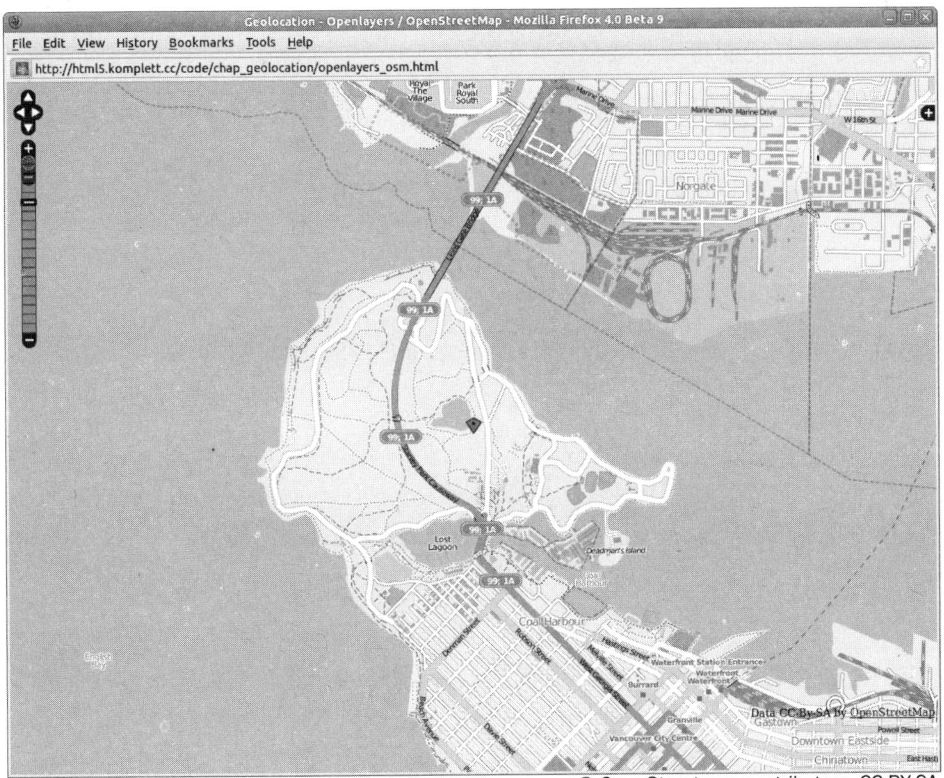

© OpenStreetmap contributors, CC-BY-SA

图 7-3 用 OpenLayers 与 OpenStreetMap 显示当前位置

在 7.1.2 节中已经提到过，我们使用 OpenLayers 库来显示 OpenStreetMap 项目的数据。在两个必要的 JavaScript 文件加载完成后，示例中的地图被初始化，并加入所需的控制元素：

```
// Initialize map and add navigation
var map = new OpenLayers.Map ("map");
map.addControl(new OpenLayers.Control.Navigation());
map.addControl(new OpenLayers.Control.PanZoomBar());
```

除了带 4 个箭头的导航元素外，我们在地图变量（map）中加入缩放条。之后，我们为各种层创建 selection 元素（Control.LayerSwitcher），并将这些层添加到地图中。要新创建的地图对象数组位于函数 map.addLayers()中：

```
// Layer selection with four map types
map.addControl(new OpenLayers.Control.LayerSwitcher());
map.addLayers([
  new OpenLayers.Layer.OSM.Mapnik("Mapnik"),
  new OpenLayers.Layer.OSM.Osmarender("Osmarender"),
  new OpenLayers.Layer.OSM.CycleMap("CycleMap")
]);
```

为地图中的标记创建一个层：

```
var markers = new OpenLayers.Layer.Markers("Markers");
map.addLayer(markers);
```

成功定位后的回调函数如下：

```
         function(pos) {
           var ll = new OpenLayers.LonLat(
             pos.coords.longitude,
             pos.coords.latitude).transform(
               new OpenLayers.Projection("EPSG:4326"),
               map.getProjectionObject()
             );
           map.setCenter (ll,zoom);
           markers.addMarker(
             new OpenLayers.Marker(
             ll,new OpenLayers.Icon(
'http://www.openstreetmap.org/openlayers/img/marker.png')
             )
           );
         },
```

如 7.1.2 节中谈到的那样，地理坐标系中的坐标（lat/lon）必须转化成球形墨卡托投影坐标系。最后，标记 ll 被置于判定出的当前地理位置，相应的图标直接从 OpenStreetMap 加载。地理定位规范中还有一个特别适合用来移动对象的函数：navigator.geolocation.watchPosition()。下面的例子将演示如何使用 Google Maps API 来图形化地展示地理位置的改变。

7.5 使用 GoogleMaps 追踪位置

我们的例子仅在移动设备上有效。你当然可以为了演示人为制造“移动”，但只有当你在移动过程中使用着浏览器，并希望能精确判断位置时才能真实感受到“追踪位置”这一概念。以下体验中的重要道具是一部 Android 智能手机，它在高速公路驾驶过程中显示着 HTML 页面。

如图 7-4 所示，由 Google Maps 判定的最后 5 个位置被标记于地图上。当用户离开屏幕显示的地图区域时，地图将以下一个点为中心展开。

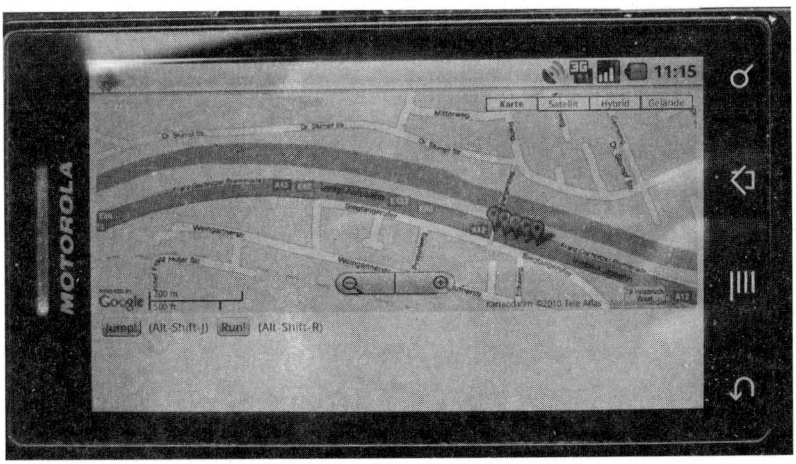

图 7-4 Android 手机上的 Google Maps API

我们再次使用 window.onload 完成 Geolocation API 的调用，其代码如下：

```
var watchID = navigator.geolocation.watchPosition(
  moveMe, posError, {enableHighAccuracy: true}
);
```

真正的工作在函数 moveMe()中进行：

```
function moveMe(position) {
  latlng = new google.maps.LatLng(
    position.coords.latitude,
    position.coords.longitude);
  bounds = map.getBounds();
  map.setZoom(16);
  if (!bounds.contains(latlng)) {
    map.setCenter(latlng);
  }
```

```
    if (marker.length >= maxMarkers) {
      m = marker.shift();
      if (m) {
        m.setMap();
      }
    }
    marker.push(new google.maps.Marker({
      position: latlng, map: map,
      title: position.coords.accuracy+"m lat: "
        +position.coords.latitude+" lon: "+
        position.coords.longitude
    }));
  }
```

变量 latlng 被创建为 Google Maps 的 LatLng 对象，当前坐标被传递至此对象。若当前位置不在显示区域（!bounds.contains(latlng)），地图将重新围绕当前点展开。在脚本一开始，marker 数组及变量 maxMarkers 都已经被定义为全局变量，并被赋值为 5。若 marker 数组包含多于 5 个元素，第一个元素将通过 shift 函数从数组中被移除，并通过调用 setMap()，在不需要提供更多参考标记的情况下从地图中删去。最后，数组中将添加一个标记当前位置的新 marker 对象。

7.6 案例：Geonotes

这个例子是携带一部新智能手机进行海外旅行：我们要为这趟旅行设计一本数字旅行日记，自动记录所有到过地方的地理坐标，并将它们显示在地图上。高昂的欧洲数据漫游费用让我们必须为其加入一个 HTML5 相关技术以减少成本，那就是 Web 存储（Web Storage）。通过 Web Storage API，到过的地点被储存在永久性内存（译者注：例如文件缓存、手机记忆卡）中，这样即使在没有数据通信的情况下程序也可以运行。有关 Web Storage API 的更多细节可见第 8 章。

7.6.1 操作

这个程序结构非常简单（见图 7-5）：你可以在文本框中输入日记注释。新的 HTML5 占位符（placeholder）属性让浏览器显示一个输入新消息的邀请。若你已输入注释，右边区域将显示一幅 GoogleMaps 的地图截选。到过的地点列表位于下方，其不仅包括自己填写的文本注释，同时还包括了位置、达到时间、以及与当前位置的距离。你还可以选择删除注释，或是在 Google Maps 上显示相应详细位置。如图 7-5 所示，地图上到过的地方其地理位置都通过典型的 Google 标记注明。位置标记旁边的圆形表示该地点的精确位置。

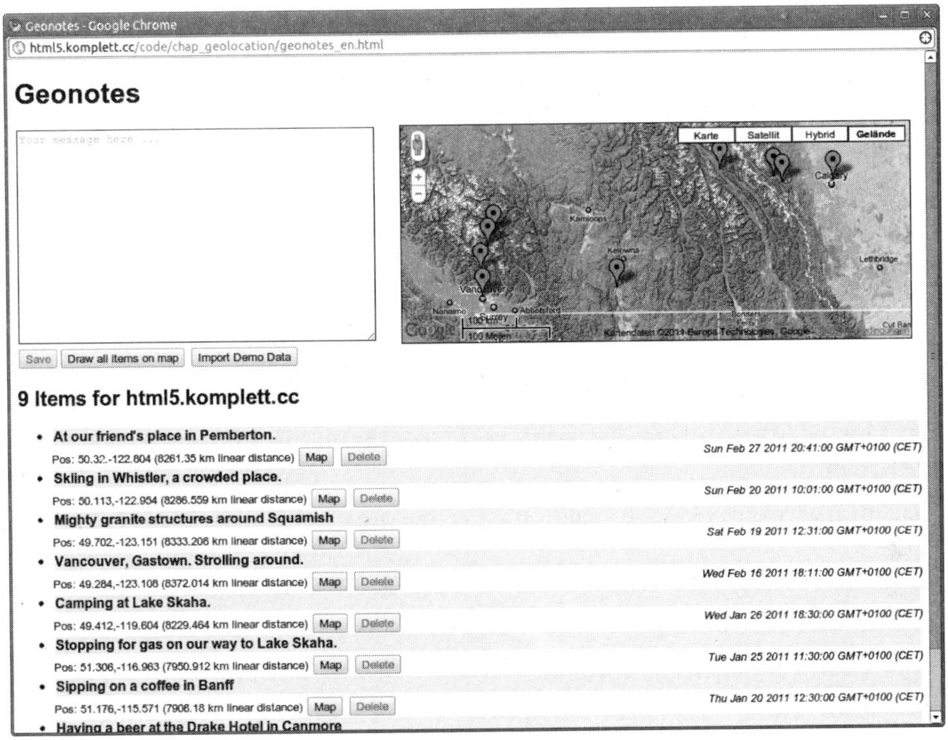

图 7-5 带地理位置信息的注释

没人会乐意为了开发程序边走路边写代码，因此我们需要用到 Firefox 插件 Geolacater。在此前的 7.3 节中已经介绍过它了。你可以在插件中储存几个位置，以便在家中仍然能测试程序。原则上讲，该程序应该在带 GPS 的智能手机上使用，而 Android 系统手机及 iPhone 都能完全满足这个条件。

为了能马上测试该程序，你可以采用 demo 数据。此类数据部分为虚构，部分为真实地点，由程序作者所记录。

7.6.2 重要的代码片断

该程序的 HTML 代码包含了一些 div 容器元素，它们将在稍后用于容纳消息（id='items'）及地图（id='map'）。如前所述，textarea 元素包含了新的 placeholder 属性，可以进一步提升用户亲和度。相关单击事件的监听器被直接绑定至 3 个按钮元素：

```
<body>
  <h1>Geonotes</h1>
```

```
  <div class='text_input'>
    <textarea style='float:left;margin-right:30px;'
      placeholder='Your message here ...'
      cols="50" rows="15" id="note"></textarea>
    <div class='map' id='map'></div>
    <div style='clear:both;' id='status'></div>
    <button style='float:left;color:green;' id='save'
      onclick='saveItem()'>Save</button>
    <button onclick='drawAllItems()'>Draw all items on
      map</button>
    <button onclick='importDemoData()'>Import Demo Data
    </button>
  </div>
  <div class='items' id='items'></div>
```

JavaScript 代码定义了一个辅助功能函数及 3 个全局变量：

```
function $(id) { return document.getElementById(id); }
 var map;
 var my_pos;
 var diaryItem = { id: 0, pos: 0, ts: 0, msg: '' }
```

7.2 节中介绍了函数$。它在这里也可以为你节省许多打字功夫，并让代码更容易阅读。变量 map 指向用于显示 Google Maps 的 HTML 区域。my_pos 包含了调用脚本时的当前位置，同时也用于计算距离。diaryItem 表示每条记录的结构：每条记录都被分配了一个 ID（id）、当前位置信息（pos）、一个时间戳（ts）以及文本域中输入的注释（msg）。

在页面加载完成时，我们判断出当前位置并显示已有的记录：

```
window.onload = function() {
  if (navigator.geolocation) {
    navigator.geolocation.getCurrentPosition(
      function(pos) {
        my_pos = pos;
        showItems();
      },
      posError,
      { enableHighAccuracy: true, maximumAge: 60000 }
    );
  }
  showItems();
  if (localStorage.length > 0) {
    drawAllItems();
  }
}
```

调用 getCurrentPosition()函数会激活 enableHighAccuracy 选项，并将已判定位置的过期时间设为一分钟。若成功定位，最新的位置数据将被传给此前定义好的全局变量 my_pos，接着调用函数 showItems()；若定位失败，则会调用函数 posError()，它在对话窗口中输出相应错误信息。若 localStorage 中的信息数量大于 0，我们将执行函数 drawAllItems()，将已储存的地点显示在 Google Maps 上。

showItems 函数将所有记录合并成字符串，传给 ID 为 items 的 HTML 元素：

```
function showItems() {
  var s = '<h2>'+localStorage.length+' Items for '
    +location.hostname+'</h2>';
  s+= '<ul>';
  var i_array = getAllItems();
  for (k in i_array) {
    var item = i_array[k];
    var iDate = new Date(item.ts);
    s+= '<li>';
    s+= '<p class="msg">'+item.msg+'</p>';
    s+= '<div class="footer">';
    s+= '<p class="i_date">'+iDate.toLocaleString();
      +'</p>';
 ...
  $('items').innerHTML = s+'</ul>';
```

函数 getAllItems()读取 localStorage，将内容对象填充到 i_array 数组变量中、然后按日期排序并返回：

```
function getAllItems() {
  var i_array = [];
  for (var i=0;i<localStorage.length;i++) {
    try {
      var item = JSON.parse(
        localStorage.getItem(localStorage.key(i))
      );
      i_array.push(item);
    } catch (err) {
      continue;   // skip this entry, no valid JSON data
    }
  }
  i_array.sort(function(a, b) {
    return b.ts - a.ts
  });
  return i_array;
 }
```

localStorage.getItem()函数从永久性内存中得到一个元素，通过函数 JSON.parse 将其转换为 JavaScript 对象——对象在保存时必须通过 JSON.stringify 转换为 JSON 字符串（见下面的代码清单）。为避免读到非 JSON 编码的内容导致脚本中止，我们将 JSON.parse 语句放在 try/catch 块中。对象通过 i_array.push()被压入数组 i_array 末端，并在下一步中按时间排序。为了让 JavaScript 函数 sort 清楚排序标准，我们为其扩充一个匿名函数。变量 ts 包含了自 1970 年 1 月 1 日以来经过的毫秒数——通过 JavaSCript 函数 new Date().getTime()生成的，用于为对象作临时排序。若匿名函数返回负数值，a 被放在 b

后；若返回正数值，a 则在 b 前。

我们还需要解决如何创建及保存新记录的问题。办法是使用函数 saveItem()，初始化一个局部变量 d，并复制 diaryItem 的结构：

```
function saveItem() {
  var d = diaryItem;
  d.msg = $('note').value;
  if (d.msg == '') {
    alert("Empty message");
    return;
  }
  d.ts = new Date().getTime();
  d.id = "geonotes_"+d.ts;
 if (navigator.geolocation) {
   $('status').innerHTML = '<span style="color:red">'
       +'getting current position / item unsaved</span>';
   navigator.geolocation.getCurrentPosition(
     function(pos) {
       d.pos = pos.coords;
       localStorage.setItem(d.id, JSON.stringify(d));
       $('status').innerHTML =
         '<span style="color:green">item saved. Position'
         +' is: '+pos.coords.latitude
         +','+pos.coords.longitude+'</span>';
       showItems();
     },
     posError,
     { enableHighAccuracy: true, maximumAge: 60000 }
   );
 } else {
   // alert("Browser does not support Geolocation");
   localStorage.setItem(d.id, JSON.stringify(d));
   $('status').innerHTML =
     "Browser does not support Geolocation/item saved.";
 }
 showItems();
}
```

若文本字段为空（d.msg = ''），将显示相应对话框，并直接 return 以中止函数。否则，我们这条记录 ID 设为“geonotes_”加上当前毫秒数的时间戳。如果同一个服务器上有多个应用程序访问 localStorage，这个字符串前缀可以用来区分各自的数据。在成功定位后，坐标及相关元信息将被放到 diaryItem 对象的 pos 变量中，并通过 JSON.stringify()转换为 JSON 字符串保存到 localStorage。

在浏览器不支持 Geolocation API 的情况下，程序仍将保存文本，并提醒用户无法获得地理定位支持。最后调用的 showItems()保证了信息列表保持更新。

7.7 浏览器支持

如前所述，用来判断位置的函数提供了许多新特性，尤其是对于移动设备应用程序来说。在写下本文时，Apple 系列产品（iPhone、iPad、iPod）及 Android 手机是最重要的移动平台。Google 浏览器（基于 Android 平台）及 Safari（用于 Apple 设备）都支持 Geolocation API。

桌面浏览器也为地理定位提供了良好支持。Safari 及 Google Chrome 从版本 5 开始都具备了必要功能，Firefox 从版本 3.5 就开始支持 Geolocation，Opera 自版本 10.60 开始也将此功能集成至它的浏览器。只有 Mircrosoft 目前仍无法在浏览器中支持任何类型的地理定位，不幸的是，它们的移动平台 Windows Phone 7 也是如此。

小结

在这一章中我们介绍了新的地理定位功能，它带来了许多新特性，特别是对于移动设备来说。随着智能手机的高速普及，越来越多人将享受到地理定位服务。这些服务让移动中的用户能轻松收集信息，找到最近的提款机或最方便的公共交通路线。目前来说，此类功能仍需要通过特殊程序完成，此类程序需要为每种移动操作系统单独开发并持续更新。但在将来，此类功能可以通过 Geolocation API 应用由浏览器实现。

第 8 章 Web 存储及离线 Web 应用程序

Web 应用程序的日渐复杂加重了网络带宽的负担。尽管网络传输速度也在持续上升，人们还是需要找到优化数据传输的办法。目前为止，在客户端保存信息只有一个标准做法：cookies。考虑到每次访问网站时客户端需要将该网站的 cookie 完全传递到服务器，cookies 不应过大。另外，Web 服务器也针对 HTTP 请求域的最大尺寸作出了限制，举例来说，Apache 服务器的默认设置为 8KB。

WHATWG 的解决建议分为两方面，本章中都会讨论到。一方面，WHATWG 构想了一个可以将会话（session）储存至永久性内存的“存储接口”，且不限于单个对话。另一方面，人们可以通过中央配置将文件定义为由浏览器保存至本地，以便在没有网络连接的情况下也可以访问。这两种方式都非常简单直接，尽管略显粗糙。

8.1 存储

一直以来，人们都渴望万维网能突破可怜的 cookie 限制，拥有结构性的客户端存储。

Adobe 在第 6 版中推出了将数据本地保存在本地 Flash Player 中的功能，并将它命名为 Local Shared Object（LSO）。LSO 的默认设置为 100KB，但在需要的情况下它可以扩展至 10MB（经由用户确认）。ISO 的缺陷，也是人们所说的 Flash cookies 的缺陷，在于它只能用于 Flash 中，并超出了浏览器的安全模式。即便用户删除了他所有的浏览器 cookies，网站仍能通过 Flash cookies 追踪该用户。按 Wikipedia 的说法，互联网上过半的大网站都使用 Flash cookies 来分析用户行为。

WHATWG 在他们的 Web 存储文档中记录了他们在这方面的见解。尽管 Web 存储已从 HTML5 规范中移除，但它仍与规范有着明显的联系。目前，W3C 规范还处于编辑草案（Editor’s Draft）阶段，鉴于所有常用浏览器都已经稳定地应用了 Web 存储一段时间（见 8.3 节），前景应该比较乐观。

NOTE

当前版本 W3C 的 Web 存储规范可见 http://dev.w3.org/html5/webstorage。

WHATWG 版本见 http://www.whatwg.org/specs/web-apps/current-work/complete/webstorage.html。

8.1.1 Storage 接口

Storage 接口定义了永久性存储的常用属性及访问方法。无论是 sessionStorage（会话存储）还是 localStorage（本地存储）对象，两者都包含了表 8-1 中列出的方法及属性。

表 8-1 Storage 接口中的方法及属性

属性/方法	返 回 值	描 述
length	*integer*	对象的键/值对数量（只读）
key(n)	*DOMString*	位置 n 上的键名
getItem(key)	*data*	给定键 key 的值（DOM 数组）
setItem(key，data)	*void*	保存键 key 的值 data
removeItem(key)	*void*	删除键 key 的内容
clear()	*void*	删除此对象下的所有键/值对

与 cookies 相似，Storage 接口管理着键/值对，键名应为 DOMString 类型。根据 W3C DOM 规范，DOMStrings 为 UTF-16 制编码数组，这意味着你甚至可以使用特殊字符作为键名——譬如说德文变音（ü、ö、ä），当然我们并不建议这样做。比较明智的做法是仅使用 US-ASCII 字符集的字符及数字。空白字符串也是合法键名，但通常

来说人们不会选择它。若在函数 setItem 中使用了已存在的键，其现存值将被替换为新值。

除了 setItem()及 getItem()，Web Storage API 还提供了另外的访问方法，让读取变得更轻松。举例来说，若你需要在本地储存中将键 currentTemp 保存为值 18，下列一行代码就足够了：

```
localStorage.currentTemp = 18;
```

理所当然，你还可以通过以下方法读取该值：

```
alert(localStorage.currentTemp);
```

若 localStorage 中包含了未知数量的项，Storage 接口的 key 方法同样管用：

```
for (var i=0;i<localStorage.length;i++) {
  var item =
    localStorage.getItem(localStorage.key(i));
    alert("Found item "+item);
  }
```

规范声明值的类型不受限制，但当前浏览器会将所有值保存为字符串。为保存诸如数组或对象这类复杂数据，我们需要先将它们转化为字符串。正规的做法是使用 JSON 库：

```
JSON.stringify(itemsObject)
```

规范仅暗示了浏览器应为网站保留的硬盘空间大小。每个域名下的推荐储存空间大小为 5MB（见 8.1.3 节）。目前的浏览器都遵从了这一推荐。

8.1.2　会话存储（sessionStorage）

cookies 不依赖于浏览器窗口直接连接到网站，这会导致一些严重问题，例如：网上商店会将已形成的购物车通过 cookie 保存在浏览器中，但如果用户在购物过程中打开了新的浏览器窗口并在新窗口下使用不同用户名继续购物，原窗口下的商品也可能随之改变。

尽管 cookie 作用于多个窗口，sessionStorage 的有效性却仅限制于当前浏览器窗口，在大部分情况下这都是令人满意的。图 8-1 使用同一个简单案例展示了两者之间的不同。

图 8-1 中案例的 JavaScript 核心代码如下：

```
window.onload = function() {
  var currDate = new Date();
```

```
    sessionStorage.setItem("currenttime",
      currDate.toLocaleString());
    document.cookie =
      "currenttime="+currDate.toLocaleString();
    updateHTML();
  }
  function updateHTML() {
    document.getElementById("currenttime").innerHTML =
      sessionStorage.getItem("currenttime");
    document.getElementById("currtimeCookie").innerHTML
      = getCookie("currenttime");
  }
```

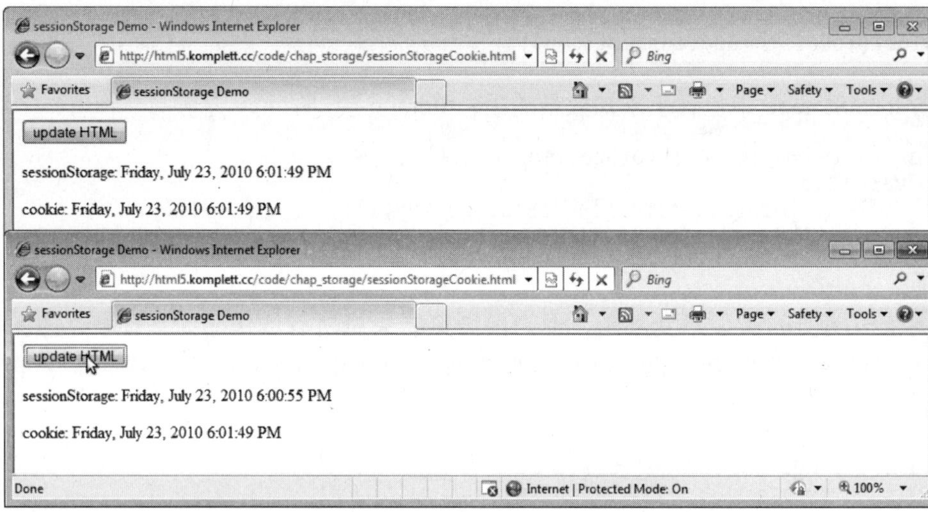

图 8-1 sessionStorage 与 cookies 之间的不同之处

在网站加载完毕时（window.onload 函数），将当前日期及时间同时保存在 sessionStorage 与 cookie 中。若网站通过两个不同的浏览器窗口打开，第二个打开的窗口将覆盖 cookie 变量当前时间。接下来若在第一个窗口中调用 updateHTML 函数，sessionStorage 及 cookie 的内容将产生差别。

在规范中，sessionStorage 被分配给顶层浏览器环境（top-level browsing context）。简单来说，此环境可被视为打开的浏览器窗口，或浏览器窗口下打开的标签页；相对的，内嵌浏览器环境（nested browsing context）则是 HTML 页面下的内嵌 iframe 框架之类。同时，浏览器还必须保证每个网站仅能访问自己专属的 sessionStorage。若该浏览器环境变为不可访问（浏览器窗口或标签页关闭），浏览器将永久删除相关数据。

8.1.3 本地存储（localStorage）

与 sessionStorage 相反，localStorage 指向网站源（origin）而非浏览器环境。源由小

写的因特网服务类型（scheme，例如 http）、服务器名（同为小写）及端口组成。若未明确指定端口，则使用默认端口（HTTP 的端口为 80）。http://www.google.com 这个 URL 的源由三个值组成：http、www.google.com 及 80。

用这种方式组成源，意味着同一个服务器上所有网站的源都是一样的。这样，将所有用户的网站都托管至同一个域名下的网站托管服务（例如 Google 的免费服务 sites.google.com）又产生了安全问题——由于所有主页都处于同一个目录 http://sites.google.com/site 下，不同用户访问的是同一个 localStorage。规范建议在这样的情况下不应使用 localStorage。

8.1.4 Storage 事件

储存中的任意数据改变都将触发一个 Storage 事件。Storage 事件提供在数据改变前后键和值的读取权限、引起改变的脚本 URL，以及所改变的 Storage 对象引用。

目前浏览器下的 Storage 事件应用可以说仍处于测试阶段。举例来说，Firefox 3.6 下事件可以被触发，但并不包含期望值；在 Firefox 4 Beta 3 下，事件句柄函数无法启动。IE8 无法识别添加事件句柄 window.addEventListener 的标准调用方法，你必须使用 window.onstorage 取而代之，而期望事件还必须从全局 window.event 中读取。IE9 Beta3 甚至无法回应这两种事件句柄任意之一。更甚至 Safari 5 也无法显示 Storage 事件的结果。仅有 Opera（版本 10.60）及 Google Chrome（版本 6）会返回 Storage 事件的预期数据。

8.1.5 调试

在开发 Web 应用程序的过程中，能看到永久性存储的当前内容是很有帮助的。我们可以通过 getItem()获取某个元素并在 alert()窗口中显示，虽然有时你更希望能在一个简单表格中浏览所有元素。不同浏览器提供了不同的选择。

Firefox 自身并不具备显示存储内容的图形用户界面，因此你需要使用一个免费插件。作为 Firefox 浏览器不可或缺的扩展功能，Firebug 多年来都在 Web 开发者中享有盛誉，它也可以用来管理 localStorage 及 sessionStorage。在控制台键入单词 localStorage 或 sessionStorage 将得到一个包含了 Storage 当前值的 JavaScript 对象，你可以通过它来浏览储存（见图 8-2）。若需要不通过 Firebug 插件浏览储存内容，你也可以使用 Firefox 中的内部信息，该数据被保存在后台的 SQLite 数据库（版本 3）中，可通过命令行工具 sqlite3 查看；另一个伟大的 Firefox 插件 sqlite-manager 可以提供 SQLite 的图形用户界面。SQLite 数据库位于 Firefox 的配置文件目录中，名称为 webappsstore.sqlite。

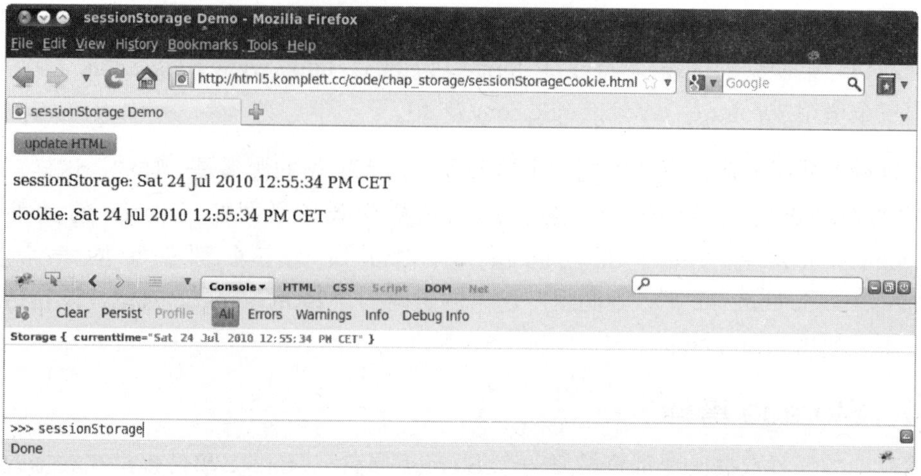

图 8-2　用 Firefox 插件 Firebug 查看 sessionStorage

NOTE

你可以通过以下链接获取相关 Firefox 插件：

- **Firebug:** http://getfirebug.com
- **sqlite-manager:** http://code.google.com/p/sqlite-manager

Apple 的 Safari 提供了一个集成的调试选项，需要先在 Advanced Preferences 中激活。激活后，与 Firebug 类似，Safari 将显示一个带控制台的 Develop 菜单用来查看 Storage 内容。

Google Chrome 及 Opera 同样具备集成开发工具，允许便捷的访问所有网站元素。在这两种浏览器中，Storage 菜单提供了一个清晰而详细的 localStorage、sessionStorage 及 cookies 列表。你还可以在表格中对值作出添加、改变或删除（见图 8-3）。

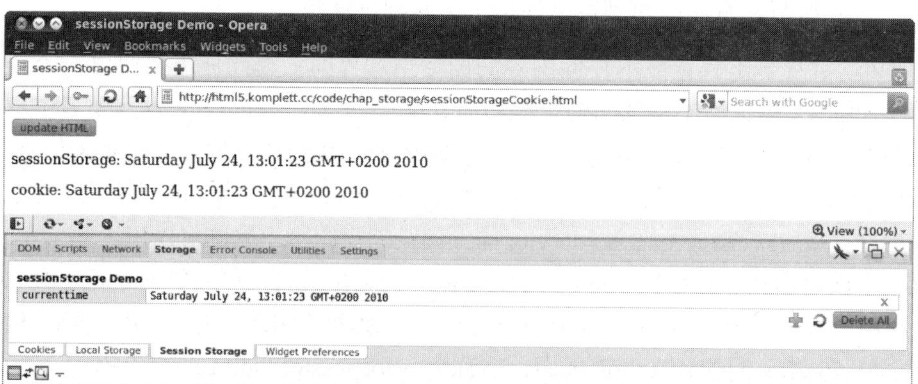

图 8-3　Opera 的开发者工具

甚至 IE9 也提供了开发者工具。除了 DOM 树、CSS 内容、脚本调试器、网络分析器之外，它还提供与 Firebug、Safari、Chrome 及 Opera 中类似的浏览器控制台（译者注：可通过快捷键 F12 呼出）。

最新版本的 IE 浏览器确实加入了开发者工具这个优秀功能。此工具不仅让人们能够详细检查 cookies、sessionStorage 及 localStorage，还在 Web 开发的许多其他方面提供了极大帮助。

8.2 离线 Web 应用程序

为了让应用程序能在离线状态下完整运行，我们必须将 HTML、JavaScript 及多媒体文件确实地保存在客户端机器上。目前为止，所有浏览器都能缓存内容，但并没有标准的访问方法。HTML5 规范重视了这个问题，并为此专列了一个章节——离线 Web 应用程序。它允许通过简单的配置创建一块独立的离线内存。带后缀.appcache 的文件包含了离线内存中保存的元素，通过 manifest 属性整合在 html 标签里：

```
<!DOCTYPE html>
 <html manifest="menu.appcache">
  <head>
```

cache manifest（缓存清单）文件的内容格式类似于下面这样：

```
CACHE MANIFEST
menu.html
menu.js
menu_data.js
```

文件结构相当简单，它并不包含 XML 结构或你所知的 Windows.ini 文件语法，不过是一个简单的文本文件。在这个简化的案例中，文件中列出的所有项都被转移到离线内存中保存，并仅在.appcache 文件改变时更新。所有在 html 元素中引用了这个 manifest 的文件也都被自动缓存，尽管规范明确建议应将它们再次列出（译者注：即会自动缓存引用 manifest 的当前页面，虽然这是规范规定的机制，但实际应用中更像是个 bug）。让我们深入了解一下这个配置文件。

8.2.1 缓存清单文件

缓存清单文件必须为通过字符集 UTF-8 编码的文本文件，第一行应包括字符串 CACHE MANIFEST。Web 服务器在输出该文件时必须使用 MIME 类型 text/cache-manifest。

有需要的话，.appcache 文件可包含 3 个特别关键词，每一个对应一个独立区块。以下为简要示范：

```
CACHE MANIFEST
menu.html
menu.js

# login requires network connection
NETWORK:
login.php

FALLBACK:
/ /menu.html

CACHE:
style/innbar.css
```

文件开头的内容之前已经介绍过了，后面是一行以#打头的注释。字符串 NETWORK:标记了新区块的开始，此区块中的数据放在白名单中，总是需要通过网络获取。在上面的例子中用的是 login.php 文件，原因是我们想让登录检查仅在联机状态下发生。

在浏览器处于离线状态，而且要访问的内容也没有保存在离线缓存中时，我们需要用到 FALLBACK 区块。在这里，期望内容被定义为 Web 服务器上的所有文件（使用小写的/），因此当服务器有任何文件无法访问时，都将显示 menu.html 来代替。

最后，配置文件还包含了 CACHE:条目，也用于表示要缓存的内容。在这个例子中，省略掉 CACHE 区块、把样式表 style/innbar.css 列在配置文件开头其实也是一样的效果。

规范描述了一个特别的例子，其中的缓存清单文件包含以下内容：

```
CACHE MANIFEST
FALLBACK:
/ /offline.html
NETWORK:
*
```

你可以使用这个技巧来缓存 Web 服务器上的所有页面：所有应用了缓存清单的页面都将在第一次加载时保存到本地，并仅在清单文件改变时才需要重新从服务器加载。FALLBACK 将所有缺失页面的访问请求重定向至/offline.html。带通配符（*）的 NETWORK 要求页面即使在浏览器离线状态下也能正常显示。

8.2.2　离线状态及事件

通过离线 Web 应用程序的编程接口（API），Web 开发者得以检查离线存储的状态并在需要时作出手动更改。可以通过 window.applicationCache 对象的 status 常量查询缓存状态。表 8-2 列出了它们的值和含义。

表 8-2　应用程序缓存状态的常量含义

值	名　称	含　义
0	UNCACHED	页面未被缓存。可能是页面无法被离线保存或是尚未完成下载
1	IDLE	浏览器已下载了离线缓存的最新版本
2	CHECKING	浏览器正在检查缓存清单是否改变
3	DOWNLOADING	发现改变了的缓存清单后，浏览器正下载新缓存内容
4	UPDATEREADY	浏览器已下载所有必需的缓存内容，但尚未使用新缓存
5	OBSOLETE	在无法加载缓存清单的情况下，缓存被标记为 obsolete。浏览器应将缓存删除

要检索常量当前值，你只需要在浏览器控制台中键入其名称：window.applicationCache.status，输出结果将会是表 8-2 中的值。要想控制应用程序缓存行为，以下代码可以用于在浏览器必定触发的事件中执行检索：

```
window.applicationCache.addEventListener("progress",
    function(e) {
      alert("New file downloaded");
    }, false);
```

progress 事件会在每次新文件加载完毕时触发，因此这段代码将在每次文件下载完毕后显示警告窗口。表 8-3 列出了所有事件。

表 8-3　离线 Web 应用程序可能涉及的所有事件

名　称	描　述
checking	浏览器正在检查是否存在新的缓存清单
noupdate	服务器上不存在新的缓存清单
downloading	浏览器正在下载需要保存的该版本所有文件。此事件也会在文件首次全部完成下载时触发
progress	每个文件下载完毕时都会触发
cached	要缓存的所有元素都已下载完毕
updateready	要缓存的所有元素都已重新下载完毕（缓存清单文件被改变）
obsolete	无法读入缓存清单文件
error	下载要缓存的元素时发生错误。此错误发生的可能性有几种，例如清单文件内容格式错误

在试图找出出错原因时，error 事件非常有用。无法找到缓存清单中列出的文件时，

将在浏览器上触发此事件。浏览器会在出错点停止所有脚本的执行，而错误原因也许是你在调试过程中完全未曾想到的。更多调试信息可见 8.2.3 节。

JavaScript API 为缓存提供两个额外方法：update()及 swapCache()，让你可以在不重新加载页面的情况下通过 Update 按钮更新缓存。该按钮由以下 HTML 片段创建：

```
<button onclick="window.applicationCache.update();">
  update applicationCache</button>
```

我们通过 JavaScript 代码控制 updateready 事件：

```
window.applicationCache.addEventListener("updateready",
    function(e) {
      window.applicationCache.swapCache();
      alert("New Cache in action");
    }, false);
```

在成功下载完更新的同时，旧的缓存将被函数 swapCache()覆盖为新版本。updata 函数首先检查缓存清单文件，若其没有改变，无论缓存中的某个文件是否改变，都不会进行更新。刷新页面跟单击该按钮是一样的效果。

某些情况下，手动或自动控制缓存更合适。举例来说，公共场所有一个无人值守的显示器，需要随时显示最新新闻。我们可以通过一个不断重复的函数（setInterval()）在后台更新缓存，无论是否存在网络连接，系统都可以可靠地显示 HTML 页面。

规范还描述了一个用来表明浏览器是否在线的属性。若浏览器被设为不访问网络或网络访问失败，window.navigator.onLine 将返回 false，否则返回 true。

即便 window.navigator.onLine 的值为 true，也不意味着浏览器能访问互联网。浏览器在局域网上也可以显示 online，而不需要连接至公众互联网。

当今浏览器具有离线模式功能。例如在 Mozilla Firefox 下，此功能在菜单 File 中为 Work Offline。若浏览器从在线模式变为离线模式，offline 事件将被触发；反之则将触发 online 事件：

```
window.addEventListener("online", function() {
 alert("You are now online");
}, false);
window.addEventListener("offline", function() {
 alert("You are now OFFLINE");
}, false);
```

此案例在浏览器改变在线状态的同时创建一个警告窗口。可离线应用程序可以利用这些事件从服务器下载最新数据或将本地储存数据上传至服务器。

8.2.3 调试

你可能有过许多 Web 开发者都遭遇过的经历：花费了许多时间逐行更改源代码，并每次更改后都在浏览器中刷新页面——但结果还是保持不变。在服务器到浏览器之间存在着许多用来临时储存 Web 内容的空间。多数情况下这都很有助于节约带宽，但它也让 Web 开发者损失了许多休息时间。

糟糕的是离线 Web 应用程序让这一问题变得更加复杂。添加了额外的缓存组件之后，基本上很难搞清楚各个元素在哪个缓存里更新了哪又没更新。为了要解决这个问题，必须使用结构化的方法。

首先需要确保的是 Web 服务器确实输出了当前版本的缓存清单。下面例子为 Apache Web 服务器上的一些 log 文件：

```
::1 - - [26/Jul/2010:14:50:46 +0200] "GET
/code/chap_storage/menu.appcache HTTP/1.1" 200 491
"-" "Mozilla/5.0 (X11; U; Linux x86_64; en-US)
AppleWebKit/534.3 (KHTML, like Gecko) Chrome/6.0.472.0
Safari/534.3"
::1 - - [26/Jul/2010:14:50:46 +0200] "GET
/code/chap_storage/menu.appcache HTTP/1.1" 304 253
"-" "Mozilla/5.0 (X11; U; Linux x86_64; en-US)
AppleWebKit/534.3 (KHTML, like Gecko) Chrome/6.0.472.0
Safari/534.3"
```

HTTP 状态码 200 代表着已经成功处理访问文件的请求；304 代表文件处于未更改状态，因此未受理访问请求（译者注：304 表示服务器认为目标文件与缓存中一致，指示浏览器直接访问缓存）。

下一个调试选项内嵌在浏览器中。它因浏览器而异，目前来说 Firefox 及 Google Chrome 的工具最方便。

Google Chrome 可以在开发者工具控制台中追踪 applicationCache 对象的当前状态。表 8-4 展示了浏览器创建离线存储过程中对页面的第一次调用。接下来所有相关文档被下载完毕，每次下载结束都将触发一个 progress 事件（同样见 8.2.2 节）。重新加载页面将产生 noupdate 事件，因为缓存清单文件尚未被修改。Chrome 将所有事件清晰地按顺序排列。

Mozilla Firefox 的开发者们将与缓存有关的信息直接集成到浏览器中。在地址 about:cache?device=offline 下，Firefox 将此缓存中的所有元素以列表方式显示。若浏览器为离线模式，你可以得到每个元素的更详细信息，譬如说文件在硬盘上的位置（见图 8-5）。

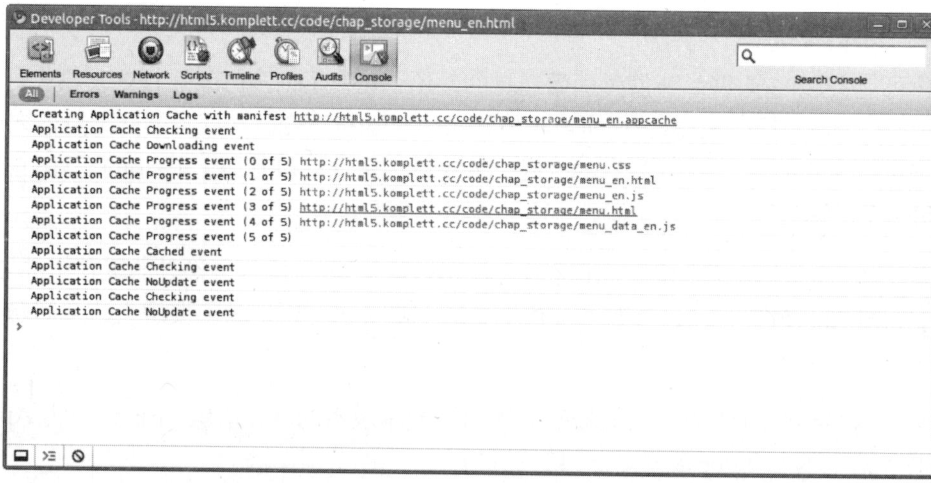

图 8-4　Google Chrome 下的离线存储状态信息

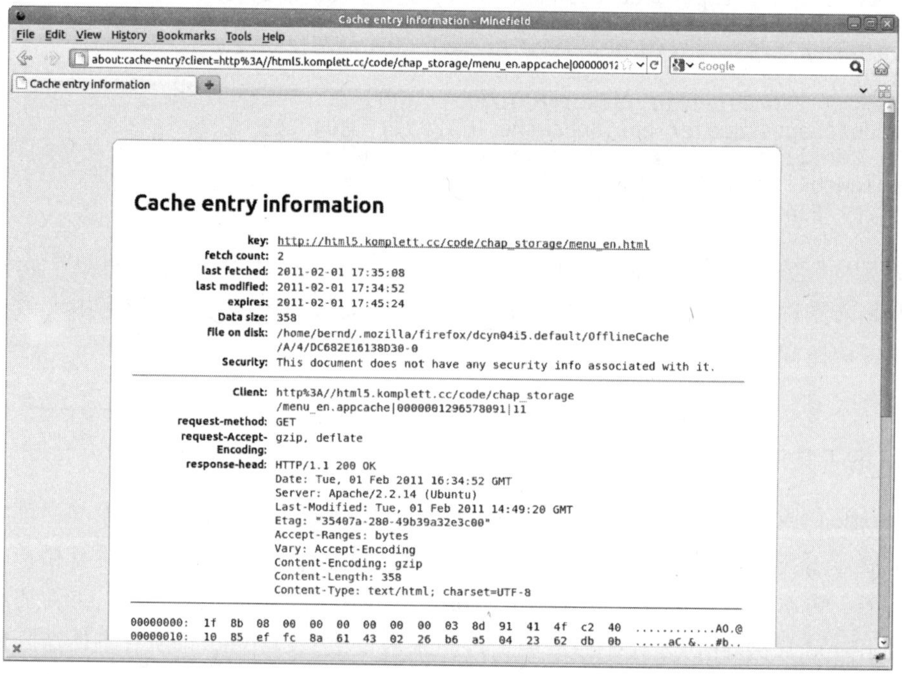

图 8-5　Firefox 下离线缓存中某一元素的信息

要让浏览器重新加载缓存清单，需要先修改清单的内容。使用相同内容将文件重新保存，或是使用 UNIX 命令 touch 来更新最新修改时间是不够的。开发应用程序时，这会逼得开发人员需要先在注释目录上加入一个字符然后再删除它以完成一个重复性重载请求——虽然这样做确实可以，但如何自动化处理仍然是个问题。

若你使用了 Subversion（SVN）一类的版本控制工具，可能会设想依靠 ID 或 revision 一类的关键字让 SVN 自动替换修改过的版本，但关键字也只在清单文件的内容改变时才会改变——所以这是另一个死胡同。靠谱的办法是通过一个脚本，在分发新版本应用程序时，读取目录下所有文件列表，并将其写入缓存清单文件中。这个解决方案得要缓存清单里包含目录中所有内容。UNIX 下的 shell 命令大概是这样：

```
SVNV=$(svnversion -n) && \
 sed -e "s/^## svn.*/## svn repo version $SVNV/" \
 -i menu.appcache
```

它把注释行替换为当前目录的 Subversion 版本。

8.3 浏览器支持

目前所有浏览器都支持 Web 存储，即便 IE 也从版本 8 开始便具备相关功能。若要支持较老的 IE 版本，你需要为借助一个开源的 JavaScript 库来使用 sessionStorage，它通过一个小技巧来模拟会话存储。更多信息及下载请见 http://code.google.com/p/sessionstorage。

不幸的是，IE 并不支持任何离线应用程序，甚至在即将到来的版本 9 中也不提供此类功能。表 8-4 综合了浏览器版本以及相应的 Web 存储和离线程序的应用情况。若需了解各浏览器版本相应的发行时间，可参考第一章结尾的时间表，或访问 http://html5.komplett.cc/code/chap_intro/timeline.html?lang=en。

表 8-4 不同浏览器下的 Web 储存及离线 Web 应用程序支持情况

	Firefox	Opera	Chrome	Safari	IE
Web 存储	3.0	10.50	3.0	4.0	8.0
离线 Web 应用程序	3.5	10.60	4.0	4.0	

8.4 案例: *Click to tick!*

为完成这一章节，我们使用一个案例来综合展示两种技术。Click to tick!是一种使用无标记地图来寻找地点或其他地理特征的教学游戏，玩家在地图上通过鼠标单击尽量精确地标记目标。在每轮中点中得越多，最后的得分就越高。

为了让孩子们能在一次漫长的汽车旅行中用 iPad 玩这个游戏，诸如图像、JavaScript 及 HTML 文件之类的相关资源被保存在缓存中以供离线使用（见 8.2 节）。

高分榜被保存在 localStorage 中（见 8.1 节），以确保此信息即便在关机状态下也不会丢失。一旦计算机重新连接到互联网，新的分数可被上传至服务器。此功能在 8.4.4 节中将介绍到。通过一个接口，浏览器可在需要时检查游戏更新，并将其下载至计算机。

为了应用这些 HTML5 的新技术，我们创建一个以浏览器作为运行环境的程序。设备的硬件、软件及操作系统都是其次的，程序执行的核心是浏览器。当今的操作系统、诸如 Google 的 ChromeOS 或 Palm 的 webOS 都依赖此技术。通过使用离线存储及.appcache 文件，此程序配备了自动更新功能——这真是开发者的福音。

图 8-6 展示了该游戏的运行情况：在此轮中，玩家成功地在巴黎市中心定位了 8 个地点中的 6 个，相当不俗的成绩！

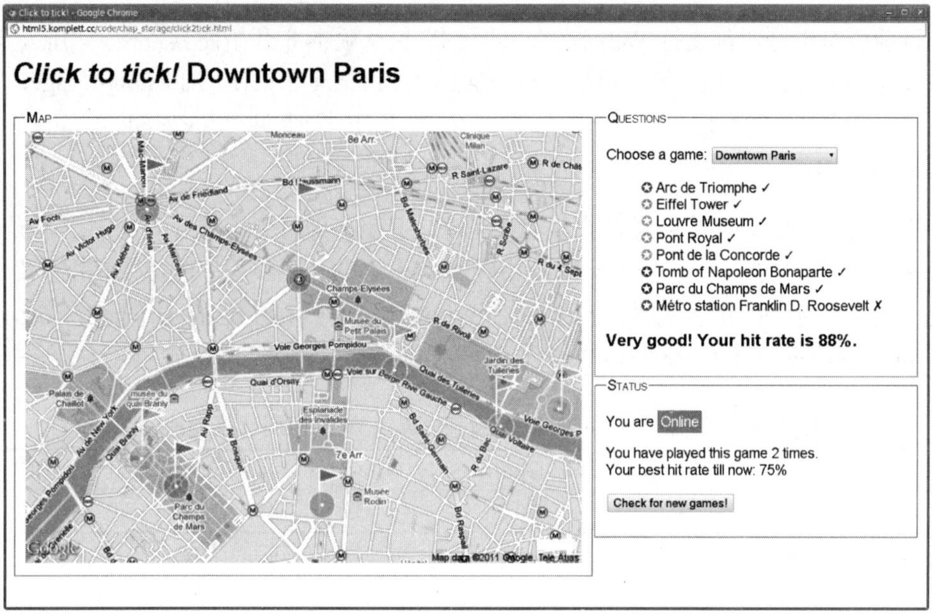

图 8-6 进行当中的“Click to tick!”游戏

8.4.1 用户界面

启动应用程序时，浏览器在左边显示游戏区，包括互动地图及需要标记的位置；在右边显示选择列表，包括可选游戏及当前分数。若用户此前玩过该游戏，他将看到最高分（百分比）以及游戏已被玩过多少次。如图 8-6 所示，游戏还显示当前浏览器是否连接至互联网。若处于联网状态，还将出现一个游戏更新的按钮“Check for new games!”。

在游戏过程中，用户需要找到指定地点，并单击地图猜出指定地点的位置。每次鼠标单击后地图上都会出现一面小旗帜，标记用户单击的位置。同时，会有一个圆圈标记正确的目标位置。旗帜和圆圈颜色相同，并被明显地绘制在地图上。若两者重合合，则意味着目标被成功标记，任务完成。成功标记的目标会被添加至已找出的目标列表中，并以勾号标记，反之则以 X 号标记。此列表使用与地图中一样的颜色（见图 8-6）。

所有地点被标记后，程序将赞扬用户或鼓励他们下次努力——取决于得分。之后用户可以从选择菜单中选择一个新游戏，或重载页面再次运行当前游戏。

8.4.2 管理界面

如前所述，游戏具备让你设定新目标的模式（click2tick_creator.html）。管理界面从 Google Maps 中载入地图，并允许你设定缩放比例、截选地图，并在地图上定义数个点。在开始布置这些点之前，你需要通过 Record 按钮来固定地图。一行与每个点对应的 JavaScript 代码将显示在浏览器右侧，列出以像素为单位的坐标及对应点的标识。

这部分页面内容被定义为可编辑，因此可在 HTML 页面上直接修改标识（见图 8-7 的右边区域）。在标记了所有点并选择了对应的标识后，管理员需要复制 JavaScript 代码并将其保存在一个 JavaScript 文件中，这个文件会在 HTML 页面的 head 中引用。这项工作的更多细节可以在管理后台的指引文档中找到。

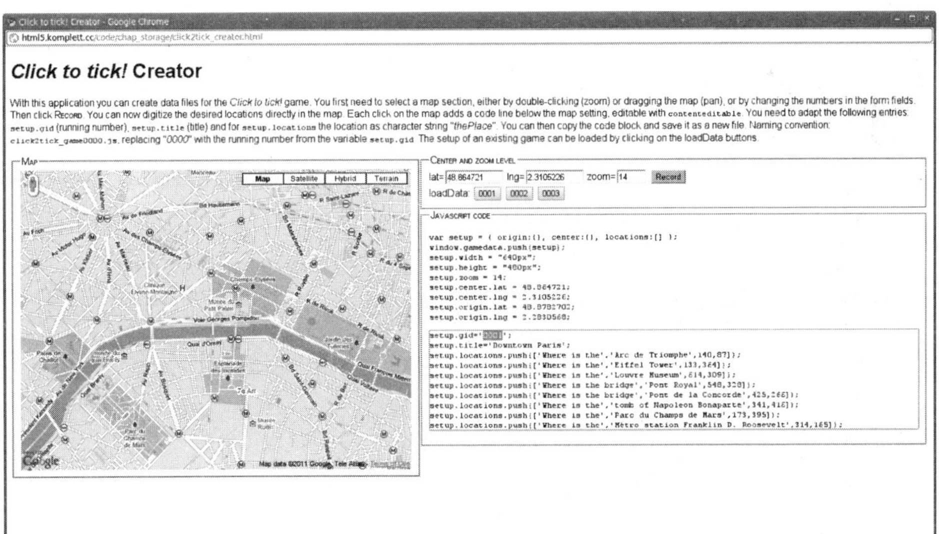

图 8-7 使用管理界面创建新游戏

最后一步是让新游戏离线可用，这只需要在 appcach 文件中加入创建好的 JavaScript 文件。为了在静态 Google Maps 地图上找到正确地址，你需要使用调试选项来调用一次游戏，将“?debug=1”字符串添加到管理后台的 URL 中就可以轻松搞定。在这个模式中，所激活图像的 URL 会在游戏区下方显示。

NOTE

如果你有兴趣进一步了解管理界面中用到的 Google Maps API、Canvas 及 JavaScript 的工作机制，可参考以下地址的源代码：

http://html5.komplett.cc/code/chap_storage/click2tick_ creator.html

8.4.3 重要代码片段

下面章节将解说 Click to tick!游戏中最重要的部分。我们从 HTML 代码开始，然后研究 manifest 设置，最后是 JavaScript 部分。

8.4.3.1 游戏的 HTML 代码

游戏 Click to tick!的 HTML 代码相当清晰。在代码清单 8.1 中可以看到，不到 50 行简洁代码形成了程序的基本页面结构。当然，程序逻辑并不位于 HTML 代码中，而是位于长约 300 行的 JavaScript 文件中。这段 HTML 代码主要是为各种待填充的元素创建位置。

代码清单 8.1 游戏“Click to tick!”的 HTML 代码摘录

```
<!DOCTYPE html>
 <html manifest=click2tick.appcache>
  <head>
    <meta charset="utf-8">
    <title>Click to tick!</title>
    <link rel="stylesheet" media="all"
      href="click2tick.css">
  <script src="click2tick.js"></script>
  <script src="click2tick_game0001.js"></script>
  <script src="click2tick_game0002.js"></script>
 ...
 <div id="map">
  <fieldset>
    <legend>Map</legend>
    <canvas>This game requires a canvas capable browser/canvas>
  </fieldset>
  <p id=mapUrl></p>
 </div>
 <div id="controls">
  <fieldset>
```

```
    <legend>Questions</legend>
    <p>Choose a game:
      <select id=selGame name=games></select></p>
    <ul id="gameResults"></ul>
    <h3 id="curQuestion"></h3>
  </fieldset>
  <fieldset>
    <legend>Status</legend>
    <p>You are <span id="onlineStatus" class=online></span></p>
    <p id="localStorage"></p>
    <p id="updateButton"><input type=button onclick="location.reload();"
      value="Check for new games!"></p>
  </fieldset>
</div>
```

代码开头是常见的 DOCTYPE 定义，之后引用了待保存内容的 appcache 文件。每个游戏都加载了一个专用的 JavaScript 文件——例如 click2tick_game0001.js。

代码的第二部分包含了一个 canvas 元素，很明显那里是互动游戏区域。ID 为 selGame 的 select 元素当前为空，在游戏开始时它将包含所有激活的游戏。其他 ID 为 gameResults、curQuestion、onlineStatus 及 localStorage 的 HTML 元素都是用于占位，之后会通过 JavaScript 函数进行填充。标签为“Check for new games!”的按钮通过 location.reload 重载页面，并自动检查清单文件是否被修改过。

8.4.3.2 manifest 文件

首行内容是硬性规定的，之后的清单包含了要缓存的 HTML、JavaScript 及 CSS 样式表文件。再之后，是每个游戏对应的 JavaScript 文件及 Google Maps 静态地图：

```
CACHE MANIFEST

# application files
click2tick.html
click2tick.js
click2tick.css

# gamedata
# Downtown Paris
click2tick_game0001.js
http://maps.google.com/maps/api/staticmap?sensor=false&maptype=satellite
&size=640x480&center=48.864721,2.3105226&zoom=14
```

尽管 Google Maps 地图由动态 URL 调用，其结果图像仍被保存在离线存储中，以便无互联网连接时仍可正确加载。图 8-8 显示了 3 个游戏已经成功载入程序缓存中。

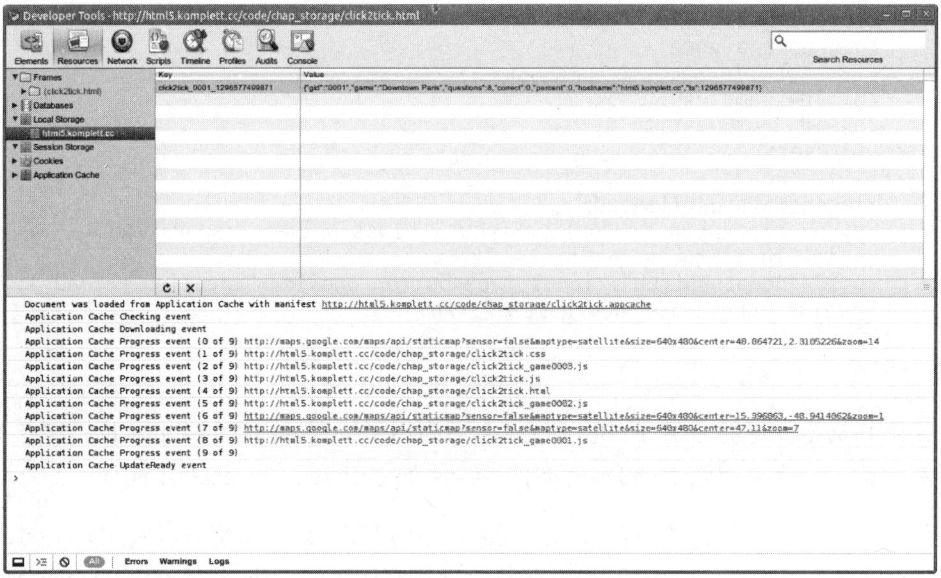

图 8-8　用 Google Chrome 开发者工具载入并查看离线缓存

8.4.3.3　游戏的 JavaScript 函数

案例中的 HTML 代码或许比较无聊，JavaScript 部分可就有意思得多。此前提过的 window.onload 函数将新对象 game 初始化为 click2tick 的类型，并调用此对象的 init 函数：

```
window.onload = function() {
  var game = new click2tick();
  game.init();
};
```

为了保持 JS 代码的灵活性，我们把整个 game 函数包裹成一个库（Gamelib），以便所有函数都能作为对象被调用：

```
(function () {
  var GameLib = function () {
    var elem = {};
    var image, canvas, context;
 ...
  };
  // expose object
  window.click2tick = GameLib;
}());
```

在代码的倒数第二行，window 对象被指定为 GameLib 类，并命名为 click2tick。此类的 init 函数负责载入现有游戏、初始化 canvas 元素，并开始第一个游戏（见代码清单 8.2）。

代码清单 8.2 GameLib 库的 init 函数

```
    this.init = function() {
      // build game-selection pulldown
      var o = ''
      for (var i=0; i<gamedata.length; i++) {
         o += addOpt(i,gamedata[i].title);
      }
      _get('selGame').innerHTML = o;
      _get('selGame').options.selectedIndex = 0;
      _get('selGame').onchange = function() {
        startGame(this.value);
      };

      // define empty image used for map later
      image = new Image();

      canvas = document.querySelector("CANVAS");
      context = canvas.getContext('2d');
         canvas.onclick = function(evt) {
           checkPosition(evt);
         };
    ...
         startGame(0);
     };
```

你可能还是第一次见到函数 addOpt()及_get()。这是两个辅助函数，addOpt()用来将字符串组装为一个新的 option 元素，_get()提供对位于 DOM 树中元素的有效访问（通过它们的 ID）。ID 为 selGame 的 HTML 元素包含所有游戏的选择列表，此列表的第一个元素索引设为 selectedIndex = 0。若选择了此列表中的其他选项，函数 startGame 会通过这个新值被激活。

鼠标点击事件的事件句柄被指派给 canvas 元素，并调用 checkPosition 函数。接下来让我们开始第一个游戏。

鉴于 GameLib 中的许多函数被设计成用来保证游戏合理运行，而且并非直接与 Web 储存或离线缓存连接，我们在这里就不进行深入讨论了。若你还是觉得好奇，可以参考 JavaScript 库 click2tick.js 中的源代码。但是和本章更为相关的是涉及到 localStorage 存储接口的 JavaScript 代码，在保存游戏时我们需要用到它：

```
// store basic data in localStorage, add hostname
// and timestamp
var ts = new Date().getTime();
var id = "click2tick_"+game.store.gid+"_"+ts;
game.store.hostname = location.hostname;
game.store.ts = ts;
localStorage.setItem(id, JSON.stringify(game.store));
```

为确保 localStorage 键的唯一性，它们由前缀字符串（click2tick）、游戏 ID（game.store.gid）及时间戳（ts）组成，彼此之间由下划线(_)连接。

game.store 结构中的所有结果被保存为 JSON 字符串，下面的代码是游戏结束时 8 个问题答对了 5 个的值。该条目的键为 click2tick_0001_1281026695083（同样可见于图 8-8）：

```
{ "gid":"0001","game":"Downtown Paris",
  "questions":8,"correct":5,"percent":63,
  "hostname":"html5.komplett.cc", "ts":1281026695083
 }
```

时间戳为 1970 年 1 月 1 日至今以毫秒为单位的时间。鉴于这些值被保存在 localStorage 中，你可以在用户重新尝试游戏时给予相关反馈：

```
// get collected data
var games_done = [];
var max_percent = 0;
for (var i=0;i<localStorage.length;i++) {
  var key = localStorage.key(i);
  if (key.substring(0, 9) == "click2tick") {
    var item = JSON.parse(localStorage.getItem(key));
    if (item.gid == game.store.gid) {
      games_done.push(item);
      max_percent = Math.max(max_percent, item.percent);
    }
  }
}

// show collected data
var s = '';
if (games_done.length == 0) {
  s += 'You have not played this game before.';
}
else {
  s += 'You have played this game '+
    (games_done.length+1)+' times<br>';
  s += 'Your best hit rate till now: '+
    max_percent+"%\n";
}
_get('localStorage').innerHTML = s;
```

for 循环遍历 localStorage 中的所有项，并检查这些键是否以字符串 click2tick 开头。这个设计保证了同一网站下被其他程序保存在 localStorage 的元素能被忽略。

我们使用 JSON.parse 函数将有效元素转化为 JavaScript 对象。若游戏 ID 与当前游戏 ID 一致（item.gid == game.store.gid），则将对象添加至 games_done 数组中，并检查其分数是否高于之前的最高分数（Math.max）。之后，把这些内容合并为字符串变量 s，以给出已完成游戏次数以及最高分的详细信息。如图 8-5 所示，游戏还能标明浏览器是否处于在线状态。这对我们的应用程序很重要，因为玩家在离线状态下无法更新游戏：

```
var setOnlineStatus = function() {
  if (navigator.onLine) {
    _get('onlineStatus').innerHTML = 'Online';
    _get('onlineStatus').className = 'online';
    _get('updateButton').style.visibility = 'visible';
  }
  else {
    _get('onlineStatus').innerHTML = 'Offline';
    _get('onlineStatus').className = 'offline';
    _get('updateButton').style.visibility = 'hidden';
  }
}
```

变量 navigator.online（见 8.2.2 节）的检查结果决定了是否显示更新程序按钮。为保证在线状态始终为最新结果，我们还要为在线/离线两种状态定义事件监听器：

```
// control online-status
window.addEventListener("online", function() {
  setOnlineStatus();
}, false);
window.addEventListener("offline", function() {
  setOnlineStatus();
}, false);
```

8.4.4 扩展选项

为了让游戏变得更加有趣，你可以加入以下扩展选项。

- **选择难度**：定义目标在图像中的有效区域（像素）。默认设置的 15 像素适合普通难度。你可以使用新的 HTML5 表单元素 range 通过 input 字段创建区域变量。积分表在计算时显然也需要考虑到难度。
- **可变的目标尺寸/形状**：鉴于需要定位的目标通常拥有不同大小，可以考虑为每个目标对象加上额外参数，用来定义有效的区域半径。若目标不是圆形，你也可以把它设为别的几何形状。
- **根据距离计算得分**：你可以将与目标的距离计入得分：玩家用鼠标在地图上点击得与目标越近，右侧显示得分越高。
- **添加在线积分表**：将离线存储中的得分数据合并至在线积分表。需要 Web 服务器数据库的访问权限。

- **与 Geolocation API 结合**：此扩展功能让我们的案例走得更远：在足够精确地定位了玩家当前地区位置之后（见第 7 章），相关 Google Maps 地图部分将被加载。玩家的任务是在地图上尽量精准地找到他的确切位置。在这种情况下，此游戏无法离线进行，并显然非常适合在移动设备上运行。

小结

在本章中我们介绍了两种不同的客户端储存：用来读写 Web 应用程序的结构性储存——Web 存储（Web storage），以及用来在客户端上临时性部分或完整地保存 Web 应用程序的离线存储（offline storage）。

本章结束部分为一个程序案例——游戏 Click to tick!，它展示了离线缓存及本地储存的强大。通过两种新技术，我们创建了一个能在 web 浏览器上运行但在离线状态下也保持功能齐全的应用程序，自动更新功能更为其锦上添花。此程序不需要管理权限也可以正常安装。

第 9 章 网页套接字

超文本传输协议（HTTP）无疑是伟大的，它与 FTP、SMTP、IMAP 等一起构成了基于文本的 TCP/IP 应用层协议大家庭。借助这些协议，客户与服务器得以通过文本形式的信息进行沟通。下面例子展示了用 HTTP 与 Web 服务器“交谈”是多么容易：

```
user@host:~> telnet www.google.com 80
Trying 209.85.135.103...
Connected to www.l.google.com.
Escape character is '^]'.
GET /search?q=html5 HTTP/1.0
```

用 Google 搜索关键词“html5”，我们首先需要通过其 HTTP 保留端口 80 连接至 www.google.com。第一部分是方法，在这里因为我们需要从服务器获得信息，所以方法为 GET；第二部分为 URI，在这里我们将参数 q=html5 传给 search 脚本；在第三部分中我们指定协议版本为 1.0。

然后服务器将迅速回复信息如下：

```
HTTP/1.0 200 OK
```

```
Cache-Control: private, max-age=0
Date: Fri, 28 Jan 2011 08:29:43 GMT
Expires: -1
Content-Type: text/html; charset=ISO-8859-1
...

<!doctype html><head><title>html5 - Google Search</title>
....
```

信息的第一个区块是头域（header），它包含了元数据（metadata），并以空行与后面的载荷（payload）数据隔开（注意看 Google 如何使用新的 DOCTYPE 的）。它几乎能为我们编写个性化浏览器提供一切。言归正传，正是协议的简洁决定了 HTTP 的快速成功及广泛普及。头域几乎无限的可扩展性，让协议得以永不过时。

每个请求在得到响应后被关闭。因此，包含 1 个样式表文件与 5 张图片的 HTML 页面要加载完毕需要连接 7 次。这也就意味着在建立的 7 次连接中，每一次都需要传输元数据及载荷。在 HTTP1.1 版本中，此行为通过持久连接（keep-alive）功能得到一定程度的改进（不需要每次都建立新的 TCP 连接），但每个对象的元数据仍需要分别传输。鉴于 HTTP 中没有集成追踪用户会话（session）的功能，你需要借助其他工具（sessions、cookies）。

这些缺憾促成了新协议的诞生，但它的意义并非取代 HTTP，而是成为 HTTP 的补充部分。WebSockets 协议可以建立一个持续的、双向通信（全双工）的信道，用于传输不带元数据的信息。

那些需要在浏览器中即时显示细微变化的 Web 应用程序因这一新方法受益匪浅——例如，在线聊天、股票交易价格显示或在线游戏。这些此前只能通过专用插件或烦人的 JavaScript 技巧完成的事情，如今却能在标准化协议（作为 IETF 草案）（译者注：IETF，Internet Engineering Task Force，互联网工程任务组）及相关 API（目前作为 W3C 的编辑草案）中实现。直到本书写作时，这两者仍处于初期阶段，但是 WebKit 引擎、包括 Google Chrome、Safari，以及 Mozilla FirefoxBeta 版本都已经实现了对其的支持。

在这里我们不打算深入讨论 WebSocket 协议，因为协议层的通信会由浏览器完成。但在这里我们还是有必要说清一些事情：相比起需要反复传输多达数行的头信息的 HTTP 请求，WebSockets 仅需要两个字节来完成这一切。第一个字节表示信息开始；第二个字节包含信息长度。当你的网站需要应付短时间内的大量访问时，它可以帮你显著节约系统开销（字节传输量及带宽）。

NOTE

若需了解更多 WebSocket 协议细节，请浏览 WHATWG 网站上的“Internet Draft”：http://www.whatwg.org/ specs/web-socket-protocol。

http://soa.sys-con.com/node/1315473 的文章统计了 WebSockets 在不同应用中展现出的各种优势。作者甚至将 WebSockets 形容成 Web 扩展性方面的一个质的飞跃。

9.1 WebSocket 服务器

主流浏览器都已经集成了 WebSockets 的客户端支持，但还是缺少了一个环节：WebSocket 服务器。尽管目前的协议规范尚未定案，但不少软件产品的鼎力支持还是令人欣喜。你可以根据自身喜好选择不同的服务器，例如说 Java、PHP、Perl 或 Python（当然，所有产品的 websocket 功能目前都仍处于试验阶段）。

在本书中我们的选择比较特殊。node.js 是一个能够脱离浏览器在后台运行的 JavaScript 解释器，代号为 V8，由 Google 开发。鉴于本书中前面所有编程都使用的是 JavaScript，因此我们同样选择用 JavaScript 来编写服务器端。

目前 node.js 的二进制数据包尚未完成，因此需要手动安装。在 UNIX 类型的操作系统下通常可以直接安装，在 Windows 下则需要通过借助 UNIX 环境模拟工具 cygwin。

node.js 安装过程中更多细节描述可见于该项目网站：http://nodejs.org。

node.js 目前并不包含 WebSocket 服务器，但可以通过 Internet 获取。你可以在 http://github.com/miksago/node-websocket-server 上找到一个将 WebSocket 协议的当前规范应用至服务器的小型库。请将 node-websocket-server 的 3 个 JavaScript 文件被复制在子目录下，然后使用下列代码进行加载：

```
var ws = require(__dirname + '/lib/ws'),
    server = ws.createServer();
```

server 变量包含了一个对 WebSocket 服务器对象的引用，我们需要为其指定一个端口：

```
server.listen(8887);
```

我们通过 node.js 注释器调用 JavaScript 文件以启动服务器：

```
node mini_server.js
```

由此，这个最轻型的 WebSocket 服务器开始运行，并在端口 8887 接受连接。不过这些是所有服务器程序都有的功能。为了演示 WebSocket 的独特功能，我们将在下面使用更适合的例子。

9.2 案例：广播服务器

在这个例子里，我们使用 WebSocket 进行通信，通过一个套接字（socket）建立活动连接，将输入的文本传送给所有的客户端。该 WebSocket 通过套接字活动连接将已输入的文本传输至所有客户端。这并非一个实际上的 Internet 聊天程序，但用来测试 WebSockets 的交互功能非常适合。图 9-1 展示了 4 个联网的客户端如何在彼此之间交换信息。

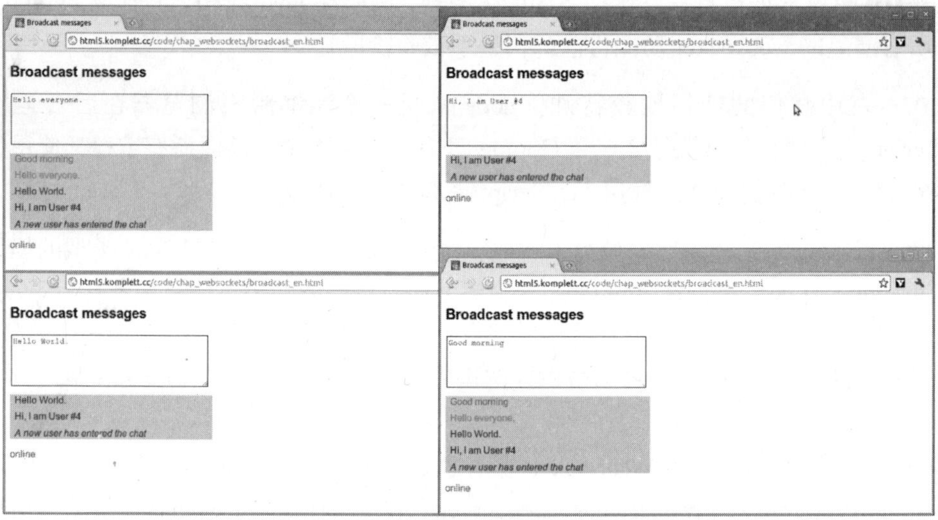

图 9-1 到 WebSocket 广播服务器的四个连接

9.2.1 广播客户端

在 HTML 代码中，我们只需要创建一个文本区域用来输入信息。为了充分演示 WebSocket 的性能，我们要将输入的每一个字符都即时发送给所有已连接用户。为达到此目的，我们使用了 oninput 事件，并为每次按键调用函数 sendmsg()，这一点还将在稍后进行分析：

```
<h2>Broadcast messages</h2>
<textarea accesskey=t oninput="sendmsg();"
  onfocus="select()" rows=5 cols=40 id=ta
  placeholder="Please insert your message">
</textarea>
<div id=broadcast></div>
<p id=status><p id=debug>
```

JavaScript 的开头使用了此前介绍过的函数$()，从 jQuery 库借用。在整个文档完成加载同时，WebSocket 被初始化并指向变量 ws。在此例中，我们通过特殊端口 8887 使用服务器 html5.komplett.cc。服务器被标识为一个 URL，协议简写为 ws://。与 SSL 编码（即加密，译者注）的 HTTPS 类似，WebSocket 也拥有一个编码信道，以协议方式通过 wss://调用，不过这里我们仍然采用未编码的通信方式。URL 中的路径/bc 跟 WebSocket 服务器没什么关系，只是这个示例所使用到的地址而已（更多服务器相关资料见 9.2.2 节）。

```
function $(a) { return document.getElementById(a); }

var ws, currentUser, ele;
window.onload = function() {
ws = new WebSocket("ws://html5.komplett.cc:8887/bc");
ws.onopen = function() {
  $("status").innerHTML = 'online';
  $("status").style.color = 'green';
  ws.onmessage = function(e) {
    var msg;
    try {
      msg = JSON.parse(e.data);
    } catch (SyntaxError) {
      $("debug").innerHTML = "invalid message";
      return false;
    }
```

一旦连接成功建立，将激活 WebSocket 上的 onopen 事件。一个匿名函数会将绿色的“online”字符串写到 HTML 文档结尾处的状态行中。每当 WebSocket 收到信息，它都将激活 onmessage 事件。函数中变量 e 的 data 属性包含了服务器发送的载荷数据。在此例中，数据通过 JSON.parse 被转换为 JavaScript 对象，这也意味着服务器必须发送 JSON 字符串（稍后将在此节中介绍更多细节）。若转换失败，函数将中止，相关错误信息将显示在 HTML 页面上。

一个有效的信息包含了带有用户名（user）、文本（text），以及信息显示颜色（color）的 JavaScript 对象。如图 9-1 所示，每个用户那行信息的文本颜色都不一样。颜色是由服务器分配给用户的，而换行是由客户端完成。后面的 if 语句用于查询刚收到的信息是否仍然来自同一用户。如果是，则将变量 ele 的 innerHTML 值设为接收到的文本；若结果来自不同用户或者这是第一条信息，则使用 div 元素创建一个变量名为 ele、ID 为 broadcast 的新段落。然后变量 currentUser 的值将被设为当前用户：

```
    if (currentUser == msg.user) {
      ele.innerHTML = msg.text;
    } else {
      ele = document.createElement("p");
      $("broadcast").appendChild(ele);
      ele.style.color = msg.color;
      ele.innerHTML = msg.text;
      currentUser = msg.user;
```

```
        }
      };
    };
    function sendmsg() {
      ws.send($("ta").value);
    }
    ws.onclose = function(e){
      $("status").innerHTML = 'offline';
      $("status").style.color = 'red';
    };
    window.onunload = function(){
      ws.close();
    };
```

文本区域的的每次按键都会触发 sendmsg()函数，并将文本区域的所有内容传给 WebSocket。

若与 WebSocket 的连接因任意原因终止（举例来说，网络连接故障或服务器故障），WebSocket 对象将激活 close 事件并调用 onclose 函数。在此例中，我们所作的是将状态行设为红色的“offline”。在离开网站时(window.onunload)，我们将明确地关闭 WebSocket，并从服务器上注销。

9.2.2 广播服务器

为了完成这个例子，我们还需要服务器组件。如前所述，本书中的 WebSocke 案例使用了 node.js 运行环境以及 node-websocket-server 服务器。这样做的意义在于我们无需换用别的编程语言，服务器代码也简单易懂。

与客户端相同，服务器运行也是基于事件机制。每次建立连接或每次收到信息，都将引发一个 connection 或 message 事件，并通过我们编写的 JavaScript 代码作出响应。在脚本开始处，我们先加载 node-websocket-server 库，它位于目录 lib/下，文件名为 ws.js。一个新的 WebSocket 对象被分配给变量 server：

```
var ws = require(__dirname + '/lib/ws'),
    server = ws.createServer();
var user_cols = {};
server.addListener("connection", function(conn) {
  var h = conn._server.manager.length*70;
  user_cols[conn.id] = "hsl("+h+",100%,30%)";
  var msg = {};
  msg.user = conn.id;
  msg.color = user_cols[conn.id];
  msg.text = "<em>A new user has entered the chat</em>";
  conn.broadcast(JSON.stringify(msg));
```

第一个事件句柄（connection）用于控制新的连接。如 8.4 节，我们用 HSL 方法（译者注：HSL 声明，Hue(H)、饱和度 Saturation(s)和亮度 Lightness(L)，一种定义颜色的方法）将颜色依次分配给用户：每个用户的颜色亮度依次递增 70°（用户数量从数组 conn._server.manager 中获得）。颜色以 conn.id 作为索引保存在变量 user_cols 中。变量 msg 用于保存已分配的颜色，以及新用户进入的提示信息，然后通过 conn.broadcast 方法以 JSON 字符串形式发送。node-websocket-server 服务器的这个函数会将信息广播给除了引发当前事件之外的所有客户端，这也正是我们需要达到的目的：所有用户都得到通知——“一个新用户加入了聊天”。

```
    conn.addListener("message", function(message) {
      var msg = {};
      message = message.replace(/</g, "&lt;");
      message = message.replace(/>/g, "&gt;");
      msg.text = message;
      msg.user = conn.id;
      msg.color = user_cols[conn.id];
      conn.write(JSON.stringify(msg));
      conn.broadcast(JSON.stringify(msg));
    });
  });
```

第二个用于响应 message 事件的函数会过滤掉信息中的 HTML 标签起始字符（“<”与“>”），以确保当中不包含脚本代码之类的东西。可靠的程序应当更为彻底地检查输入，以免遭到可能的攻击。毕竟信息将广播给所有客户端并显示在它们的浏览器中，这是一个理想的攻击环境。跟 connection 事件类似，我们将所需内容放入局部变量 msg、并以 JSON 字符串形式发送。不过在这里，它将被发送两次：第一次通过 write()方法发送给当前用户，第二次通过 broadcast()方法发送给所有其他用户。

WebSocket 服务器将要完成了。但我们还需要创建一个事件句柄，用来关闭连接以及实际开始服务器：

```
  server.addListener("close", function(conn) {
    var msg = {};
    msg.user = conn.id;
    msg.color = user_cols[conn.id];
    msg.text = "<em>A user has left the chat</em>";
    conn.broadcast(JSON.stringify(msg));
  });
  server.listen(8887);
```

如同 connection 事件一样，在 close 事件中，所有用户也会收到一条信息，告诉他们“一个用户离开了聊天”，然后服务器被绑定至端口 8887 并开始接收查询。

这是一个非常简单的示例。在下一节中，我们将研究一个更好地发挥了 WebSockets 特色的游戏。

9.3 案例：Battleships!（战列舰）

这个更加详细的 WebSocket 案例是一个流行的战略游戏——Battleships!，通常仅需要纸和笔就能开始。游戏规则很简单：每个玩家在一个规格为 10×10 的游戏区域上放置 10 条不同尺寸的船。这些船只之间不允许发生接触，可被水平或垂直放置，长度在两格到五格之间。其分配规则如下：1（艘船）×5（格）、2×4、3×3，以及 4×2。先放置好船只的玩家可以开始游戏，在敌方游戏区域选择一个格子开炮。若选择的格子里只有水，将轮到敌方行动；若选择的格子包含了船或船的一部分（命中），则该玩家可以继续开炮。双方轮流行动，直至一方所有船只的所有部分都被击沉。

为将 Battleships!转化为 HTML5，我们需要在客户端使用一个带 JavaScript 库的 HTML 文件及一个 CSS 样式表。在服务器端上我们需要用到章节 9.1“WebSocket 服务器”中介绍过的 node-websocket-server 服务器。所有程序相关文件都可在相关网站上找到：

- http://html5.komplett.cc/code/chap_websockets/game_en.html
- http://html5.komplett.cc/code/chap_websockets/game_en.js
- http://html5.komplett.cc/code/chap_websockets/game.css
- http://html5.komplett.cc/code/chap_websockets/ws/game_server.js

游戏界面如图 9-2 所示。

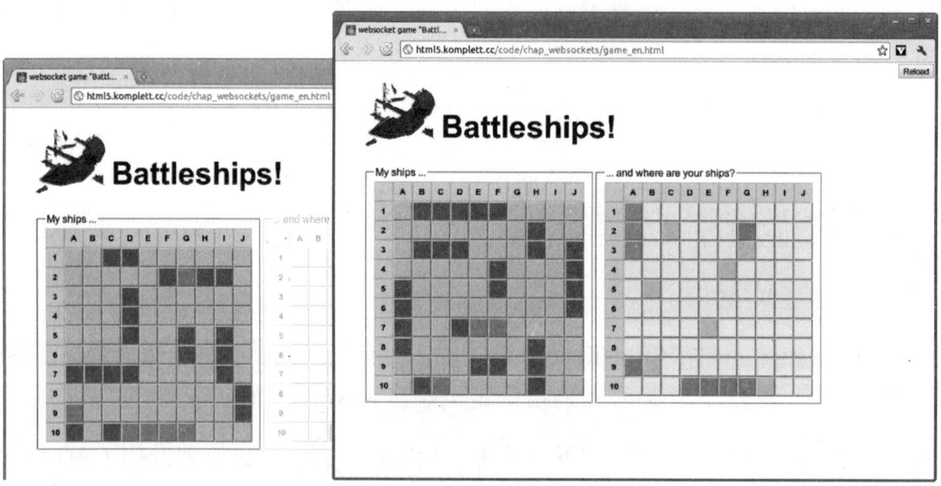

图 9-2 游戏“Battleships!”

在 HTML 代码中，控制元素及游戏对话框都被定义为表单元素，根据游戏进程决定其为隐藏还是可见。其中的 4 个元素为信息窗口，通过 position:fixed 被显示在中心，内容为游戏邀请、拒绝邀请，以及游戏结束时的“祝贺”或是安慰。其他表单包括登录面板、自己及敌方的两个游戏区域、放置船只的数字组件，以及当前登录用户状态列表。

加载页面时，你将见到一个登录面板，要求输入昵称（见图 9-3）。我们在测试中使用两个特殊用户——test1 及 test2，他们的船只被自动放置，而用户 test1 永远先开始游戏。辅助页面 test_game.html 可以同时从两个用户视角观看游戏。在这里你可以通过内嵌的 iframe 元素同时登录两个不同的用户名，这也意味着你可以自己和自己对弈。这样做的好处是你永远是赢家，由此可以更方便地了解游戏的程序逻辑。测试页面地址为 http://html5.komplett.cc/code/chap_websockets/game_test_en.html。

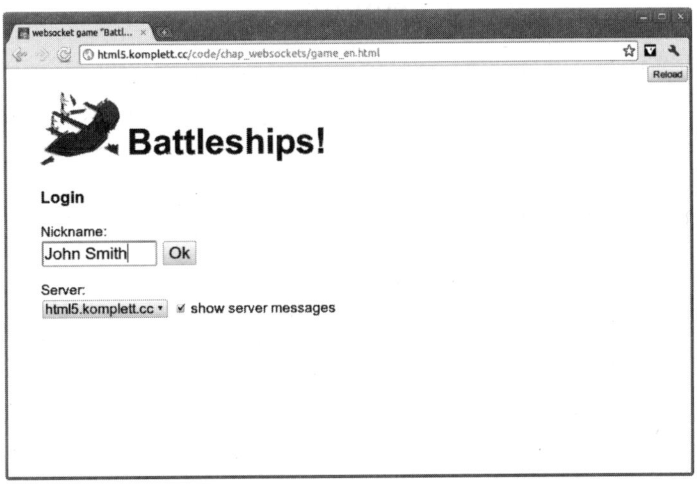

图 9-3 “Battleships!”游戏的开始页

登录并单击 OK 后，一个到 WebSocket 服务器的连接将被创建，其作用仅限于在玩家之间交换信息以及更新用户列表。用户列表显示了每个用户的连接 ID、昵称，以及当前游戏状态。

所有信息以 JSON 字符串发送，大体来说分为两类：一类为发送给所有用户的信息，包括某个用户游戏状态的改变；另一类为当前正在游戏的两个玩家之间的私下信息交流。为了实现此目的，我们需要为 node-websocket-server 服务器的 connection 库添加一个额外的方法 writeclient()，将信息仅发送给指定用户。

在登录之后，你马上可以看见自己的游戏区域。和你对手的游戏区域一样，它由 10 × 10 的 button 元素构成，其值对应格子位置，取值范围从（1,1）（左上角）~（10,10）

（右下角）。每个按钮都拥有一个 class 属性，并在游戏过程中可以多次改变。CSS 样式表包含了表 9-1 中出现的 class（游戏中用到的部分）。

表 9-1 用于显示游戏区域的 CSS 类

类	CSS 格式
.empty	*background-color:#EEE*
.ship	*background-color:slategray*
.water	*background-color:lightblue*
.hit	*background-color:salmon;pointer-events:none*
.destroyed	*background-color:darkseagreen;pointer-events:none*

在摆放船只之前，我们需要先找一个对手。在已登录用户列表中选择一个玩家，单击 Invite Player 按钮向他发送一个游戏邀请。此按钮的回调函数将定位玩家 ID 并向 WebSocket 服务器发送一个邀请信息：

```
this.invitePlayer = function() {
  var opts = document.forms.loggedin.users.options;
  if (opts.selectedIndex != -1) {
    wsMessage({
      task : 'private',
      request : 'invite',
      client : opts[opts.selectedIndex].value
    });
  }
};
```

这会调用 wsMessage()函数将信息以 JSON 字符串格式发送给服务器。此过程中还包括一些额外步骤，譬如检查信息有效性：

```
var wsMessage = function(msg) {
  game.websocket.send(JSON.stringify(msg));
};
```

代码中的 game 变量代表了核心游戏对象，包括了与游戏相关的所有变量。在服务器中，此邀请被鉴定为私人信息，与发送者个人信息一起发送给指定玩家。

在 game_server.js 中显示为这段代码：

```
else if (msg.task == 'private') {
  msg.from = USERS[conn.id];
  conn.writeclient(JSON.stringify(msg),msg.client);
}
```

目标用户将收到一个小窗，被邀请与你一同开始游戏（见图 9-4）。若该用户拒绝，你将得到答复“No thanks，not now”；若该用户接受，用户列表将被隐藏，而用来放置船只的数字组件将被显示。首先我们来看一下邀请游戏的代码。在客户端，我们可以看到它是处理所有服务器端信息的回调函数 onmessage 的一部分：

```
game.websocket.onmessage = function(e) {
  var msg = JSON.parse(e.data);
  if (msg.request == 'invite') {
    var frm = document.forms.inviteConfirm;
    var txt = '<strong>'+msg.from.nick+'</strong>';
    txt += 'wants to play a game with you.';
    txt += 'Accept?';
    frm.sender.previousSibling.innerHTML = txt;
    frm.sender.value = msg.from.id;
    frm.sendernick.value = msg.from.nick;
    frm.style.display = 'inline';
  }
};
```

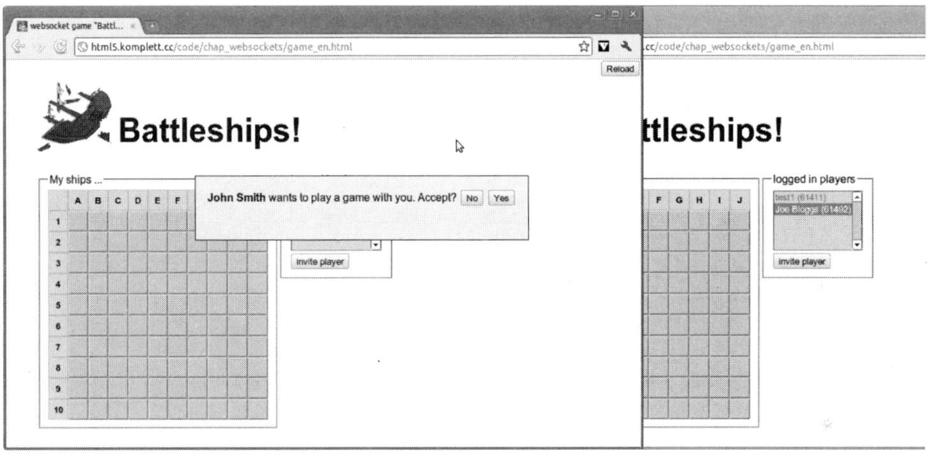

图 9-4　邀请开始新游戏的对话框

表单 inviteConfirm 中包含了邀请发送者的 ID 及昵称，以及可显示的信息窗口。被邀请玩家单击 Yes 或 No 按钮的同时，相关回应通过服务器被回递给邀请者，并再次返回给 onmessage 回调函数：

```
else if (msg.request == 'confirm') {
  if (msg.choice == true) {
    wsMessage({
      task : 'setPlaying',
      client : msg.from.id
    });
    prepareGame(msg.from.id,msg.from.nick);
    document.forms.loggedin.style.display = 'none';
  }
  else {
    show('nothanks');
    window.setTimeout(function() {
```

```
        hide('nothanks');
        document.forms.users.style.display = 'inline';
      }, 2000);
    }
  }
```

若邀请答复为 Yes，服务器将得到通知两个玩家正一起开始游戏，然后游戏开始，登录用户选择列表被隐藏。若答复为 No，仅会将消息“No thanks，not now”显示两秒钟。

同时，服务器会执行一些别的步骤，例如更新这两个用户的状态对象。若有别的玩家邀请他们，则会收到“We are now playing together”的提示，表示他们目前无法参与别的游戏。

在 game_server.js 中显示为这段代码：

```
  var setBusy = function(id) {.
    USERS[id].busy = true;
    var msg = {task:'isPlaying',user:USERS[id]};
    conn.broadcast(JSON.stringify(msg));
    conn.write(JSON.stringify(msg));
  };
...
  else if (msg.task == 'setPlaying') {
    setBusy(conn.id);
    setBusy(msg.client);
  }
```

在客户端，回调函数 onmessage 将捕获到这段信息，并更新本地保存的登录用户列表。此更新将导致两个游戏中的玩家无法被选择，因为他们的 option 元素已通过一个 disable 属性设为无效：

```
else if (msg.task == 'isPlaying') {
  var opts = document.forms.loggedin.users.options;
  for (var i=0; i<opts.length; i++) {
    if (opts[i].value == msg.user.id) {
      opts[i].disabled = 'disabled';
    }
  }
}
```

在双方玩家同意开始游戏后，他们就开始放置船只。若作为用户 test1 或 test2 登录，则你的船只会被自动放置好；若以其他用户登录，你将看到一个下拉菜单，可以通过五个按钮来放置舰队。你先决定单个船只是水平还是垂直方向，然后通过单击决定船只类型，再次点击将船只放置在游戏区域的指定位置中。

相关区域通过 CSS 类 ship 变成代表船只的格式，并被保存在 3 个 JavaScript 变量中。

变量 game.ships.isShip 记录指定位置，变量 variable game.ships.parts 以数组形式记录每个船只的所属区域，这些数组的副本将随着游戏进行在变量 game.ships.partsTodo 被持续修改。游戏结束时，失败方将只剩下 10 个空白数组，因为相关格子已经在每次遭到攻击时被删除。

每次新放置船只，相关按钮的标签都会更新，以显示此类船只的剩余可用数量。在所有同类船只都被放置后，剩余数量将消失。一旦所有船只被放置，整个表单都将消失，并出现信息：Ready to start the game!

```
if (game.ships.parts.length == 10) {
  document.forms.digitize.style.display = 'none';
  game.me.grid['1-1'].parentNode.style.pointerEvents =
    'none';
  wsMessage({
    task : 'private',
    request : 'ready',
    client : game.you.id
  });
  game.me.ready = true;
}
```

秉着"先来先走"的原则，先放置完所有船只的玩家可以先开始游戏，动作较慢的玩家则需要迎接炮灰，承受对他舰队的第一次打击。在双方玩家都完成船只放置后，将出现第二个游戏区域让先行动的一方攻击敌方船只。

攻击及船只沉没的游戏逻辑完全在客户端实现，服务器仅将游戏进展作为私人信息发送给双方玩家。活动游戏区域内的每一次单击都将调用以下函数：

```
this.reveal = function(evt) {
  wsMessage({
    task : 'private',
    request : 'challenge',
    field : evt.target.value,
    client : game.you.id
  });
};
```

服务器将此信息传递给受攻击方，并检查攻击方玩家单击的区域是否包含了船只的一部分：

```
else if (msg.request == 'challenge') {
  var destroyed = 0;
  if (game.ships.isShip[msg.field]) {
    game.me.grid[msg.field].setAttribute("class","hit");
```

图 9-5 为游戏的演示模式。

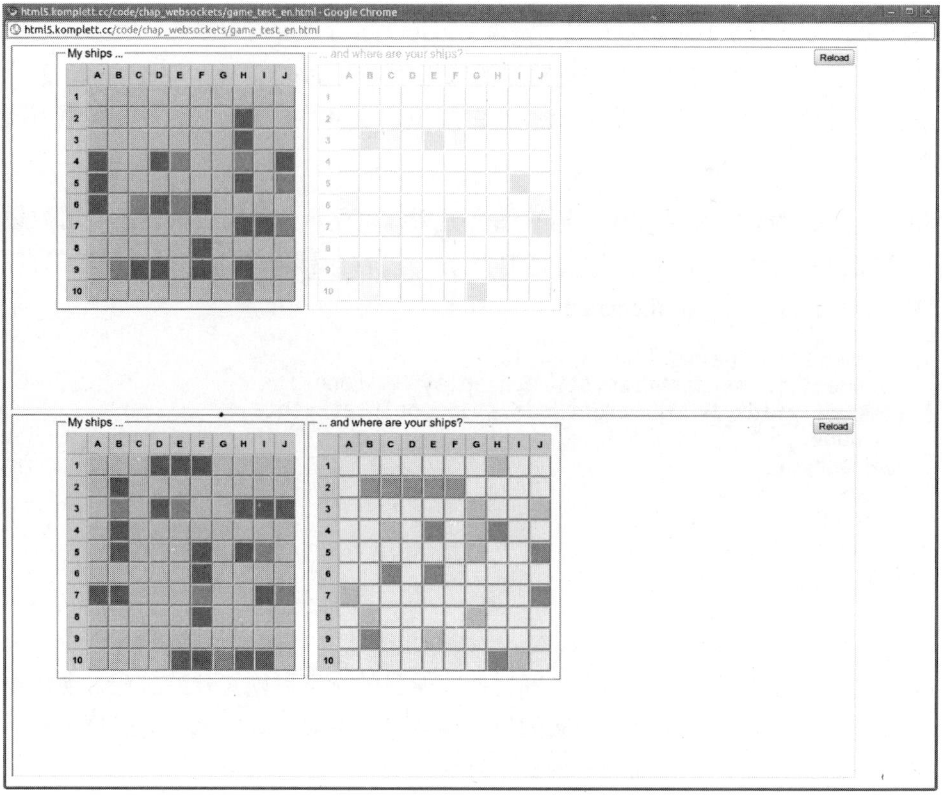

图 9-5 “Battleships!”的演示模式

在炮击命中的情况下（isShip 为 true），受攻击方游戏区相关按钮被指定为 hit 类，依样式表将其颜色变成红色。若某艘船只被击中但还未被完全摧毁，攻击方将收到一条相应信息：

```
wsMessage({
  task : 'private',
  request : 'thisFieldIs',
  result : 'hit',
  field : msg.field,
  client : game.you.id
});
```

若信息的 request 部分为 thisFieldIs，攻击方所看到的这个区域也将作出对应处理：

```
else if (msg.request == 'thisFieldIs') {
  if (msg.result == 'water') {
    game.you.grid[msg.field].setAttribute("class",
        msg.result);
    deactivateField();
  }
```

```
    else if (msg.result == 'hit') {
      game.you.grid[msg.field].setAttribute("class",
          msg.result);
    }
  ...
```

从攻击方视角看来，hit 应答将他单击的区域变成红色；而若应答为 distroyed，则船只所属的所有区域将从红色变成绿色，表明该船被命中并摧毁。同时，在受攻击方玩家的游戏区域中，他的 hit 位置被标为红色；而如果是 destroyed，则此前为红色的船体所有部分都将变为蓝色，由 water 代替，表明受攻击的船只已被摧毁。因此，在你的游戏区出现的蓝色越多，情况就越糟糕；敌方游戏区出现的绿色越多，你离胜利就越近。

若应答为 water，那么就是受攻击方玩家开始反击的时刻了（函数 deactivateField() 会阻止炮击落空的一方继续行动）。游戏如此持续进行，直至两个玩家中的一个摧毁了所有敌方船只并宣告胜利。如前所述，己方及敌方船只状态标记通过每个按钮元素的 CSS 样式实现。通过 pointer-events:none 及 opacity:0.2 将当前待命玩家的游戏区域无效化，这保证了双方玩家能够轮流行动。

在游戏结束时，双方玩家再次被分开；他们的状态重新被设为"Available to play"，并可接受下一次邀请。在当前版本下，Battleships!并不允许与同一个玩家连续作战，但或许你想尝试一下开发这个新功能？开发 Logout 按钮或许也是个不错的主意；若你足够勇敢，甚至可以尝试一下开发多人作战模式。这个应用程序的未来拥有许多可能性，一切仅取决于你的想像力！

此案例令人印象深刻地展示了通过 WebSocket 协议开发互动应用程序的许多新的可能。这个案例主要是处理用户之间的互动，而用 WebSocket 服务器从 Internet 上获取信息、处理信息，然后将它发送给连接用户也是一种很容易实现的功能，此前提到的广播当前股票交易价格的程序就是一个很好的例子。另外显示从 Twitter 中接收到的新信息也是一种可行应用。用 WebSocket 来实现这些的优点都很明显：客户端通过 message 事件接收更新，使得客户端及服务器端之间的数据流很小，一定程度上节省了网络带宽。

小结

WebSockets 作为一种新协议登上了 WWW 的舞台，但这并不意味着超文本传输协议的终结。WebSocket 协议仅是针对特定应用程序在服务器端与客户端之间的双向通信的一种便捷的实现方案。

如本章中第一个初级聊天程序案例所示，服务器端及客户端的 API 编程都非常容易。

而在我们最后的案例展示了一个成熟的多人在线游戏 Battleships!。另外，服务器端和客户端之间的通信可以通过简短几行 JavaScript 代码实现，越少代码意味着出现错误的可能性越小。

WebSockets 的引入让 Web 应用程序的编程变得简单，而不再需要辛苦地借助 XMLHttpRequests 或反复刷新页面。就如同股票交易系统的案例那样，我们可以在一个网站上轻松监视大量频繁变动的数据。

第10章 多线程

在使用 JavaScript 的过程中，你可能已见过以下浏览器信息：此页面上的脚本可能正忙，或已停止响应（A script on this page may be busy, or it may have stopped responding）。这可能是因为一个程序错误，譬如说死循环。但若在 JavaScript 没有出错的情况下依然运算时间过长，你该怎么办呢？这就是多线程（Web Worker）存在的意义。

10.1 Web Worker 介绍

为保证客户端的长时间运算不会导致浏览器卡死，我们在后台增加一个（并发）线程，随时将运算状态信息通知给相应脚本。这个线程无权访问 DOM API、window 对象或 document 对象。乍一看这像是一种很大的限制，但却有其合理性——若脚本并行访问同一资源并对其作出改变，将出现非常复杂的情况。多线程之间的严格隔离及它们的信息通信方式让 JavaScript 代码更为安全。

对于浏览器来说，开启新线程会导致操作系统更密集的运算，并且每个线程都要消耗额外的存储空间。尽管如此，其优势依然明显：浏览器可保持响应，复杂运算得以并行运行，在当前主流的硬件平台上这实际会提升运算速度（译者注：因为现在的硬件性能非常强大，所以多线程运算能够更充分地发挥硬件的性能）。

每个新线程在创建时都会载入包含其代码的脚本：

```
var w = new Worker("calc.js");
```

这个脚本（这里用的是 calc.js）包含了调用线程时所执行的脚本。该线程包含了用于响应 message 事件的事件句柄。在这个例子中，它能够为线程提供运算所需的数据并触发计算：

```
addEventListener('message', function(evt) {
  // evt.data contains the data passed
```

函数 postMessage()实现了主调脚本和线程之间的双向数据传输。以下代码将数据传给线程 w：

```
w.postMessage(imgData);
```

浏览器会将 JavaScript 对象转换为 JSON 字符串，并传递给主调函数 postMessage()。此数据每次调用都会被复制，这意味着如果出现大量数据传输时，执行速度将会显著下降。

如前所述，线程无法访问 window 对象。但 WindowTimers 接口的函数是个例外：setTimeout()/clearTimeout()及 setInterval()/clearInterval()都可在线程内使用。另外线程也能加载外部脚本，这可以使用 importScripts()函数。我们可以将一个或更多 JavaScript 文件（通过逗号分开）传递给此函数，然后通过线程加载并使用。

线程还能以只读方式访问本地对象——通过 href 属性将一个绝对 URL 回递至正在运行的线程中。依靠 XMLHttpRequest，线程也可以与 Web 服务通信。

规范将 Web Worker 分为专用线程（DedicatedWorkers）及共享线程（Shared Workers）。共享线程能够接受来自不同脚本的信息，并将它们自己的信息发送给各脚本。在本章中我们将仅讨论专用线程，若需了解更多关于共享线程的信息，请参考规范中的相关章节：http://dev.w3.org/html5/workers/#shared-workers-introduction。

鉴于 Web Worker 规范仍处于起草阶段，而且 WebKit 及 Firefox 对其的实装也尚未完成。因此我们将省略关于 API 的详细介绍，用两个案例来说明 Web Worker 的运行原理。

10.2 查找闰年

Web Worker 已经能够完美的计算素数或 Fibonacci（菲波那契）数列（可通过 Google 找到相关案例）。现在我们要讨论另一个有趣的任务——我们将查找自 1970 年 1 月 1 日以来的所有闰年。鉴于现有硬件只需要几分之一秒便可完成此任务，单纯计算闰年无法体现出 Web Worker 的优越性，因此在这里我们将程序弄得更为复杂。此程序将检查非常小的时间单位（秒或分钟）是否为 2 月 29 日，若为是，则判定此年为闰年。鉴于此程序在不同硬件下的执行速度不同，因此我们添加了一个设置基础时间单位（step）的选项。图 10-1 展示了它在一个性能较差的 CPU 上经历了数秒后的运算结果。

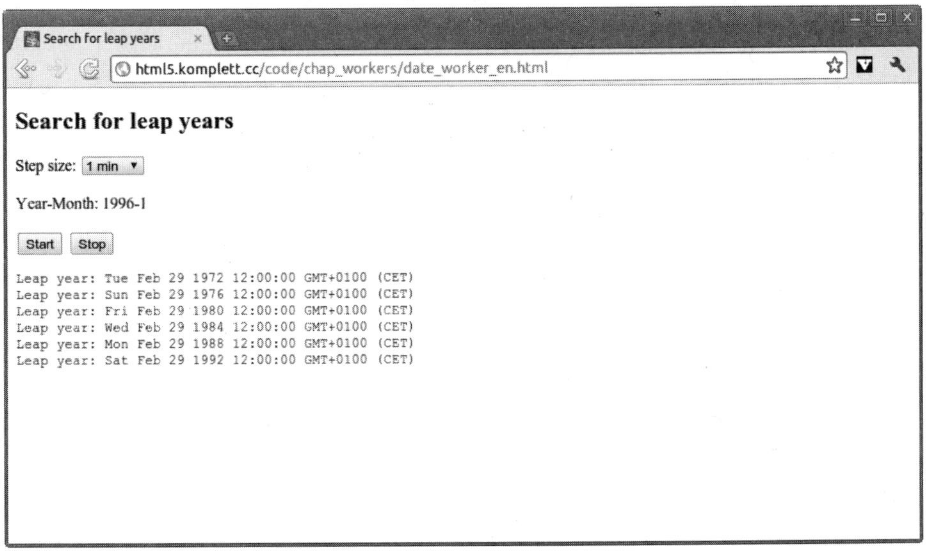

图 10-1 用 Web Worker 查找闰年的结果

单击开始按钮将执行 startCalc()函数。此函数读取 step 值，并通过脚本 date_worker.js 将 Web Worker 初始化。

```
var opts = document.forms.stepForm.step.options;
startCalc = function() {
  var step = opts[opts.selectedIndex].value;
  var w = new Worker('date_worker.js');
  w.postMessage(step);
```

主调函数将 Step 值被传递给 postMessage()，并与脚本 date_worker.js 中 message 事件监听器通信，然后线程开始工作：

```
addEventListener('message', function(evt) {
  var today = new Date();
  var oldMonth = -1;
  for (var i=0; i<today; i+=Number(evt.data)*1000) {
    var d = new Date(i);
    if (d.getDate() == 29 && d.getMonth() == 1
      && d.getHours() == 12 && d.getMinutes() == 0) {
      postMessage(d.toLocaleString());
    }
    if (d.getMonth() != oldMonth) {
      postMessage("y "+d.getFullYear()+"-"
        +(d.getMonth()+1));
      oldMonth = d.getMonth();
    }
  }
}, false);
```

线程中的一个 for 循环从 0s 开始运行至当前日期（今天），间隔设为 postMessage()传递的值通过函数 Number()转化为数字再乘以 1 000，必须乘以 1 000 是因为变量 today 包含的当前值单位为毫秒而非秒。通过 data 属性访问 postMessage()的数据的方法在此前关于 WebSockets 的章节中已经介绍过了。若循环中的一个日期被判断为 2 月 29 日，线程会将此日期以字符串形式给主调脚本。

为了显示当前的计算进度，程序在循环进入新月份同时发送另一条信息。此信息以字符“y”作为开始，包含年份及月份。以下代码展示了主调脚本如何将此信息与闰年通知区分开：

```
w.onmessage = function(evt) {
  if (evt.data.substr(0,2) == "y ") {
    $("y").innerHTML = evt.data.substr(2);
  } else {
    $("cnt").innerHTML += "Leap year: "+evt.data+"\n";
  }
}
```

函数 substr()从变量 evt.data 中截取头两个字符，并将它们与值“y”作出比较。若结果匹配，显示当前所运算日期的区域将被更新；否则，该日期将作为新行被添加到 ID 为 cnt 的区域中。像此前许多案例中所做的一样，我们使用函数$()作为函数 document.getElementById()的缩写。

若线程运行时间过长（譬如说你的计算机运行速度不够快），可以通过单击 Stop 按钮来中止进程。这种中止是通过函数 terminate()来实现的。其后，运算过程中被禁用的 Start 按钮将重新激活：

```
stopCalc = function() {
  w.terminate();
  $("start").removeAttribute("disabled");
}
```

下一个更为复杂的案例演示了多线程是如何并行工作的，这比起前一个案例来讲实用性更强。

10.3 配合 Canvans 计算海拔档案

毫无疑问，最适合多线程应用的地方是在客户端处理视频、音频及图像文件。在此案例中我们将用到一张奥地利提洛尔地区的 PNG 图像文件，它的特殊之处在于：图像的 alpha 通道包含了该地区的海拔信息。该图片地址为：http://html5.komplett.cc/code/chap_workers/images/topo_elevation_alpha.png。

我们通过 Canvas 读取图像颜色与 alpha 通道的值（见第 5 章），进而执行对该地区的运算。该计算将把图片中特定线上每个点的海拔值提取出来，并生成档案。

档案由若干部分组成，具体分为几部分以及档案的份数都可以通过页面上的文字字段设定。这是为适应不同计算机上不同的计算速度的必要措施。档案的每个部分都会在图片上选择随机的点各自进行运算。我们需要让程序在运算过程中显示进度条，并输出档案中已计算出的该地区最低及最低海拔。当一个部分计算完成后，程序将立即返回及显示所找到的点的数量，以及运算所耗费的时间。虽然可以把整个海拔档案都作为结果返回给主调函数，不过如果分区太多，档案将占用大量内存并严重降低程序运算速度，这并非我们这个演示想要的效果。图 10-2 演示了通过 Web Worker 并行计算两份海拔档案。

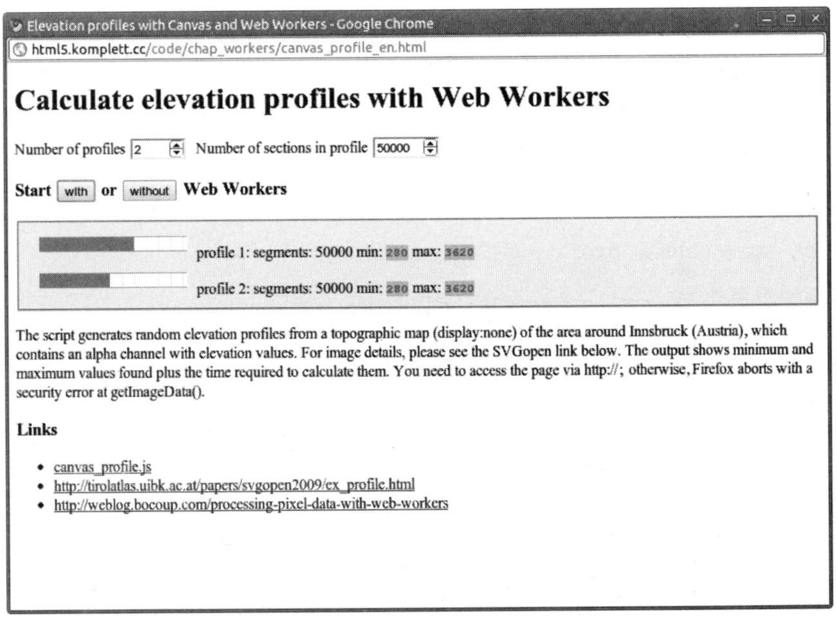

图 10-2 使用 Web Worker 并行计算两个海拔档案

当要创建一个以上的档案时，若不使用多线程的，则分析将按顺序进行；而使用Web Worker则可以实现并行计算。在拥有多核CPU的操作系统上，这意味着浏览器能将工作分配给不同的内核。图10-3展示了一个带4个CPU内核的系统。在使用Web Worker的情况下两个内核使用率高达100%（持续约30s），而在不使用Web Worker的情况下，仅有一个CPU内核使用率达到100%（持续15s）。结论是Web Worker提供了惊人的计算速度，计算过程中浏览器还能够对输入作出回应，并持续更新进度条。

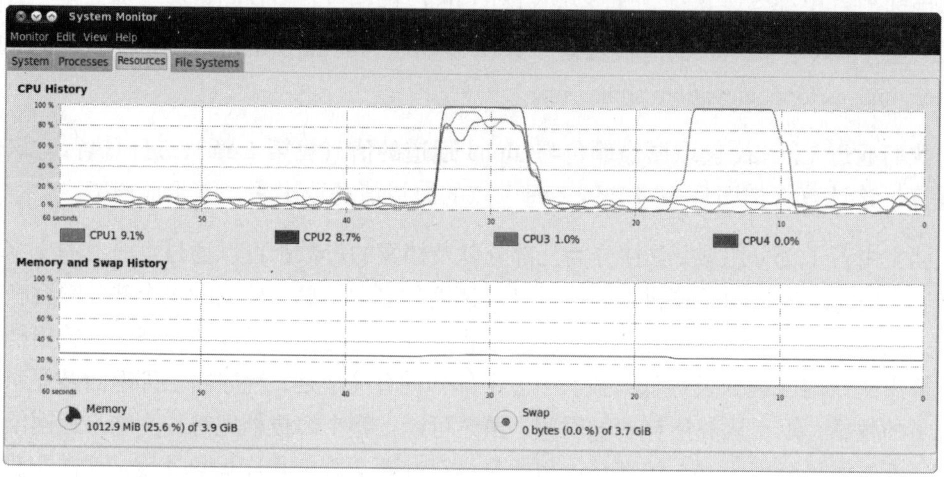

图10-3 使用Web Worker及不使用Web Worker进行计算时的CPU占用率

10.3.1 重要代码清单

为比较带Web Worker及不带Web Worker的脚本表现，我们尝试在两种环境下调用程序。首先我们将包含线程的外部JavaScript文件（canvas_profile.js）放到页面的开头以便首先加载，这样onmessage函数才能成为一个全局变量——而非仅在线程代码里生效。下面让我们开始编写HTML代码：

```
<script src="canvas_profile.js"></script>
...
<h1>Calculate elevation profiles with Web Workers</h1>
<p>Number of profiles <input type=number id=profiles
  size=2 oninput="updateProgressBars();" value=2>
Number of sections in profile
<input type=number id=parts value=500 size=4
  oninput="updateProgressBars();">
</p>
<h3>Start
<input type=button onclick="calcProfiles(true)"
    value="with"> or
<input type=button onclick="calcProfiles(false)"
    value="without"> Web Workers
</h3>
```

类型为 number 的两个输入区域中的内容一旦作出改变，将导致函数 updateProgressBars()被调用，并在该函数中创建出进度条及输出结果的占位符。海拔文件的计算通过两个按钮 with 及 without 开始。

在 JavaScript 代码中，为了从 PNG 图像中提取出海拔值，我们需要将图像载入一个新的 canvas 元素：

```
var canvas = document.createElement("CANVAS");
canvas.width = 300;
canvas.height = 300;
var context = canvas.getContext('2d');
var image = document.querySelector("IMG");
context.drawImage(image,0,0);
// document.querySelector(“BODY”).appendChild(canvas);
var elev =
context.getImageData(0,0,canvas.width,canvas.height).data;
var alpha = [];
for (var i=0; i<elev.length; i+=4) {
  alpha.push(elev[i+3]);
}
```

网页里唯一的 img 元素被载入为变量 image，并被绘制在新创建的 canvas 元素中。鉴于该 img 元素被标记为 display:none，而 canvas 从依附于 DOM 树，所以无论是图片还是画布在网页上都不可见。不过若在此前代码中激活注释行，就可以在页面底部看见画布。如第 5 章所述，getImageData()函数会生成包含 canvas 颜色及 alpha 通道值的数组（都是每像素包含 4 个元素）。因为 alpha 通道值会被用到，所以我们通过 for 循环将它从数组中取出来。压缩数据量无疑是明智的选择，因为每个线程都会收到一份数组的拷贝。若我们并行开始 4 个线程，每个线程的内存占用率将直线上升。

之后，根据传递至函数 calcProfiles()的值为 true 或 false 来决定是否用多线程开展计算：

```
calcProfiles = function(useWorker) {
  USE_WORKER = useWorker;
  startTime = new Date();
  for (var i=0; i<PROFILES; i++) {
    var imgData = {
      id : i,
      alpha: alpha,
      parts : PARTS,
      height : canvas.height,
      width : canvas.width
    }
```

变量 PROFILES 包含了相关 input 字段的值，并控制核心 for 循环的运行频率。变量 imgData 根据图像海拔值（alpha）、环节数（PARTS）、画布高度（height）与宽度（width）、外加一个 ID（id）创建。这些创建要素将在稍后被档案引用。其后程序逻辑将自己分为使用 Web Worker 和不使用 Web Worker 的两部分：

```
if (USE_WORKER) {
  imgData.useWorker = true;
  var worker = new Worker('canvas_profile.js');
  worker.postMessage(imgData);
  worker.onmessage = function(evt){
    if (evt.data.task == 'update') {
      progress.item(evt.data.id).value = evt.data.status*i;
    } else if (evt.data.task == 'newMin') {
      $('progDivMin'+evt.data.id).innerHTML = evt.data.min;
    } else if (evt.data.task == 'newMax') {
      $('progDivMax'+evt.data.id).innerHTML = evt.data.max;
    } else {
      showResults(evt);
    }
  };
}
else {
  imgData.useWorker = false;
  showResults(
    onmessage({data:imgData})
  );
  progress.item(i).value = PARTS;
}
```

第一种情况创建了一个新线程并通过 postMessage()将其激活，然后将变量 imgData 的整个数据结构传递给它。由此定义出的时间监听器接收四种不同类型的信息。update 类型的信息用来更新进度条，newMin 及 newMax 用来重设网站上的相关海拔值。其他类型的信息会调用 showResult()函数，算出总的运算时间与坐标点数量并显示在海拔档案上。

若不使用多线程，则将调用外部 JavaScript 文件中的 onmessage()函数，并将变量 imgData 包裹成 JavaScript 对象的数据属性。这是一种非常实用的方法，因为线程中的 postMessage()函数同样会将数据包裹成这样的结构，我们就不需要多余的代码了。

外部 JavaScript 文件 canvas_profile.js 通过 onmessage()函数启动。特意标注出的这段函数有两个目的：其一是作为线程情况下 message 的事件句柄，其二是作为无额外线程情况下可调用的全局函数。该函数会为每个独立分区创建用于计算的随机点：

```
onmessage = function(evt) {
...
  var p1 = [Math.round(Math.random()*(evt.data.width-1)),
           Math.round(Math.random()*(evt.data.height-1))];
  for (var i=1; i<evt.data.parts; i++) {
    var p2 = [Math.round(Math.random()*(evt.data.width-1)),
             Math.round(Math.random()*(evt.data.height-1))];
```

```
    var len = Math.sqrt((Math.pow(p2[0]-p1[0],2)
      +Math.pow(p2[1]-p1[1],2)));
    var profile = [];
    for (var j=0; j<len-1; j++) {
...
      var h = getHeight([x,y]);
```

我们使用 JavaScript 函数 Math.squrt()（计算平方根）及 Math.pow()（计算平方），以勾股定理计算出两个随机点（p1 及 p2）之间的像素长度。然后为此路径上的所有像素运行第二个循环，从数组中提取出海拔值：

```
var getHeight = function(p) {
  var pos = ((parseInt(p[1])*evt.data.width) +
            parseInt(p[0]));
  return evt.data.alpha[pos] * equidistance;
};
```

为了找出指定位置在一维数组中的 alpha 通道值，我们将 y 值乘以画布宽度并加上 x 值。细心的读者可能已注意到另一个细节：在指定值被回递之前，它会先被乘以变量 equidistance。这是因为在一个 8 位的图像文件中我们只能保存 256 种不同值。但奥地利因斯布鲁克区域周边的海拔值差距大于 256m，因此此 PNG 图像中的海拔数据将以每 20m 为单位间隔。

若在档案中发现新的最小值，主调脚本将得到通知：

```
if (h < min) {
  min = h;
  if (evt.data.useWorker) {
    postMessage({task:'newMin',min:min,id: evt.data.id});
  }
}
```

发现新的最大值时当然也会出现同样情况。分区的每个循环结尾处都会更新进度条，在所有部分计算完毕同时，结果将被包裹成变量 d 并发送给主脚本。若脚本以多线程方式运行，数据将通过 postMessage()发送；若以无额外线程方式运行，结果将通过 return 被回传给主调函数：

```
if (evt.data.useWorker) {
  postMessage({task:'update', status:i, id:evt.data.id});
}
...
if (evt.data.useWorker) {
  postMessage(d);
}
else {
  return {data:d};
}
```

在客户端进行图像数据分析节省了服务器开销及网络带宽。在客户端硬件配置合适的情况下，用户还可以选择通过 alpha 通道将图像中的海拔档案数字化，并将结果以图形实时显示。

被激发起对 Web Worker 兴趣的同时，需要留意的是：比起使用不带多线程的脚本来说，使用多线程需要的系统资源更多。在线程及主调脚本之间通过 message 传输数据也远比用脚本直接访问资源要慢。

小结

本章介绍了在浏览器下并行运行脚本的概念。在桌面应用程序中，这种概念被称为线程（threads）；而在浏览器下它们被称为 Web Worker。虽然它对网站元素的访问受到一定限制，但仍然可以通过 message 传递的方式来在主调脚本和独立线程之间轻松交换信息。

对于在后台处理同时允许用户输入的大型 Web 应用程序来说，Web Worker 的作用格外明显，例如处理文档同时自动保存，或是编写源代码同时为其着色。Mozilla 的 Web Editor Ace 很好地演示了这些功能。

第 11 章 微数据

2010年10月9日，星期天，差不多晚上8点半，Pat Metheny登上了纽约Morristown满座社区剧院的舞台。舞台上铺着波斯地毯，垂着厚重的红色幕布。幕布后有一台钢琴、两台颤音琴、一些小型乐器，以及一些奇怪的物体诸如管风琴、药罐和火箭发射器等。

一切看上去极为古怪，因为这个天才吉他手的乐队其他成员——鼓手 Antonio Sanchez、贝斯 Steve Rodby、钢琴手 Lyle Mays 全部消失了。人们看到的不是 Pat Metheny 的乐队，而是一组由机器、小鼓以及 LED 构成的装置代替了真实的人进行演出。听完了开场的 42 弦吉他独奏后，红色幕布升起，演出“Orchestrion”正式开始：而无疑这是一个让人感觉到敬畏而惊讶的奇妙夜晚。

以上是我们为那场演出所虚构的一篇博文的开头：两个段落中的信息在读者阅读过程中自动提取并结合。我们根据时间及位置定义事件，识别出舞台上的对象、仪器及事件，并将文本中描述的人物标记为有相应乐器的音乐家。人的大脑能够有效地提取信息，但计算机本来并不需要具备此功能。之所以使用自动提取是为了帮助将相关信息标记并结合。

怎样的信息算是相关信息根据我们需要而定。对于一篇日记来说，需要提取的应包括事件名称、时间及地点；对于地址簿来说，应为音乐家的联系方式；对于为音乐库添加新 CD 来说，相应信息为艺术家及乐队名。从文本中提取出相应内容并将它转为机器可读格式的一种做法是通过微数据（microdata）——它是 HTML5 中一个富争议性的很新的功能。

在许多批评家眼中，微数据与内嵌元数据的另一种形式 RDFa——资源描述框架（the Resource Description Framework）构成了直接竞争关系。后者与 XHTML 的紧密联系使其很难在缺乏 RDFa 常用命名空间的 HTML5 中找到容身之所。这两种方法的角力也是两种规范的角力。微数据可以在 WHATWG 集成版本的规范及 W3C 独立版本规范中找到，而 RDFa 仅存在于 W3C 中。这些规范的链接如下：

- http://www.w3.org/TR/microdata
- http://www.whatwg.org/specs/web-apps/current-work/multipage/links.html#microdata
- http://www.w3.org/TR/rdfa-in-html

RDFa 中的 a 代表着属性（attributes），这也是这两种技术共有的特性。RDFa 及位数据都采用一组属性来定义元数据。在 RDFa 中，元数据被表现为主谓宾三者的结合。根据 Wikipedia 关于资源描述框架的定义，其主语代表着资源（Pat Metheny），谓语代表资源的特征或部分（musician），宾语代表着主语和宾语之间的关系（Ochestrion）。在微数据中，信息以 name: value pairs（名称: 值对）的形式出现，例如 Pat Metheny : musician 或是 Pat Metheny : Orchestrion，具体最终使用哪一对是不确定的。两种技术都有各自的优缺点，并且可以同时存在。但鉴于微数据已完成了和 HTML5 的无缝结合，本章将重点讨论微数据。

11.1 微数据语法

如图 11-1 所示，为本章开头的文章加上一些链接、图像、博客作者签名之后，我们将得到一篇完整的虚构博文。我们将用它来介绍微数据语法。

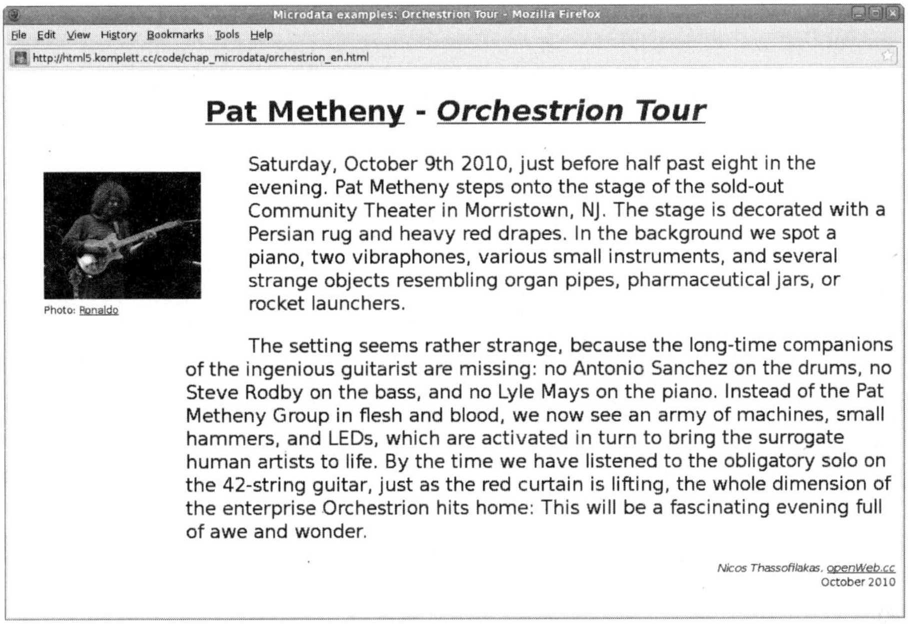

图 11-1 谈论 PatMetheny 的“Orchestrion”演出的虚构博文截图

11.1.1 属性 itemscope 及 itemprop

首先我们要定义一个微数据相关区域，div 或者 p 这类结构性元素及容器元素都是适用的。在这里我们选用 article 元素来嵌入整篇博文、用来定义 scope（范围）的属性以 item 开头——和其他 4 个微数据属性一样，为 boolean 类型，并拥有一个很合乎逻辑的名字 itemscope：

```
<article itemscope>
...
</article>
```

itemscope 定义了一组新的“name-valuepairs”，规范中也将它们称为 items。相关值由 itemprop 属性提供，这里 prop 的意思是“内容（properties）”。为了将所有音乐家在文章中标记为 musicians，因此我们需要用到四个 itemprop 属性并将它们嵌入合适的位置。若当前没有合适元素可用，我们首先将它们创建为 span 或 div 元素，因此“Pat Metheny”在 HTML 代码中成为“<span>Pat Metheny</span>”，并在不影响文本布局的情况下为 span 元素指派一个 itemprop 属性。与 itemscope 不同，itemprop 并非布尔型属性，而是把以相关的内容名称作为它的属性值：

```
<article itemscope>
... <span itemprop=musician>Pat Metheny</span> steps onto the stage ...
... <span itemprop=musician>Antonio Sanchez</span> on the drums ...
... <span itemprop=musician>Steve Rodby</span> on the  bass ...
... <span itemprop=musician>Lyle Mays</span> on the piano ...
</article>
```

微数据的第一个案例完成了，现在的问题是如何让搜索引擎蜘蛛能够根据博客索引顺利解析元数据。我们在这里使用 Philip Jägenstedt 的 Live Microdata 查看器来将数据结构形象化。这是一个在线应用程序，我们可以将带微数据内容的代码清单粘贴到文本域，并让隐藏的微数据以 JSON 格式显示。请将链接 http://foolip.org/microdatajs/live 加至书签，因为在接下来所有代码的测试中你都会用到它。

为避免反复大量的打字输入，本章中所有 HTML 代码清单都有在线文档，可以轻松将它们复制至微数据查看器中。所有单独片段都以它们在本章中出现的顺序排列。文件地址：

http://html5. komplett.cc/code/chap_microdata/fragments_en.txt

若将文件 fragments_en.txt 中第二段 HTML 复制至 Philip Jägenstedt 的微数据察看器中，其结构将显示为如下的 JSON 格式：

```
{
  "items":[{
      "properties":{
        "musician":["Pat Metheny",
          "Antonio Sanchez",
          "Steve Rodby",
          "Lyle Mays"
        ]
      }
    }
  ]
}
```

乍一看，这些大括号和方括号似乎很混乱，但若仔细观察，你会发现它们将元数据结构表达得非常清晰。每个元件（"items"）都包含了一个内容（"properties"）数组——数组由内容名称（"musician"）与相关值（"Pat Metheny," "Antonio Sanchez," "Steve Rodby," "Lyle Mays"）成对组成。

一些 HTML 元素在被指派一个 itemprop 属性时，就会自动定义相关 properties 的值。让我们为博文中的照片定义一个 itemprop 属性 image，然后在微数据查看器中看看：

```
<article itemscope>
  <img itemprop=image src=icons/orchestrion.jpg alt=...>
</article>
```

src 属性的值自动被赋给了 image 内容（properties）。除了 img 元素外，还有一些元素也会有这样的行为，它们被列在表 11-1 中。

表 11-1 带特殊 itemprop 值的元素

属　　性	元　　素
src	audio、embed、iframe、img、source、video
href	a、area、link
datetime	time
content	meta
data	object

说回搜索引擎蜘蛛，它要怎样索引这篇充斥微数据的博客呢？它并不知道 musician 与 image 元件是由什么构成的。因为我们定义的微数据是仅针对我们自己使用的。为了更好地使用微数据，我们需要将其标准化为蜘蛛可理解的词汇，就如同智能邮件程序能从拖曳至程序地址簿中的 URL 中自动提取微数据编码的 e-mail 地址；同样的，一个日记程序也能用同样方法自动识别出日记日期。

11.1.2 itemtype 属性

我们不需要在探索标准化词汇方面下太多工夫，因为 WHATWG 的微数据规范已经包含了三种标准化词汇：联络信息的 vCard、事件日期的 vEvents，以及用来指定作品许可的第三种。在 microformats 社区里还可以看到许多这类词汇，地址为 http://microformats.org。不过不同于微数据，此类词汇定义属于微格式（microformat）计划，通过大量使用 class 与 rel 属性来定义元数据结构。

根据属性 itemtype，你应该能猜出现有的微数据统统遵循一个标准化词库。作为属性值，itemtype 需要一个相应的 URL。vCard 及 vEvent 反映了微数据与微格式之间的紧密联系，因为规范中两个文件都直接指向 microformats.org。

- http://microformats.org/profile/hcard
- http://microformats.org/profile/hcalendar#vevent

下面我们来尝试在博文中编写一个 vEvent。我们需要添加正确的 itemtype，并根据 hCalendar 规范指定 itemprop 的属性：

```
<article itemscope
 itemtype=http://microformats.org/profile/hcalendar#vevent>
 <time itemprop=dtstart
  datetime="2010-10-09T20:30:00-04:00">
  Saturday, October 9th 2010, just before half past eight in the
evening
 </time> ...
 <span itemprop=location>Community Theater</span> in
 <span itemprop=location>Morristown, NJ</span>...
```

```
 <span itemprop=summary>Orchestrion</span> ...
</article>
```

把这段微数据代码复制入微数据查看器后，我们可以在 JSON 选项卡旁看见另一个输出选项，时间被显示为 iCal 格式，可被无缝导入日历中：

```
BEGIN:VCALENDAR
PRODID:jQuery Microdata
VERSION:2.0
BEGIN:VEVENT
DTSTAMP;VALUE=DATE-TIME:20101227T205755Z
DTSTART;VALUE=DATE-TIME:20101009T2030000400
LOCATION:Community Theater
LOCATION:Morristown\, NJ
SUMMARY:Orchestrion
END:VEVENT
END:VCALENDAR
```

微数据和 iCal 之间的格式转化是基于 Philip Jägenstedt 的 JavaScript 库 microdatajs，这也是微数据查看器的核心。其下载地址为 http://gitorious.org/microdatajs。

我们也可以将此库的许可信息编写为微数据结构。词汇表规则位于 WHATWG 版本的微数据规范的章节 Licensing works 中，并需要为其添加一个 URLhttp://n.whatwg.org/work 作为 itemtype 属性，添加关键字标题（title）、作者（author）以及许可（license）作为 itemprop 属性：

```
<div itemscope itemtype=http://n.whatwg.org/work>
<a itemprop=work
 href="http://gitorious.org/microdatajs">
 <span itemprop=title>microdatajs</span></a> by
<span itemprop=author>Philip Jägenstedt</span>
<a itemprop=license
 href=http://creativecommons.org/licenses/publicdomain/>
 (<span>Public Domain</span>)</a>
</div>
```

下面的案例示范了怎样综合使用微数据词汇。作为音乐会报道的一部分，需要将事件编写为 vEvent、报道作者编写为 vCard，这相当简单。如果要将 itemProp 属性“reviewer（评论）”用词汇 hReview 定义为 vCard，我们只需要将一个以词汇 vCard 作为 itemType 的 itemScope 属性添加至同一个元素中，然后再加入对应的 vCard 条目。将 vEvent 内嵌至 hReview 中的做法相同，下列代码可在微数据查看器中检验：

```
<article itemscope
 itemtype=http://microformats.org/wiki/hreview>
 <div
  itemprop=item itemscope
  itemtype=http://microformats.org/profile/hcalendar#vevent>
  <span itemprop=summary>Orchestrion</span>,
  <time itemprop=dtstart
   datetime="2010-10-09T20:30:00-04:00">October 9th 2010
```

```
    </time>:
   </div>
   <span itemprop="summary">A fascinating evening</span>
   rated with <span itemprop="rating">5</span> stars out of 5 stars.
   <div itemprop=reviewer itemscope
    itemtype=http://microformats.org/profile/hcard>
    <span itemprop=fn>Nicos Thassofilakas</span>,
    <a href=http://openweb.cc itemprop=url>openWeb.cc</a>
   </div>
  </article>
```

11.1.3 itemid 属性

若一个微数据结构具备了 itemtype 属性，词汇元件可以通过 itemid 属性获取唯一 ID。此类 ID 可以是书本的 ISBN（国际标准图书编号）、辨识产品的 EAN（欧洲商品号），或是 Amazon 下的订单 ASIN（亚马逊标准识别码）。

itemid 的有效值为 URL 地址，还包括带“urn:”前缀的统一资源名称（Uniform Resource Names，URN）。若使用虚拟词汇表来描述书籍，我们可以根据 ISBN 序列号识别出 Pat Metheny 的单曲专辑 One Quiet Night 的琴谱：

```
<div itemscope
     itemtype=http://vocab.example.net/book
     itemid="urn:isbn:978-0634066634">
<span itemprop=album>One Quiet Night</span> by
<span itemprop=artist>Pat Metheny</span>
(<time itemprop=pubdate datetime=2005-04-01>2005</time>,
<span itemprop=pages>88</span> pages)
</div>
```

11.1.4 itemref 属性

通常来说，我们无法将所有想要的微数据信息放入同一个容器元素中。在博客那个例子里，itemscope 属性与旁边的 article 元素一起，而且所有相关的 itemProp 属性都位于 article 中。若要将 itemProp 属性置于 article 元素之外，可以使用 itemref 属性，它包含一系列元素的 ID 列表，以逗号分隔，用于搜索微数据内容。藉此我们可以将该 itemscope 属性及容器元素之间的联系完全切断。

```
<article>
 <div id=location>
  <span itemprop=member>Pat Metheny</span>
 </div>
 <div id=intro>
  <span itemprop=member>Antonio Sanchez</span>
  <span itemprop=member>Steve Rodby</span>
  <span itemprop=member>Lyle Mays</span>
  <span itemprop=band>Pat Metheny Group</span>
 </div>
```

```
</article>
<div itemscope itemref="location intro"></div>
```

在此例中，该博客的两个段落被分割成带 ID location 及 intro 的两个 div 元素。在这些 div 元素中，每个音乐家都通过 itemprop 属性定义为乐队 Pat Metheny Group 的成员。itemscope 属性位于文章之外，并根据 itemref 属性中的 ID 指向包含实际信息的区域。在复杂的微数据结构下，这种方法是非常有用的。

11.2 微数据 DOM API

也许你已经想到了，文档的微数据结构同样也可以通过微数据 DOM API 用 JavaScript 创建。

对所有顶层微数据项目（此类项目包含 itemscope 属性并且不为另一个项目的一部分）的访问通过 document.getItems()方法进行，然后将得到一个按 DOM 树顺序排列的 DOM 节点列表。若将范围限制在某一特定类型元件，我们可以将指定 itemtype 的属性列表传给 getItems()，以逗号分隔：

```
var allNodes = document.getItems();
var vCards = document.getItems(
  'http://microformats.org/profile/hcard'
);
```

生成的节点列表中，可以通过每个元素访问其微数据属性。表 11-2 列出了属性名及其内容。

表 11-2 顶层微数据元件的属性

属　　性	内　　容
itemScope	itemscope 属性值
itemType	存在的 itemtype 属性值
itemId	存在的 itemid 属性值
itemRef	存在的 itemref 属性值

从相应顶层元件开始，我们可以进一步研究由 itemprop 所定义的内容（properties）。它们可以通过 item.properties 访问——也称为 HTMLPropertiesCollection，通过此接口可以访问每个 properties 下的名称:值对。此类元素依它们在 DOM 树中的位置分类。表 11-3 展示了这些属性、方法以及它们的相应内容。

表 11-3 HTMLPropertiesCollection 的属性及方法

属性/方法	内 容
length	元件集合中的元素数量（index）
item(index)	集合中位于 *index* 位置的元素
namedItem(name)	集合中 itemprop 属性的值为 *name* 的元素
namedItem(name).values	itemprop 属性的值为 *name* 的所有元素的内容（表示为数组）
names	集合中所有 itemprop 属性的值的 DOMStringList
names.length	itemprop 属性的值的数量
names.item(index)	*index* 位置上 itemprop 属性的值的名称
names.contains(name)	布尔值，检查当前 itemprop 属性的值是否为 *name*

微数据 DOM API 的最后一个属性是 itemValue。它允许对包含 itemprop 属性的元素的内容进行访问。若变量 elem 中的元素是容器——例如 article、div 或者 span——那么通过 elem.itemValue 则可以改变该元素的文本内容。

涉及到内嵌元件时要格外小心，因为有关元素同样包含一个 itemscope 属性，而且该元素的内容跟顶层元件一样都会被独立解释。因此规范规定，在这种情况下 elem.itemValue 应当创建为一个新的元件对象。

第二个也是最后一个涉及 HTML 元素的特例：在关于 itemprop 属性的章节中已经介绍过具有特殊状态的元素。a、src、time、meta 及 object 都属于这一类。与通常情况不同，它们的 href、src、datetime、content 或 data 属性都被指派给 elem.itemValue。表 11-1 中已经把它们列了出来。

小结

本章中我们深入了解了微数据语法，即使用各种全局属性将语义标记添加至文档。布尔型属性 itemscope 将指定区域标记为微数据相关，并定义了一对新的空白名字与值（name-valuepairs）——也就是元件。之后我们讨论了 itemprop 属性，它以相关的内容名称作为属性值。

vEvents 对应事件日期，还通过 itemid 属性为这些词汇元件创建唯一 ID 标签，譬如说 ISBN 或 EAN 序列号。介绍的最后一个微数据属性是 itemref，借助它我们可以指定一个以逗号分隔的元素 ID 列表，并用它来搜索微数据内容。作为本章总结，微数据 DOM API 向我们展示了如何通过 JavaScript 轻松访问微数据结构。

不幸的是，目前并无浏览器可支持微数据，因此要测试本章中这些案例的唯一方法是使用 Philip Jägenstedt 的 Live Microdata 查看器，地址是 http://foolip.org/microdatajs/live。除此之外，我们只能等待着微数据的普及。

第12章 写在最后：一些全局属性

最后一章我们会谈到一些 HTMLElement 接口中看似无关紧要的全局属性。本章中我们将开发一个与著名电视节目“百万富翁”（Who Wants to Be a Millionaire）初赛类似的简单游戏，要求将一些词语依照给定标准按顺序排列。我们将这游戏称为“1-2-3-4”。它涉及到 27 个欧盟成员国首都的居民数量、地理位置等资讯。

游戏由一个 HTML 组件、一个脚本组件及一个 CSS 组件组成。3 个组件都可以在线体验及查看，地址如下：

- http://html5.komplett.cc/code/chap_global/1234_en.html
- http://html5.komplett.cc/code/chap_global/1234.js
- http://html5.komplett.cc/code/chap_global/1234.css

12.1　class 属性的变化

首先我们来看看 HTMLElement 接口的一个新 DOM 方法，通过它我们可以根据相对应的 class 属性 document.getElementsByClassName()内容访问元素。它的用法实在是再简单不过了：

```
var questions = document.getElementsByClassName('q');
```

通过它我们得到一个列表，该列表包含所有 class 属性为“q”的元素，并依元素在 DOM 树的位置排序。列表是由包含各个首都名称的 li 元素构成的。现在我们已经完成了游戏的第一步：在 questions 变量中创建到游戏对象的实时引用。它可以反映单个 li 元素的当前状态。

```
<li id=de class=q>Berlin</li>
<li id=at class=q>Vienna</li>
<!-- and 25 others -->
```

访问 li 元素有两种方式：通过偏移（索引）或通过名称。此名称并非节点内容，而是存在的 id 或 name 属性的值：

```
questions.item(1).innerHTML          => Vienna
questions.namedItem('de').innerHTML   => Berlin
```

列表长度可用 questions.length 取得，这意味着 item(i)的偏移值可介乎 0 到 questions.length−1 之间。某些元素——例如 form——没有 id 属性而有 name 属性，那么仍然可以用 namedItem(str)来取得该属性的值。

若需搜索多个 class，你可以使用 call 方法，传入用空格分隔的值。以水果店为例，以“我喜欢的”为标准，搜索定义为 red 或 apple 的水果：

```
var mmm = document.getElementsByClassName('red apple');
```

我们可以通过这种方法找到所有红色水果、所有苹果，以及红色的苹果。

12.2　用“data-*”定义自定义属性

在以前，HTML 中是无法自由定义自定义属性的，但现在的 HTML 规范提供了这个支持：data-*属性。它的用法十分简单，仅需要为自定义属性加上前缀 data-。自定义属性的命名规则如下：长度至少为一个字节，不能包含任何大写字母。以游戏中 27 个首都中某一个的数据字段为例，它的居民数量、地理位置及相关国家的数据属性如下：

```
<li id=at class=q
    data-pop=1705080
    data-geo-lat=48.20833
    data-geo-lng=16.373064
    data-country='Austria'>Vienna</li>
```

下一个问题是如何访问自定义属性。一种常用方法是通过 getAttribute()及 setAttribute()，但规范提供了更好的选择：dataset（数据集）属性。我们可以通过 element.dataset 检索及设定指定元素中的数据属性：

```
var el  = q.namedItem('at');
var pop = el.dataset.pop;     // 1705080
var lat = el.dataset.geoLat;  // 48.208
var lng = el.dataset.geoLng;  // 16.373
var ctr = el.dataset.country; // Austria
// and two years later perhaps ...
el.dataset.pop = 1717034;
```

请留意含有"el.dataset.geoLat"的第三行：这明显表示"-"符号对数据属性有着特殊意义，否则 data-geo-lat 不会突然变成 dataset.geoLat。我们把下一字母转化为大写用以代替原有的"-"符号——这种特殊写法被称为驼峰（CamelCase）。现在你应该了解为什么数据属性中不能有大写字母，因为在替换"-"符号时，大写字母可能带来预料之外的麻烦。

不幸的是，对 element.dataset 的支持尚未完善。在写下此文时，仅有 WebKit 在它的 Nightly builds 应用了 datasetDOM 属性。针对这一缺陷，游戏采用了 Remy Sharp 的 html5-data.js 作为变通方案，html5-data.js 是一个 JavaScript 中间件（译者注：即 shim，在第一章有过对它的注释），它最低程度保证了对数据属性的读取。至于在赋值方面，我们采用的是老牌优质方法 setAttribute()。

12.3 hidden 属性

hidden 属性在 HTML 工作组中引发了巨大争议。在收获了一堆反对票之后，幸亏 HTML 工作组主席的支持，它才最终进到发布状态。批评家主要认为 hidden 是多余的。在这里我们将通过 hidden 替游戏选择问题，用以证明 hidden 属性事实上是有用的。首先我们用 hidden 将所有选项隐藏，然后再随机选择 4 个选项显示。JavaScript 代码如下：

```
var showRandomNItems = function(q,n) {
  var show = [];
  for (var i=0; i<q.length; i++) {
    q.item(i).hidden = true;
    show.push(i);
```

```
  }
  show.sort(function() {return 0.5 - Math.random()});
  for (var i=0; i<n; i++) {
    q.item(show[i]).hidden = false;
  }
};
```

然后，我们将带 li 元素的列表作为变量 q，以及要显示的元素数量变量 n 作为参数传入函数 function showRandomNItems()中。之后，我们将所有项先通过 hidden=true 隐藏，填充一个长度为 0 – q.length 的新数组。最后，我们将数组随机排列，显示前 n 个首都名称。

12.4 classList 接口

藉由 getElementsByClassName()，现在我们已经了解了全局属性 class 的第一部分内容。下一个部分是 classList 接口，通过它，我们可以使用 item()、contains()、add()、remove()及 toggle()方法管理被称为 DOMTokenList 中所有 class 属性的值。下面让我们回到水果店的例子，以一种商品的 class 属性为例：

```
<li class="red apple">
```

借助 li.classList，我们可以设置以下内容：

```
li.classList.length                  => 2
li.classList.item(0)                 => red
li.classList.item(1)                 => apple
li.classList.contains('red')         => true
li.classList.contains('apple')       => true
li.classList.contains('organic')     => false
```

若在标价过程中忘记附上有机标签，我们可在稍后为红色有机苹果赋值：

```
li.classlist.add('organic')
li.classList.item(2) => organic
```

旁边货架上来自厄瓜多尔的香蕉被错误分类为有机，但我们可以轻易将此错误修正：

```
banana.classList.remove('organic')
```

对于早晨很新鲜而傍晚则不是那么新鲜的面包来说，我们可以加入 toggle()来显示相关状态：

```
//早晨新烤的
bread.classlist.add('fresh')
```

```
//傍晚
bread.classList.toggle('fresh')
bread.classList.contains('fresh')   =>false
//第二天早上新送来的面包
bread.classList.toggle('fresh')
bread.classList.contains('fresh')   =>true
```

在游戏“1-2-3-4”中，我们使用 classList 来显示选定顺序为 correct 或 wrong。在谈论及游戏的核心部分——拖曳函数之前，我们先改动一下游戏的布局，在城市分类列表左边添加四个区域，四个 li 元素的 class 都设为 a，代表答案，对应代表问题的 q。1 到 4 的数字显示使用了从૘ 到૛的 Unicode 符号——也称为“丁贝反白无衬线数字（Dingbat Negative Circled Digits）”。

```
<ol>
<li class=a>&#x2776;</li>
<li class=a>&#x2777;</li>
<li class=a>&#x2778;</li>
<li class=a>&#x2779;</li>
</ol>
```

再加上一些 CSS 格式，我们就完成了游戏的基础静态版本。图 12-1 展示了其基本版式。它的在线版本位于 http://html5.komplett.cc/code/chap_global/1234_static_en.html。

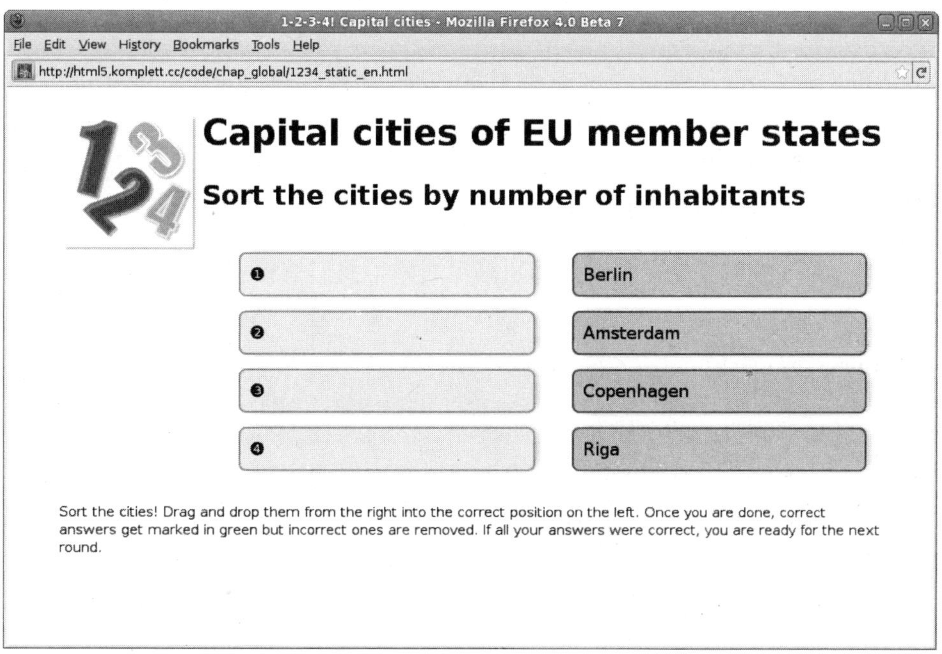

图 12-1 “1-2-3-4”游戏的基本静态版式

NOTE

如图 12-1 的标题栏所示，此游戏截图是在 Firefox 4 的 beta 版下创建的，因为只有这个版本的浏览器符合游戏需求。除了 data-*是用早先我们提及的 Remy Sharp 的 JavaScript 中间件来处理的之外，其他必需的属性及方法都被此浏览器所支持。

12.5 通过 draggable 属性实现拖曳

浏览器下的拖曳并不新鲜，此功能在 1999 年的 IE 5.0 版本中就已经出现了。以其在 IE 上的应用为基础，拖曳在 2005 年被列入规范中，并且在当前适用于除 Opera 之外的所有浏览器。

以游戏中将城市按人口数排序为例，经典拖曳操作的应用包括了下列步骤：

1. 选中可被拖动的元素；
2. 开始拖曳操作同时在后台判断被拖动的数据；
3. 决定被拖动元素的可释放位置；
4. 在拖曳操作结束于有效目标对象的同时提取数据。

我们可以通过全局属性 draggable 完成第一步。该属性通过 draggable=true 将相关元素标记为可拖曳元素。有两个元素被默认定义为可拖曳的： img 元素及 a 元素，若其包含 href 属性，那么我们就可以轻易地将这个图片或链接拖到桌面上保存。若要在避免对这些元素的拖曳，我们可以使用 draggable=false。

要将城市列表中的一个条目预设为可拖曳对象，我们首先需要为其添加可拖曳属性并设置为 true：

```
<li id=be draggable=true>Brussels</li>
```

拖曳操作是达到目的的手段而非目的本身，其作为在于将信息从一个地方传输至另一个地方。至于是哪一条信息则必须在开始拖动操作时便决定，这也就是我们为城市列表的每一个选项都加入一个 dragstart 事件句柄的原因。该事件句柄调用回调函数 startDrag()，并将事件对象——也称为 DragEvent——作为参数传递：

```
<li id=be draggable=true
    ondragstart="startDrag(event)">Brussels</li>
```

DragEvent 在拖曳中扮演了重要角色，它的只读属性 dataTransfer 让我们能够访问

drag-and-dropAPI 的 DataTransfer 接口，该接口提供拖曳所要用到的所有所需方法及属性。其中一种方法为 setData(format, data)，它在从 A 点到 B 点的拖曳过程中，决定在后台实际被拖动的数据。在本案例中，参数 format 为“text”，参数 data 为目标的 ID。我们可以根据它在稍后访问原始数据：

```
var dragStart = function(evt) {
  evt.dataTransfer.setData('text',evt.target.id);
};
```

为了完成拖曳，我们需要将目标放置位置保持开放。为 draggable 属性添加一个配对的 draggable 变量通常都很有用，但在这里却并非如此，这也就是为什么一次成功的放置需要至少三个事件：dragenter、dragover 以及 drop。奇怪的是，为了能引发第三个最重要的事件，另外两个事件必须中止。来看看游戏左方用于放置城市的列表其中一项的 HTML 代码，它包含了提到的三个事件：

```
<li ondragenter="return false;"
    ondragover="return false;"
    ondrop="drop(event)">&#x2776;</li>
```

事件 dragenter 及 dragover 存在的主要目的是为了指示“你可以放在这儿”，它们将通过返回 false 立刻中止。我们可以通过两个回调函数来提供额外的用户反馈，举例来说：dragenter 提示“You can drop here! ”，dragover 提示“Are you sure you got it right?”。为将回调函数中的事件中止，我们使用 evt.preventDefault()来代替返回 false。其效果相同，都激活了 drop 事件。

现在我们进入第三步，提取预设的数据并通过 ondrop 事件执行游戏逻辑。我们再一次将 DragEvent 作为事件参数传给回调函数 drop()，并使用 getData()来访问保存在 dragstart 的 ID：

```
var drop = function(evt) {
  var id = evt.dataTransfer.getData('text');
  var elemQ = questions.namedItem(id);
  var elemA = evt.target;
  elemA.setAttribute("data-id",id);
  elemA.setAttribute("data-pop",elemQ.dataset.pop);
  elemA.innerHTML = elemQ.innerHTML;
  // continue game logic
};
```

通过 ID，我们可以使用 questions.namedItem(id)来直接访问源对象，将其人口数作为数据属性保存在目标对象中，并以城市名作为标签。变量 elemQ 及 elemA 是两个相关 li 元素的快捷方式。鉴于 Remy Sharp 的 JavaScript 中间件中数据属性仅支持读取，我们将使用常见的 elamA.setAttribute("data-id",id)代替更正规的 elemA.dataset.id=id 用来保存值。

作为游戏逻辑的一部分，相应的两个按钮在拖曳结束后都将失效并显示反馈——用 classList.add()设置 CSS 样式。因此我们为 drop()函数再添加两行代码：

```
elemQ.classList.add('qInactive');
elemA.classList.add('aInactive');
```

CSS 样式表中的相关格式为：

```
.qInactive {
  pointer-events: none;
  color: #AAA;
  background-color: #EEE;
  border-color: #AAA;
}
.aInactive {
  pointer-events: none;
  background-color: hsl(60,100%,85%);
  border-color: hsl(60,100%,40%);
}
```

现在，我们要检查所有城市是否都已按人口数排列。正确的答案显示为绿色，错误答案被移除并可被再次摆放。我们用 classList.add()改变正确答案的颜色，其相关 CSS 格式如下：

```
.aCorrect {
  background-color: hsl(75,100%,85%);
  border-color: hsl(75,100%,40%);
}
```

正确回答了所有问题之后，用户将看到祝贺成功的提示。之后，若单击 restart 按钮，将再次出现 4 个随机选择的城市以开始新游戏。若用户认为研究人口数量过于沉闷，也可以从下拉菜单中选择其他两种游戏模式：按地理位置从北到南或者从东到西来排列城市。关于游戏的 JavaScript 及 CSS 细节，可见以下链接：

- http://html5.komplett.cc/code/chap_global/1234.js
- http://html5.komplett.cc/code/chap_global/1234.css

图 12-2 展示了游戏进行中的截图。你还可以自行扩展游戏，制作一个支持选择城市数量的扩展包，然后将左边的静态列表将变成动态。试一下吧！

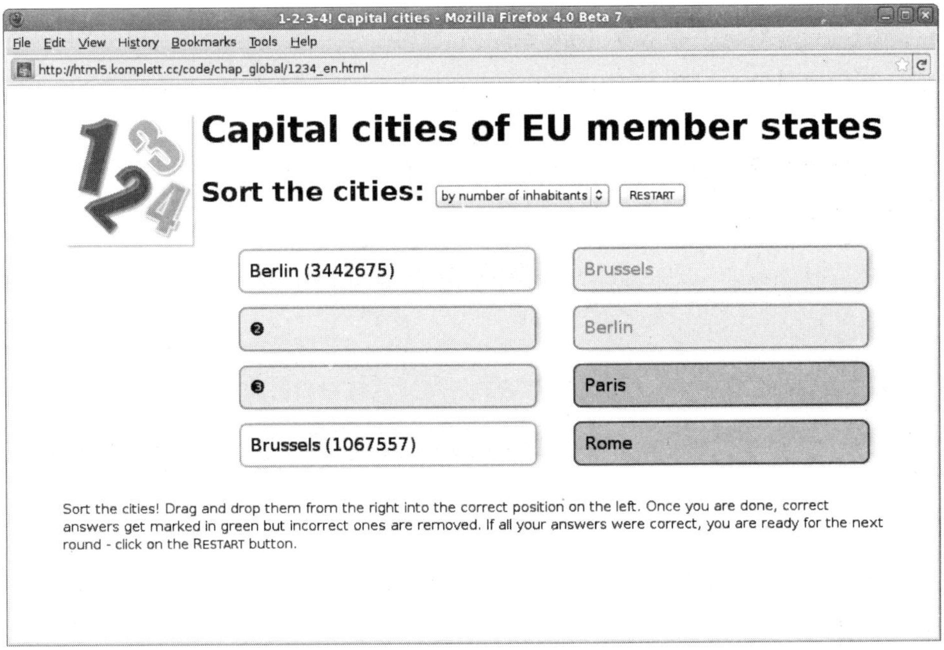

图 12-2 游戏“1-2-3-4!”进行中

回到正题，在这个简单而实用的案例中，还存在一些没提到的细节，例如说，拖曳操作中的另外 3 个事件：drag、dragend 以及 dragleave。在拖动过程中将会生成一个 drag 事件，其响应间隔为 350ms（±200 ms）；而放置将生成一个 dragend 事件；第三个事件 dragleave 在目标对象离开放置区时发生。

DataTransfer 同样提供了些有趣的方法和属性——例如 setDragImage(element, x, y)方法，用来在拖曳过程中显示自定义图像作为反馈。使用 addElement(element)能达到类似效果，但这里我们所拖曳的并非单单一张图片，而是页面上的整个选区。

使用 dataTransfer.types，我们可以返回任意格式的 DOMStringList 值——这个值通过 setData()在 startdrag 事件中设置。在这个游戏中，这个列表较短，仅包含 format 参数“text”和 ID，由浏览器自动解析为 text/plain。不过 DOMStringList 的格式并非仅限于 MIME 类型，规范同样允许和 MIME 类型无关的格式存在。因此我们得以使用名称更具可读性的数据属性命名 format 参数。以 ID 及人口数为例，其代码如下：

```
evt.dataTransfer.setData('id',evt.target.id);
evt.dataTransfer.setData('pop',evt.target.dataset.pop);
```

它们可以通过 getData('id')或 getData('pop')获取。

TIP

若拖曳元素包含了微数据（*microdata*）属性，所有值将自动作为 JSON 字符串传递，并可通过 getData('application/microdata+json')访问。

若需在拖曳操作过程中从列表中移除特定格式，我们可以使用 clearData(format)方法。若忽略 format 参数，那么所有现存格式都将被删除。

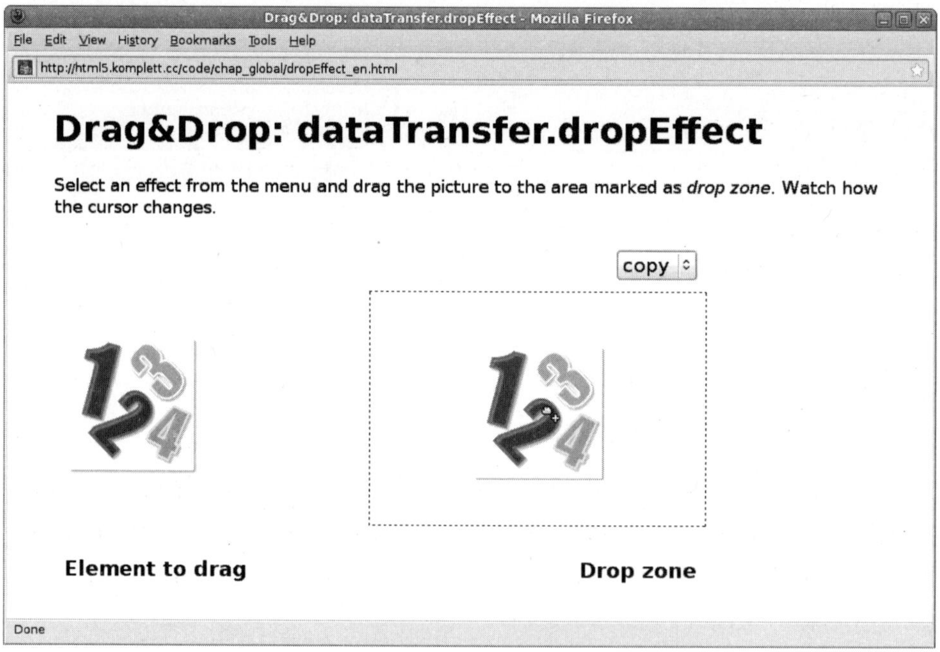

图 12-3 “dataTransfer.dropEffect”测试程序

两个 DataTransfer 属性 effectAllow 和 dropEffect 看名字似乎很有前途，像是跟视觉效果之类的有关。不过具体来说，它们仅仅用于控制目标对象进入放置区时的光标外观。dropEffect 的有效关键字为 copy、link、move 以及 none。它们在 dragenter 事件过程中为光标添加加号、连接符、箭头或什么都不添加（若选择 none）。你可以用一个小程序（见图 12-3）在线测试你浏览器中的效果：http://html5.komplett.cc/code/chap_global/dropEffect_en.html。

dropEffect 属性值可在拖曳过程中任意改变，但必须始终与之前在 effectAllow 中指定的值保持一致。除了 copy、link、move 及 none 之外，effectAllow 还支持组合词，诸如 copyLink、copyMove 及 linkMove，它将这些词中的两个组成部分全部有效化。你还可以通过关键字 all 允许所有效果。

在进入下一章节之前，让我们来讨论一下拖曳中的安全问题：DataTransfer 对象中的数据仅在 drop 事件中再次对脚本开放。因此，在将文档从 A 拖曳至 B 的过程中，恶意文档 C 无法截取该数据。基于同样的原因，drop 事件必须明确由用户的放置行为激活，而非由脚本自动执行。甚至，由脚本控制将窗口到鼠标位置的动作也无法激活 dragStart 事件，否则敏感数据可能会出人意料的被恶意拖曳至第三方文档中。

浏览器中的拖曳开启了许多新特效的宝库大门。如果你想看看拖曳与画布（Canvas）、本地存储（localStorage）、离线缓存（offline cache）等 HTML5 技术相结合的效果，譬如 XMLHttpRequest 或 FileAPI，那就别错过 Paul Rouget 的博客——一个 HTML5 离线图像编辑及上传程序，以及一段四分钟长的视频。即便其初衷只是为了展示 Firefox 3.6 的一些特性，但他也以一种令人钦佩的态度为我们展示了 HTML5 能做到些什么。请访问：http://hacks.mozilla.org/2010/02/an-html5-offline-image-editor-and-uploader-application

下面我们将进一步深入这个演示的一个方面，并展示如何通过 FileAPI 在文档中拖曳、并从拖曳的文件中提取数据。

12.5.1　拖曳与 FileAPI 相结合

图 12-4 展示了本节中将讨论的应用程序截图，该应用程序基于拖曳及 FileAPI。我们可以通过它将用数码相机或移动设备拍摄的保存在本地的图像直接拖曳进浏览器，并使这些图像的一部分 EXIF 信息可视化。需要用到的文件在线地址如下：

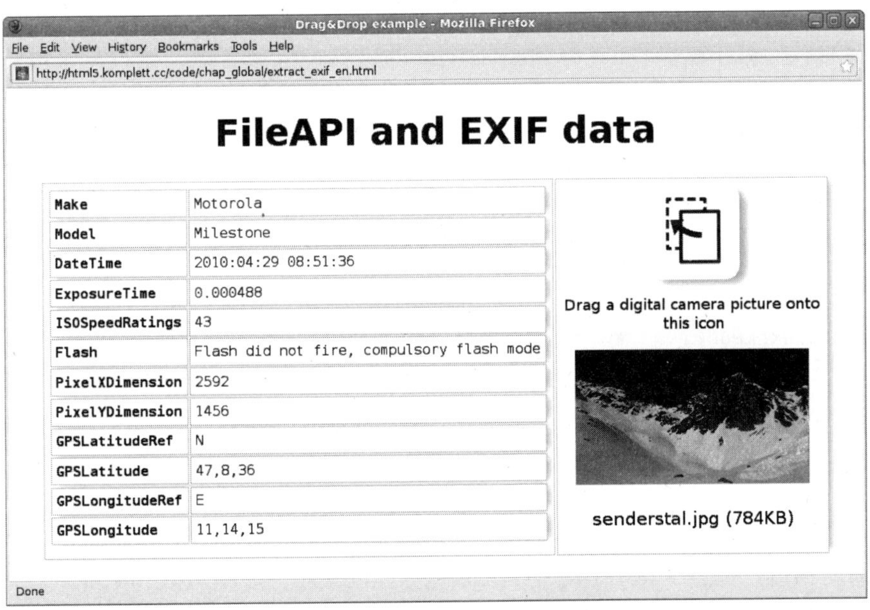

图 12-4　拖曳与 FileAPI 相结合

- http://html5.komplett.cc/code/chap_global/extract_exif_en.html
- http://html5.komplett.cc/code/chap_global/extract_exif.js
- http://html5.komplett.cc/code/chap_global/extract_exif.css
- http://html5.komplett.cc/code/chap_global/lib/exif.js
- http://html5.komplett.cc/code/chap_global/images/senderstal.jpg

首先让我们准备好放置区。在图 12-4 中它位于屏幕右方。它由 Unicode 符号“上一页”（PREVIOUS PAGE）(⎗)、一些 CSS 指令，以及拖曳所需的事件监听器组成。

```
<div ondragenter="return false;"
     ondragover="return false;"
     ondrop="drop(event)">&#x2397;</div>
```

在将图像从桌面拖曳至此区域同时，被放置的图像可通过 dataTransfer 对象在回调函数 drop()中访问：

```
var drop = function(evt) {
  var file = evt.dataTransfer.files[0];
};
```

现在我们涉及到了 FileAPI：属性 files 代表了一个被称为 FileList 的对象，该对象为当前拖曳操作涉及到的所有文件对象形成的数组。尽管在 Paul Rouget 的演示中多个文件可以同时加载，但在这里我们仅允许一次将一个文件放入放置区。因此此文件总是指向 files[0]。

如第 5 章中讨论的那样（5.12 节），我们通过 FileAPI 创建的 data:URI 作为缩略图的 src 属性。首先定义一个新的 FileReader 对象，并通过 readAsDataURL()将图像异步载入内存中。在加载结束时，生成的 data: URI 将作为 src 属性被分配给图像。相关 JavaScript 代码相当简洁明了，如下所示：

```
var dataURLReader = new FileReader();
dataURLReader.onloadend = function() {
  imgElem.src = dataURLReader.result;
  imgInfo.innerHTML = file.name+' ('+_inKb(file.size)+')';
}
dataURLReader.readAsDataURL(file);
```

缩略图的宽度在 CSS 样式表中定义为 width: 250px，高度则由浏览器自动调节。图像下面的文字信息来自 FileAPI 属性 file.name 及 file.size。辅助函数_inKb()将 file.size 中的字节信息除以 1024，将文件大小转换成以千字节为单位，同时在计算好的值后面加上字符 KB。

读取 EXIF 信息时，文件必须为二进制格式。我们使用和 readAsDataURL()类似的 readAsBinaryString()并通过 onload 回调函数获取预期结果。鉴于 EXIF 数据隐藏在二进制代码中，需要先被提取才能够访问。在此我们要感谢 Jacob Seidelin 在读取 EXIF 数据方面的 JavaScript 应用，它让我们的案例成为现实。

这里使用的 exif.js 版本并非 Jacob Seidelin 的原始版本，而是 Paul Rouget 的改进版。两者都有在线演示，链接如下：

- http://www.nihilogic.dk/labs/exif
- http://demos.hacks.mozilla.org/openweb/FileAPI

通过函数 findEXIFinJPEG()，我们仅用一行代码就可以找到 key-value（键-值对）形式的 EXIF 信息。在 for 循环中，此列表由辅助函数_asRow()处理为表格行，并将结果输出至变量 exifInfo 的表格中：

```
var binaryReader = new FileReader();
binaryReader.onload = function() {
  var exif = findEXIFinJPEG(binaryReader.result);
  for (var key in exif) {
    exifInfo.innerHTML += _asRow(key,exif[key]);
  }
};
binaryReader.readAsBinaryString(file);
```

如图 12-4 所示，案例仅列出了选定的 EXIF 信息。除了照相机类型、时间日期、照片形成时间、ISO 速度（快门速度）、闪光灯使用情况、图像尺寸等信息外，甚至还包括了拍摄照片时由照相机纪录下来的 GPS 坐标。从坐标及图像名我们可以得到位置：Stubai Alps 的 Kalkkögel 附近的 Senderstal 山谷（奥地利 Tyrol Innsbruck 西南方）。图像中央山峰被称为 Schwarzhorn。

在测试图 12-4 演示的程序时，若需要显示图像的所有 EXIF 信息，你只需要去掉 extract_exif.js 文件中//showTags = '*'这行的注释。

尽管 FireAPI 规范相当简短，它仍提供了许多有趣的功能。除了已介绍过的以二进制模式或是 data: URI 方法读取文件外，你还可以用 readAsText()读取文本文件。事件 onprogress 将在文件加载过程中生成一个作为用户反馈的进度显示；若加载时间过长，你还可以用 abort()中止进程。另外，FileAPI 还可以通过<input type=file>作用于表单。

和拖曳一样，在面对一些复杂应用程序时，你需要深入了解规范中的细节。FileAPI 及拖曳的相关内容链接如下：

- http://www.w3.org/TR/FileAPI
- http://www.w3.org/TR/html5/dnd.html

探索完 FileAPI 的世界之后，我们在本章中还会介绍两个有趣的全局属性。与拖曳类似，它们为我们展开了一个未知的新世界，一个以前只存在于文字处理程序中的世界。但在几年前，谁能想像人们可以在浏览器中直接修改 HTML 页面的内容，并且随即完成拼写检查？

12.6 属性 contenteditable 与 spellcheck

人们可以通过 contenteditable 属性编辑 HTML 页面，但这些改变显然只发生在本地。对于填写并打印在线表单，这是非常有用的功能，而在内部网上它显然也会有用武之地，特别是要修改内容并用脚本回写时。本节中我们不会走得太深，只是演示一下如何启用 contenteditable。其 HTML 代码语法相当简单：

```
<p contenteditable=true>
  Text to be edited ...
</p>
```

单击相关段落后可编辑区域将被加亮，文本中将出现闪动光标。然后你可以像处理文本一样使用热键或右键菜单来进行剪切、粘贴、复制或删除内容，所有动作也可被逐步复原。如果还要启用拼写检查，我们需要添加一个 spellcheck 属性并将它设置为 true：

```
<p contenteditable=true spellcheck=true>
    Text to be edited ...
</p>
```

规范并没有定义拼写检查的细节，它依据不同浏览器而定。以 Firefox 3.6 为例，图 12-5 展示了此类应用。当然你也可以通过 http://html5.komplett.cc/code/chap_global/edit_page_en.html 进行在线测试。

如图 12-5 所示，拼写错误的单词以及未知单词将以红色波浪线标记。用户可以通过右键菜单来切换语言、添加新词典、甚至通过选择建议来纠正错误。用户还可以把未知单词添加到个人词典中。

在 Firefox 中，个人词典位于用户文件夹中，名称为 persdict.dat。尽管文件扩展名看上去并非文本，但此类文件确实为纯文本文档，一个单词为一行。不幸的是，纠错时无法列出个人词典条目作为建议，至少在 Firefox 3.6 下是如此。

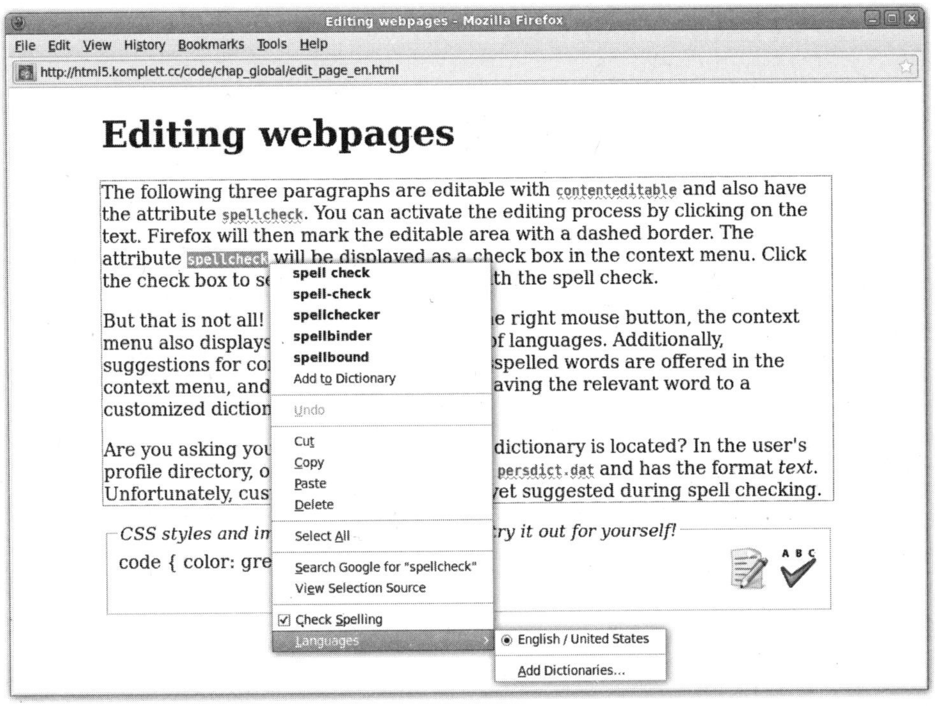

图 12-5　Firefox 3.6 下在编辑页面时启用拼写检查

写下本文时，尚未有浏览器能完全正常的应用 spellcheck 属性。看上去浏览器将页面的所有文本区域视为自然语法检查备选区，并总是在不考虑 spellcheck 属性的情况下允许通过右键菜单进行检查。在测试中，所有浏览器都不支持通过 spellcheck=false 为页面中那段 CSS 代码关闭拼写检查。

除了文本部分之外，CSS 样式表甚至还有图像都可以被编辑，如图 12-6 所示。

目前来说图像的编辑功能还处于初步阶段。但至少 Firefox 下人们可以通过拖曳 8 个定位点来改变图像尺寸。实时通过 style 元素改变样式则好玩得多。此理念来自 Anne van Kesteren，她用一个简单的技巧演示了这一效果（见 http://bit.ly/dtnyIJ）。在 Anne van Kesteren 的演示中，我们的应用程序中的 style 元素先通过 display:block 设为可见，然后通过 contenteditable=true 设为可编辑的。结果令人惊讶，编辑马上变得效率起来。用我们之前的例子，改变 code 元素的 CSS 样式后，将对象显示为 teal 颜色，字体大小设为 180%。尝试一下吧！

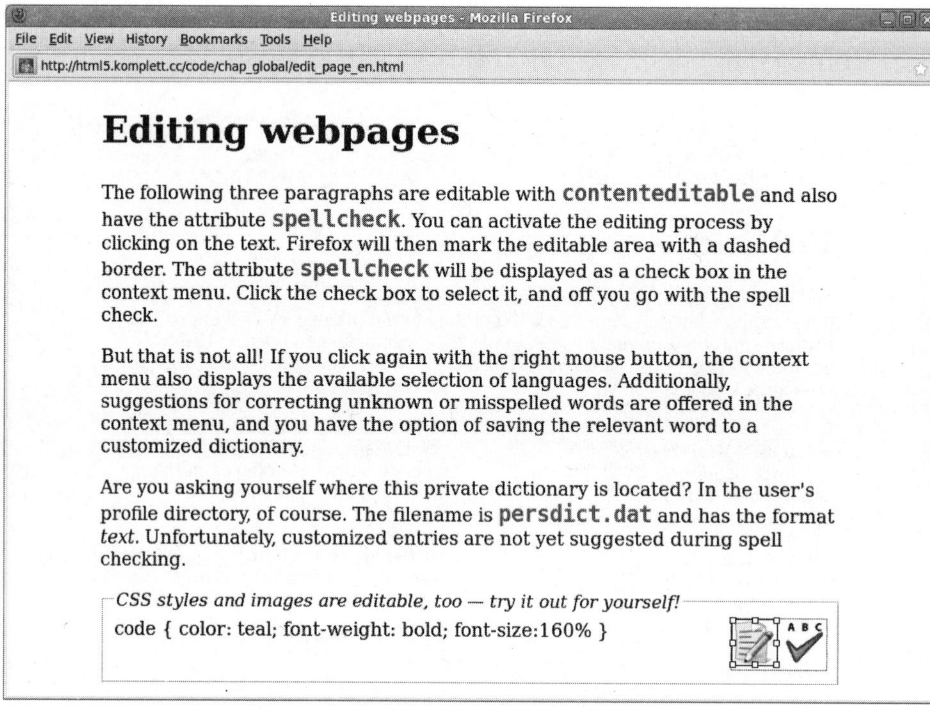

图 12-6 “现场”编辑样式表及图片尺寸

小结

本书的最后一章关注了一些全局属性以及它们的 JavaScript API，其中一些属性是相当新的。在开发“1-2-3-4!”游戏的过程中，我们介绍了 5 种属性。首先是 class 属性的一个新方法：classList 接口。它彻底将操作 class 组件的过程简单化。dataset 属性同样如此，它简化了标记为特殊前缀 data-*的用户自定义属性的管理。

本章的游戏包含了一个高度争议的 hidden 属性，以及 HTML5 的一个关键特色：拖曳。通过 draggable 属性以及一些事件、还有 DataTransfer 接口，不仅让浏览器中的元素拖曳成为现实，还可以与后台操作系统实现交互。一个让人印象深刻的案例演示了如何用此功能读取数字图像中的 EXIF 信息，并顺道介绍了 FileAPI。

本章的最后一节演示了用户可以通过浏览器直接编辑 HTML5 页面的文本内容甚至是 CSS 样式。为避免编辑过程中的语法错误，人们可以用 spellcheck 属性开启浏览器自带的拼写检查，并用词典将其完成。也许 HTML5 将来会成为 office 的一个成熟的组件包。

后记

HTML5 正在迅速发展，规范每一天都在得到改进和进步，棱角变得圆滑，多余组件逐一移除，新的有用功能得以添加。而推动这一切背后的力量来自 WHATWG、W3C、各浏览器开发商、爱好者，以及热衷论战的规范编辑 Ian Hickson。后者在规范修订过程中作出的决定常常引发激烈的辩论。

若 Ian Hickson 最终在辩论中获得胜利，那么将来的 HTML 标准将不具备版本号，并作为一种“活的标准”被长期开发。HTML5、HTML6 或 HTML-N 这类分类将不复存在，人们只需要用 HTML 来取而代之。尽管规范尚未最终完成，它的许多组件已在常用浏览器下获得了支持，这也就意味着，“规范的开发与应用齐头并进”这个愿望已逐渐成真。

一旦 W3C 的 HTML 工作组完成了他们的方案，HTML5 很可能将在 2011 年 5 月进入最后聆听状态。而在那时，W3C 应该更加清楚 HTML5 中的哪些功能应成为最终 web 标准的一部分而哪些不能。不过，WHATWG 规范中仍有一些实验功能具有进入最终版本规范的潜力。这主要是指 track（轨道）元素，它用于为视频字幕，或是音频的 WebVTT

（Web 视频文字轨）定义格式。另外，devices（设备）元素——它允许网站访问麦克风或数码相机等输入设备，在将来也可能成为规范的一部分。

有关画布、音频、视频的可访问性问题仍急需解决方案，另外微数据、RDFa 是否应在规范的最终版本中占一席之地也有待决定。协调 W3C 和 WHATWG 的各种版本规范的任务也显得任重道远。

HTML——不管是否在后面加上 5——显然是一项正在进行中的工程，它每天都更接近成为互联网真正的通行标准这个目标。在浏览本书的过程中，若你发现任何矛盾之处或者是错误，请与我们联系。本书合作网站为 http://html5.komplett.cc/，欢迎在那里留下任何意见、反馈或建议。“参与”也是 HTML 规范的一个重要理念，而我们正在热情地期待着你的参与！